美國綠建築專業人員

LEED AP BD+C

建築設計與施工應考攻略

推薦序一

Sustainability continues to be a central theme at the forefront of modern business and society. LEED is a framework and a tool that helps to bring likeminded professionals together worldwide towards a common goal. Shawn, through his inter-cultural insight and hands-on experience not only helps students to feel more confident about the exam process, but is able to truly connect the dots for how LEED and Sustaianbility are relevant to practitioners in Asia. Sustainability requires curiosity and a will to drive positive change. In all the time I've known him, Shawn embodies and transmits the spirit of the entrepreneur, the explorer, the adventurer, advocate and teacher that is the modern Sustainability professional.

Vice President U.S. Green Building Council
（美國綠建築協會 / 副總裁）
Jennivine Kwan

推薦序二

當你翻開閱讀這本書時，表示你對永續建築設計及美國綠建築專業認證 LEED-AP BD+C 已感興趣！

美國綠建築協會 LEED 的評級系統是經學術和業界眾多有心降低環境衝擊的學者及執行者所達成的永續建築設計共識。評級系統不僅考量建築物內在的節能、用水、材料和環境品質，更包含外在的基地選址、交通及相關法規常識。另，為鼓勵多元化的永續建築設計，創新和區域優先也一併納入設計考量。

針對此評級系統，作者以對永續設計的熱忱及教學經驗，以中文整理出每一個評分項目的得分基準、設計目的和要求，並提供相關的模擬試題。對於想瞭解並取得美國綠建築專業認證的你，這是一本不可或缺的備考書籍！

國立台灣科技大學建築系 / 助理教授
LEED AP BD+C
蔡欣君

推薦序三

我曾經以專案領導者（Project Administrator）的身分，執行過超過 50 件 LEED 專案，專案類型含括住宅、商辦、廠房、學校、零售倉儲等多種項目，且其中有多件皆已取得最高等級白金級認證。LEED 不僅是世界領先的評估系統，也不斷致力於讓建築物能夠高效率且對環境友善。

地球只有一個，不能毫無節制地去耗損自然資源，唯有落實更多友善環境策略，與萬物共生共榮，地球才能永續發展。為了宣揚 LEED 真正的核心價值：經濟 / 人類 / 環境均衡發展，LEED 制定了完整的評估系統，並且授予人員認證與建築標章，而這樣的評估系統許多人反應艱澀難解，尤其對於亞洲地區國家來說，往往有一道難以跨越的障礙——語文，而在我做 LEED 教學輔導的過程中，往往難以尋找一本適當的教材，也因此與江軍一同催生出這本對於 LEED 評估系統更深入介紹的書。相信這本書籍是您準備 LEED-AP 考試最佳的教材，透過書內的得分說明與練習題，您可以更完整了解 LEED 整個體系，也期望您可以透過此書一舉通過美國 LEED 綠建築專業認證！

seed 台灣永續能源環境專業協會 / 理事長
RCI 智森永續設計顧問 / 總經理
逢甲大學建築系 / 兼任助理教授
USGBC Faculty｜LEED AP ND
簡碩賢 (Shawn Jang)

自序

隨著氣候變惡劣，不少人都發覺天氣已經不如以往的正常，極端氣候已經深深對我們每個人的生活造成了影響，一下子暴雨一下子氣溫飆高破記錄，地球已經發燒了。建築無疑是世界上最消耗資源與能源的一個產業，使用過多的不環保材料與不適當的設計，會讓人住進不健康且浪費資源的建築中，永續這件事這不僅是我們每個人的責任，對於建築專業人士來說，這份責任是責無旁貸。

聯合國於 103 年發布訊息「永續發展目標（SDGs）」，其中提到每個國家都面臨永續發展的具體挑戰。最弱勢的國家，尤其是非洲國家、開發最落後的國家、內陸開發中國家，以及小島開發中的國家，所面臨特別的挑戰。處於衝突局勢的國家亦需要特別注意。身在台灣的我們有什麼可以為地球盡點心力呢？

著手撰寫這本書最大的目的，無非是希望有更多的建築專業人士可以藉由此書了解到如何與國際接軌，以及世界最大的評估系統 LEED 的內涵與優勢。LEED 中從基地外的交通到基地內的基地植栽與綠化量、建築物的用水與用電、材料與室內空氣品質都有界定其如何計算的理由，也藉由一個完整的面向介紹綠建築。

拿 LEED 與我國的綠建築評估系統（EEWH）比較，可以發現大部分都是以比例與圖說證明文件說明，省去了台灣評估系統的繁瑣計算，也更適合提供給建築從業人員作為一個了解綠建築的敲門磚。期待著有一天，建築物不需要再取得綠建築標章或是認證，每一棟建築物設計出來就是綠建築，綠建築成為一個設計的基本條件，建築物不再是對地球造成傷害的工程，而我們能夠學著與地球永續共存。

本書定位為專業設計師與工程師的一本參考書或教科書，提供專業人員一個學習 LEED 最好的途徑。可以藉由此書了解到 LEED 每項得分項目的目的計算與相關規範，更進一步取得美國綠建築（LEED）專業認證人員（AP）資格。因為是 LEED（AP）專業用書，所以本書著重於建立評估系統的得分與計算，另外編纂了 500 題模擬試題於各章節中，方便讀者學習後檢驗。也預祝各位讀者都能順利取得 LEED-AP。本書之編寫雖兢兢業業，惟國內尚無相關教材可供參考，因此恐有疏失不全之處，還請各方先進不吝指教。

LEED-AP 江軍 於台北

關於 LEED AP 考試

LEED AP，即 LEED Professional Accreditation，是美國綠色建築委員會（USGBC）官方認可的 LEED 認證專家，擁有該資格的個人能夠順利地管理整個 LEED 認證專案的執行。LEED AP 證書能夠證明個人已經透徹地瞭解綠色建築的實踐和原則，以及 LEED 評分系統（分 LEED-NC、LEED-CI、LEED-EB 等技術體系）。

從 2008 年開始，LEED AP 證照的考試與管理轉移到綠色建築認證機構負責（Green Building Certification Institute）。在美國綠色建築委員會的支持下成立的綠色建築認證機構，具體負責 LEED AP 相關考試專案的開發及管理。GBCI 推出分專業類別的 LEED AP 領域，且推出 CMP 計畫（即資格維護計畫），每兩年需要參加一定時間的學習以獲得 CE 繼續教育時數（GA 需要 15 個 CE 小時，AP 需要 30 個 CE 小時），另付 50 美金的資格維護費用。

目前台灣甚至全亞洲獲得 LEED AP 證書的建築師或工程師還十分稀少，隨著部分跨國企業在亞洲業務的深入發展，以及國內房地產領域（開發商和設計公司）較先進的企業永續發展理念的進步，獲得 LEED AP 證書的個人在職場競爭和職業發展方面都有非常強烈的優勢。

BD+C 是指 LEED AP Building Design & Construction（建築設計及施工方向的 AP），LEED AP 還有其他四個方向分別是 :ID+C 室內設計及裝修方向、O+M 建築營運維護方向、ND 社區規劃方向、HOMES 住宅方向。（我的建議是除了未來工作專門做室內設計的人以外都可選擇先考 BD+C 因為應用面最為廣泛。）

CONTENTS

目錄

CHAPTER 1 LEED 流程

CHAPTER 2 整合策略

CHAPTER 3 選址與交通

目錄

目錄

CHAPTER 5 用水效率

目錄

CHAPTER 7 材料與資源

CONTENTS

目錄

CHAPTER 9 創新設計與區域優先

APPENDIX A 使用人員與設備

目 錄

CHAPTER 1

LEED 流程

（LEED PROCESS）

此章節說明 LEED 整體發展架構，介紹了 USGBC 整體組織架構，並瞭解其每種認證的專業類別與差異，你必須非常了解 LEED online 線上申請的流程，才能成為一個專業的 LEED-AP，實際為業主執行 LEED 專案。

1-1 學習目標

- 實現 LEED 目標的不同方式（例如：制定分數解釋裁定 / 請求、區域優先得分項目、創新得分項目遞交、使用試行得分項目等）
- LEED 系統協同（例如：能源與 IEQ、廢棄物管理）
- 專案邊界、LEED 管理邊界、產權邊界
- LEED 認證的先決條件和專案最低要求
- 瞭解 LEED 的演變特性（例如：評估體系開發週期、持續改進）

( ) 1. 對環境具有正面影響，卻尚未包含在 LEED 要求內的創新策略可以在創新章節取得創新得分。一個專案為創新策略申請創新得分時，需要遵循以下哪一項原則？

A. 綜合性
B. 傑出表現
C. 獨特性
D. 投資回收期

( ) 2. “開發足跡”應包含下列哪些項目？（選三項）

A. 硬景觀
B. 綠化
C. 停車場
D. 建築本身

( ) 3. 對比 LEED 第四版和第三版，其中最主要區別是提供了更精簡的滿足不同工程特殊需求和限制的得分方法。實現這一改變的策略是下列哪一項？

A. 調整適應
B. 國際專案提示
C. 替代性合規途徑
D. 區域優先

( ) 4. 以下哪一項關於得分項目解釋請求（CIRs）的說法是正確的？

A. CIRs 必須透過 LEED AP 提交
B. 不可提交關於創新項目的 CIRs
C. 可提交關於任何得分項目的 CIRs
D. CIRs 可以透過美國綠色建築委員會網站提交

模擬試題

(　　) 5. 一個專案在創新單元中最多能得多少分？

A. 3

B. 4

C. 5

D. 6

(　　) 6. 一專案團隊採取新措施以減少熱島效應影響。下列哪個說法是正確的？

A. 該專案可得到一個額外創新得分項目

B. 該專案可得到一個額外的熱島效應得分項目

C. LEED 評估系統包括熱島效應，因此新措施不能使專案團隊獲得額外創新得分項目

D. 該專案可得到一個額外區域優先得分項目

(　　) 7. LEED BD+C 新建築專案正打算實施綠色清潔方案。以下哪項關於創新評估專案下的綠色清潔得分項目說法是正確的？

A. 該專案可能透過這種創新方法獲得創新得分項目

B. 要獲得創新得分項目，一個 LEED AP 需要參與管理和監測綠色清潔方案的實施

C. 該專案不能因實施綠色清潔方案而獲得創新得分，因為它不是當前 LEED BD+C 評估系統中的得分項目

D. 此專案可以獲得額外 EP，當其使用 100% 有機清潔溶劑

(　　) 8. 該專案是：總面積為 100,000 平方公尺的辦公建築，以下哪項措施可以在創新評估專案下的設計創新得分項目中獲得一分？

A. 實施綠色教育方案

B. 在 40,000 平方公尺區域內實施綠色清潔方案

C. 為該 LEED BD+C：核心與外殼（Core & Shell）已認證的建築申請 LEED O+M 證書

D. 為該 LEED BD+C：核心與外殼（Core & Shell）已認證的建築申請 LEED 室內設計和建造認證

(　　) 9. 一 LEED 註冊專案包括兩位 LEED AP BD+C 專家作為功能驗證組成員。LEED 認證專家的職責僅為監督現場測試。以下哪個說法是正確的？

A. 該專案不可能在創新得分項目下得分

B. 該專案可得到一個額外創新得分項目分數

C. 由於有 LEED 得分項目專家參與，該專案不能在創新評估專案下得分

D. 該專案可得到兩個額外創新得分項目分數

(　　) 10. 2014 年 4 月 3 日，包含新的 LEED 解釋的增加文件將在美國綠色建築委員會（USGBC）的網站上發佈，有一些解釋適用於 LEED 團隊正在爭取的得分項目。這個專案是在 2014 年 1 月註冊的，以下哪一種是合適的做法？

A. 專案團隊應該提交得分項目解釋申請（CIR）以確定 LEED 解釋適用於該專案。

B. 專案團隊應該聯繫美國綠色建築委員會（USGBC）確認該增加文件是否要履行

C. LEED 解釋不適用於這個專案

D. 雖然沒有強制要求，但是建議專案團隊核查該增加文件。

(　　) 11. 一家位於微風廣場的商店正在進行室內裝修。在專案管理團隊有兩位 LEED 認證專家。以下哪種說法是正確的？（選兩項）

A. 該專案可在創新得分項目下得到 1 分

B. 該商店可獲得 LEED 既有建築的管理和維護

C. 該商店可獲得 LEED 室內設計和裝修：零售（Retail）

D. 該專案可在創新得分項目下得到 2 分

(　　) 12. 一個單棟建築專案在 LEED 認證中，以下哪項屬於專案邊界？

A. 場地邊界

B. 受專案施工影響的所有區域

C. 建築投影

D. 建築投影、硬景觀和軟景觀

(　　) 13. 一零售專案註冊於 2013 年 10 月。下列哪項說法是正確的？

A. 專案必須遵守所有第一次材料上交前的 LEED 增修文件

B. 專案必須遵守所有註冊日期前的 LEED 增修文件

C. 專案必須遵守所有完工日期前的 LEED 增修文件

D. 專案不必要遵守所有 LEED 增修文件

(　　) 14. 在 LEED 線上註冊完成後，一專案將：

A. 可登入相關專案的文件在 LEED 線上

B. 可直接聯繫 GBCI 審核專家

C. 收到預認證證書

D. 被分配相關的綠色專案評估專家

(　　) 15. 以下哪項不在LEED BD+C:核心與外殼（Core & Shell）的範圍內？

A. 暖通空調系統

B. 傢俱和裝飾

C. 景觀

D. 主體建築管道和排水系統

(　　) 16. ______有責任簽署 LEED 得分申請表。

A. 申報者

B. 專案負責人

C. 業主

D. LEED 認證專家

(　　) 17. 一新建的 5 層倉庫專案當前處於設計階段。業主決定申請 LEED 證書。大部分倉庫區域為業主所用。哪個評估系統適合此專案？

A. LEED BD+C：倉庫和配送中心（Warehouses and Distribution Centers）

B. LEED BD+C：資料中心（Data centers）

C. LEED BD+C：核心與外殼（Core & Shell）

D. LEED BD+C：新建築版（New Construction）

(　　) 18. 有一棟辦公大樓正在翻修中。業主不確定應申報 LEED O+M（建築運行和維護）還是 LEED BD+C（建築設計和施工）。下列哪項說法是正確的？

A. 兩種類型都不適合，LEED ID+C（室內設計和施工）更適合

B. 由於該建築為既有建築，LEED O+M 更適合

C. 該專案團隊需使用 40/60 方法

D. 能使專案得到更多分數的評估系統更適合

(　　) 19. 一個位於香港中環的住宅開發專案考慮申請 LEED 認證。此次開發包括 5 棟住宅大樓。每棟樓有三十層高。以下哪項說法是正確的？（選兩項）

A. 該專案可申請 LEED v4 BD+C：中層公寓

B. 專案可申請 LEED 批量計畫（VolumeScheme）

C. 專案可在 LEED 園區（Campus）下進行註冊，以獲得認證費折扣

D. 如果超過 60% 建築區域將被出售，該專案可申請 LEED 核心與外殼（Core & Shell）

E. 該專案可申請 LEED v4 BD+C：住房和低層公寓，因為其為住宅專案

(　　) 20. 可遞交所有 LEED 專案文件案、完成審核過程、提交得分項目解釋請求（CIR）和申請仲裁的是哪個網站？

A. GBCI 網站

B. GBIG 網站

C. 美國綠色建築委員會網站（USGBC）

D. LEED 線上網站

(　　) 21. 在提交 LEED 線上文件之前，專案團隊最好檢查：（選兩項）

A. 專案 LEED AP 是否已簽名

B. 所有施工是否完成

C. LEED 線上文件完整性

D. 為保證一致性，對各得分項目資訊進行覆核

(　　) 22. 在以下哪種情況下，“不屬於 LEED 專案業主的場地”也必需包含在 LEED 專案邊界內？

A. 相關並支持 LEED 專案運行的場地

B. 在 LEED 專案自行車網路之內的場地

C. 開發影響小的場地

D. 有人行道進入 LEED 專案區域的場地

(　　) 23. 那些對 LEED 評價體系感興趣的專案執行人員，首要任務是：

A. 進行可行性研究，確保專案至少得到 40 分

B. 聯繫綠色建築委員會（USGBC）確認合適的認證級別

C. 進行可行性研究確保專案滿足最低專案要求和先決條件

D. 聯繫綠色建築認證協會（GBCI）評審

(　　) 24. LEED 的最低專案要求“嚴禁不公正區域劃分”。“不公正區域劃分”指的是什麼？

A. 常規住戶人數小於 1

B. 拒絕與美國綠色建築委員會共用五年的能源消耗資料和水資源消耗資料

C. 在專案邊界內包含一個可移動建築

D. 為獲得更高的證書等級，不正當地調整專案邊界

(　　) 25. 有一專案為了避免遵守“永續基地”中的減少熱島效應要求，計畫將一硬景觀區域排除在專案範圍內。下列哪種說法是正確的？

A. 該專案沒有資格取得 LEED V4 證書，但仍有資格取得 LEED V3 認證

B. 如果硬景觀占總 LEED 專案區域 2% 以下，該專案仍有資格取得 LEED 證書

C. 該專案沒有資格取得 LEED 證書，因為沒有達到專案的最低要求

D. 該專案可上交得分項目解釋請求（CIR），證實這種方法沒有違反“永續基地”中的減少熱島效應要求

(　　) 26. LEED V4 BD+C：核心與外殼（Core & Shell）有多少個專案最低要求？

A. 4

B. 7

C. 5

D. 3

(　　) 27. 有一專案占地 10,764 平方英尺（1,000 平方公尺）。該專案正準備申請 LEED BD+C 認證。該專案最小規模需為多少？

A. 1000 平方英尺（93 平方公尺）

B. 只要專案遵照地方標準，所有規模的專案均可申請 LEED 認證

C. 2200 平方英尺（200 平方公尺）

D. 沒有最小規模限制

(　　) 28. 下列哪項關於最低專案要求（MPRs）的說法是正確的？：

A. 最低入住率為 10 個全效等時人員（FTE）

B. 必須由雇傭功能驗證機構進行功能驗證監測

C. 專案必須與 USGBC 分享三年的能源消耗或者水消耗資料

D. 專案必須是永久建築或是結構

(　　) 29. LEED BD+C 專案要求的“最小建築面積”是

A. 100 平方英尺（9.3 平方公尺）

B. 10000 平方英寸（930 平方公尺）

C. 1000 平方英尺（93 平方公尺）

D. 250 平方英寸（22 平方公尺）

(　　) 30. 以下哪個關於最低專案要求（MPR）的選項是正確的？

A. 專案必須符合規定的專案大小

B. 此專案也許不是永久性建築或者結構

C. 此專案必須和 USGBC 共用三年的能源、水用量資料

D. 必須請功能驗證機構進行功能驗證監測

(　　) 31. 以下關於試行得分項目（Pilot credits）的哪個選項是正確的？

A. 試行得分項目申請需要從 LEED 線上系統提交

B. 提交試行得分項目申請需要花費 $220

C. 只有 USGBC 成員才能提出試行得分項目申請

D. 在收到綠色建築委員會（USGBC）會員的試行得分項目申請後，綠色建築認證協會（GBCI）會進行審核，決定能否被加入試行得分項目庫

(　　) 32. 什麼類別 / 要求適合申請試行得分項目？

A. 試行評分點附帶的要求是 LEED 評估系統中現有的內容

B. 給使用單一產品加分的試行評分點

C. 試行評分點附帶的要求是 LEED 評估系統中所未提及到的內容

D. 要求使用單一認證專案或評估標準的申請

(　　) 33. 為了提出一個新的試行評分點，某專案團隊需要將以下哪三個選項納入申請中？（選三項）

A. 文件材料的證明

B. 得分項目解釋請求（CIR）審查結果

C. 要求和需提交的證明材料

D. 試行評分點的目的

E. 調查回饋的問題

(　　) 34. USGBC 成員提交的試行評分點申請會經過除______之外的指標進行審核。

A. 為了得到得分項目而產生的成本效益

B. 技術的嚴謹性和可行性

C. 與其他 LEED 得分項目相比的影響力

D. 與 LEED 目標的契合度

(　　) 35. 在試行得分項目的審核過程之中，USGBC 將優先考慮______

A. 以性能為基礎的得分項目

B. 與人類健康相關的得分項目

C. 鼓勵的被動式設計的得分項目

D. 與能源相關的得分項目

E. 鼓勵使用新技術的得分項目

(　　) 36. 為一件 LEED 註冊專案申請試行得分項目，該專案組需要做的第一步是：

A. 透過 LEED 線上系統為試行評分點註冊

B. 在 LEED 線上系統上填寫設計創新表格

C. 就得分項目解釋請求（CIR）問題聯繫 USGBC

D. 在 USGBC 網站上為試行評分點註冊

(　　) 37. 某醫院專案組忘了為該專案場地進行場地環境評估。此疏忽會導致：

A. 此專案沒有資格得到任何 LEED 認證

B. 此專案無法在“永續基地”得分項目：場地評估中得分

C. 此專案可能無法在 LEED V4 BD+C：Core and Shell 評估體系中得到認證

D. 此專案無法得到 LEED V4 BD+C 認證

(　　) 38. 某專案需要使用一方法，而此方法未在LEED參考指導中說明；專案組已為LEED評審提交相關證明材料。以下哪個選項是正確的？

A. 與此同時必須提交得分項目解釋請求（CIR）

B. GBCI會拒絕相關得分項目

C. GBCI審核員就相關得分項目給分後，此方法就會成為先例，並可被運用在其他LEED專案中

D. GBCI審核員會在初期審查階段提供一些建議並要求更多的證明材料

(　　) 39. 在許多方面而言，專案選址能夠影響專案是否能獲得LEED認證。專案的選址能夠影響以下哪些得分策略，除了______之外？

A. “永續性基地”得分項目：基地開發－保護和開發棲息地

B. “永續性基地”得分項目：雨水管理

C. “永續性基地”得分項目：基地評估

D. “永續性基地”得分項目：減少光污染

(　　) 40. 對於一LEED專案而言，在專案的各個階段用來檢查專案情況且符合LEED認證目標的工具是什麼？

A. GBCI審查意見

B. 能耗模擬

C. 設計和施工文件

D. LEED得分卡（checklist）

(　　) 41. 有一專案決定減少建築投影面積，設計屋頂綠化。此方法能幫助該專案得到以下哪兩個得分項目？（選兩項）

A. “用水效率”先決條件：減少室外用水

B. “永續基地”得分項目：減少光污染

C. “永續基地”得分項目：減少熱島效應

D. “永續基地”得分項目：雨水管理

答案：

1	2	3	4	5	6	7	8	9	10
A	ACD	A	C	D	D	A	A	A	D
11	12	13	14	15	16	17	18	19	20
AB	A	B	A	B	A	A	C	CD	D
21	22	23	24	25	26	27	28	29	30
CD	A	C	D	C	D	A	D	C	A
31	32	33	34	35	36	37	38	39	40
C	C	CDE	A	A	D	D	D	C	D
41									
CD									

CHAPTER 2

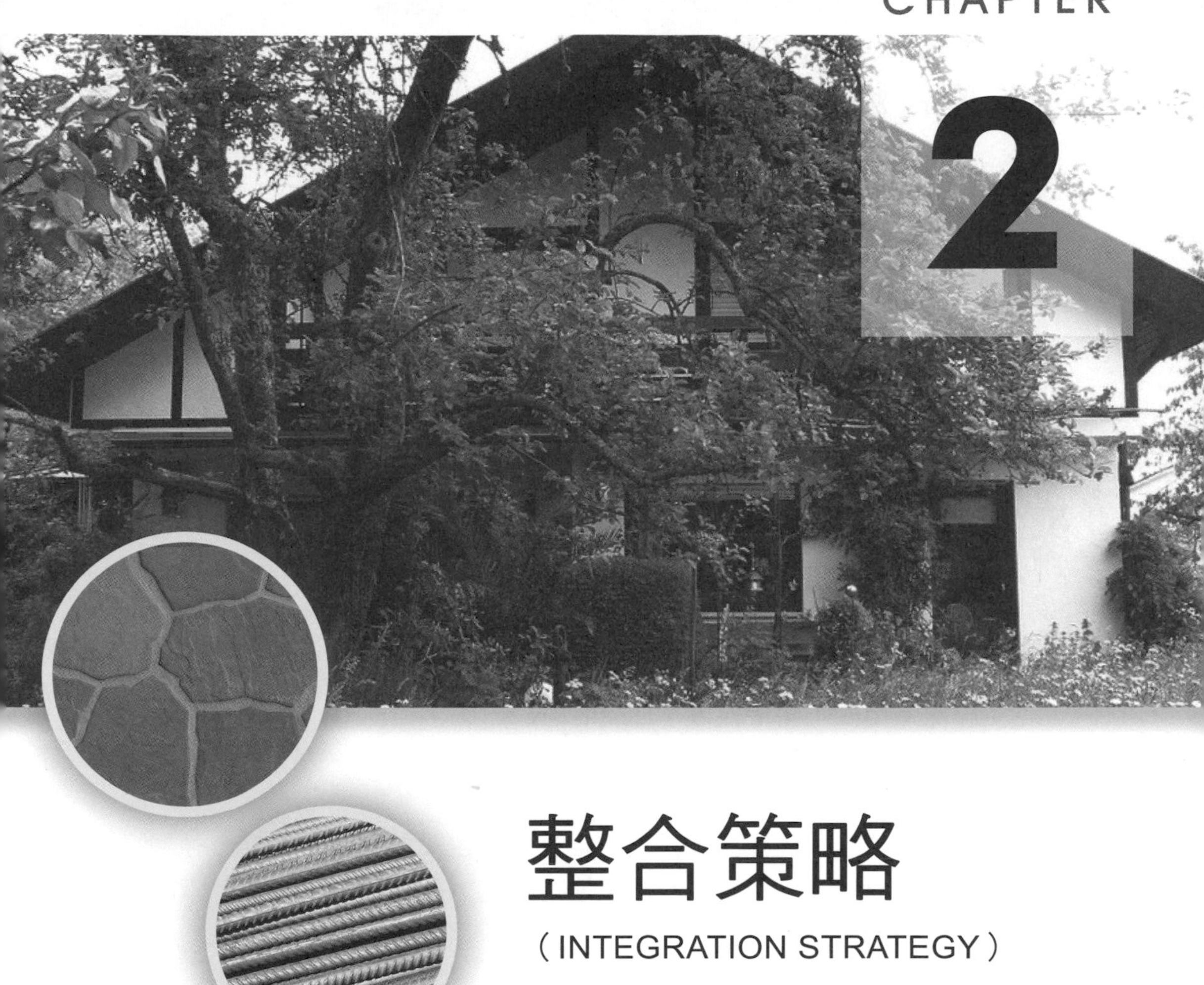

整合策略

（INTEGRATION STRATEGY）

LEED 是一項非常需要整合的專業，因為包含了建築、土木、室內設計與顧問業等等，需要將各種不同專業整合其中。一個好的綠建築專案，整合式的設計流程則是不可或缺的要素。

2-1 學習目標

- 整合過程（例如：建築中各類能耗和水耗分項）
- 整合專案團隊（適用情況取決於專案類型和階段－建築師、工程師、景觀建築師、土建工程師、承包商、物業經理…等等）
- 協作的價值（例如：有關整合綠色策略的會議）

2-2 學習重點

先決條件：整合的專案計畫與設計（INTEGRATIVE PROJECT PLANNING AND DESIGN）

必要項目

該先決條件適用於：醫療保健（Healthcare）

目的

最大限度地以整合、高經濟效益的方式實施綠色設計和施工策略，強調將人類健康作為建築設計、施工和營運策略的基本評估標準。在綠色設計和施工中利用創新方法和技術。

要求：醫療保健

實施跨學科的設計和決策，首先從規劃和設計前期階段開始。至少需確保以下流程：

1. **業主專案需求書**。制定業主專案需求書（Owner's Project Requirements, OPR）。撰寫健康使命聲明並將其融合到 OPR 中。健康使命聲明必須滿足（符合）“三重底線”原則－經濟、環境和社會。包括保護建築住戶、當地社區和全球環境的目標和策略，同時為建築中的患者、護理人員和工作人員營造高性能的復健環境。

2. **初步評級目標**。根據實際情況，最好在方案設計之前，與至少四位關鍵專案團隊成員和業主或業主代表盡早召開初期 LEED 會議。會議中，須制定 LEED® 行動計畫，至少必須：

    - 確定要達到的 LEED 認證目標等級（認證級、銀級、金級或鉑金級）
    - 選擇 LEED 得分項目以達成目標認證等級
    - 指定各方負責人以確保達到每個先決條件和所選得分項目的 LEED 要求

3. **綜合專案團隊**。組建綜合專案團隊，盡可能地多包括以下專業人員（至少四名）以及業主或業主代表。

    - 業主的投資預算經理
    - 建築師或建築設計人員
    - 機械工程師
    - 結構工程師
    - 能耗模型人員
    - 設備規劃人員
    - 聲學顧問
    - 弱電設計人員
    - 控制設計人員
    - 食品服務顧問
    - 傳染病防控人員
    - 建築科學或性能測試機構
    - 綠建築或永續設計顧問
    - 大樓設施綠色團隊
    - 醫護團隊
    - 物業經理
    - 環保服務工作人員
    - 功能或空間方案制定者
    - 功能驗證人員
    - 社區代表
    - 土木工程師
    - 景觀建築師
    - 生態學家
    - 土地規劃人員
    - 施工人員或總承包商
    - 生命週期成本分析師；施工成本預算師
    - 照明設計師
    - 適用於具體專案類型的其他專業學科人員

4. **設計階段專家研討會**。根據實際情況最好在方案設計之前，與上述規定的專案團隊召開至少四小時的整合設計專家研討會。目的是在建築設計、施工和營運的全方位綠色策略進行優化整合，並綜合所有參與者的專業知識。

得分項目：整合過程（INTEGRATIVE PROCESS）

建築設計與施工 BD&C 1分

該得分項目適用於：

- 新建建築 New Construction
- 核心與外殼 Core & Shell
- 學校 School
- 零售 Retail
- 資料中心 Data centers
- 倉儲和配送中心 Warehouses and Distribution Centers
- 旅館接待 Hospitality
- 醫療保健 Healthcare

目的

透過對系統間的相互關係進行早期分析以實現高性能、高經濟效益的專案成果。

要求

新建建築、核心與外殼、學校、零售、資料中心、倉儲和配送中心、旅館接待、醫療保健

從設計前期到設計階段，尋找和利用在不同專業和不同建築系統之間實現協同效應的機會。實施以下分析來為業主專案需求（OPR）、設計任務書（BOD）、設計文件和施工文件提供資訊。

能源相關系統

功能驗證

在方案設計完成之前進行初步“簡單量體（Simple Box）”能源建模分析，以調查如何減少建築的能源負載，並透過修正各預設值來完成相關永續性目標。評估至少與以下內容有關的兩項潛在策略：

- 基地條件：評估遮陽、室外照明、硬景觀、綠化和相鄰基地條件。
- 量體和坐向：評估影響暖通空調規格、能耗、照明和可再生能源機會的量體和坐向。
- 基本外殼結構屬性：評估傳熱係數、窗牆比、玻璃特性、遮陽和窗戶可操作性。
- 照明等級：評估使用空間的內部表面反射率和照明等級。
- 熱舒適指標：評估熱舒適指標方案。
- 插座和作業負載需求：評估透過有計劃的解決方案（例如：設備和採購政策、平面配置方案）減少插座和作業負載。
- 計畫和營運參數：評估多功能空間、營運安排、每個人的空間分配、遠端辦公、減少建築面積以及預知營運和維護問題。

實施

記錄上述分析如何為（業主專案需求）OPR 和（設計任務書）BOD 中的設計和建築型式決策以及專案最終設計提供參考，包括以下內容：

- 建築和基地方案；
- 建築型式和幾何結構；
- 不同方向的建築外殼結構和立面處理；
- 去除或大幅減少建築系統的規模（例如：暖通空調、照明、控制、外部材料、室內面層和功能計畫元素）；
- 其他系統。

水相關系統

功能驗證

在方案設計完成之前，進行初步的用水預算分析，用以研究如何減少建築中的自來水負載和完成相關永續性目標。評估和預測專案潛在的非自來水源以及用水需求，包括：

- 室內用水需求：評估水流和沖洗器具擬建專案的需求量，根據 WE 先決條件－室內用水減量（Indoor Water Use Reduction）計算。
- 室外用水需求：評估景觀灌溉擬建專案用水需求，按照 WE 得分項目－室外用水減量（Outdoor Water-Use Reduction）計算。
- 作業用水需求：評估廚房、洗衣房、冷卻塔和其他設備的用水需求（如適用）。
- 供應源：評估所有潛在非自來水源的供應量，如基地內雨水和灰水、市政供應的非自來水，以及暖通空調設備的冷凝水。

實施

記錄上述分析如何為（業主專案需求）OPR 和（設計任務書）BOD 中的建築和基地設計決策提供資訊。說明至少一個基地內非自來水供應源是如何透過滿足上述至少兩個用水需求因素來減少供水或廢水處理系統的負擔。說明所作的分析如何為專案的設計提供資訊，包括以下內容（如適用）：

- 管道系統；
- 污水輸送或基地內的處理系統；
- 雨水量和品質管制系統；
- 綠化、灌溉和基地元素；
- 屋面系統或建築型式及幾何結構；
- 其他系統。

( ) 1. 為使工程符合“整合過程”得分項目，工程團隊應採取下列哪些行動？

A. 記錄預期的年度能量消耗量資料

B. 在業主專案要求與設計任務書中記錄專案團隊是如何透過合理的分析來指導建築設計和建築構型的

C. 記錄場地評估報告

D. 召開至少四小時的整合設計專家研討會

( ) 2. 美國國家標準學會編制的永續建築和社區設計及施工共識指南第二版是用來______？

A. 幫助理解整合過程

B. 作為建築能源審計的指導

C. 作為建設廢棄物管理指導

D. 幫助理解被動設計

( ) 3. 一位LEED顧問正在檢查提交上來申請評估體系中“整合過程”得分項目的文件。下列哪些項應該在文件中被提及？（選三項）

A. 室內用水需求

B. 建築量體和坐向

C. 照明水準

D. 室內空氣品質

( ) 4. 要達到最佳效果，專案團隊的核心成員最好在專案的什麼階段參與進來？

A. 發展設計階段

B. 探究階段

C. 方案設計階段

D. LEED 預認證階段

(　　) 5. 設計任務書（BOD）包括業主專案要求資訊。下列哪些關於 BOD 的說法是正確的？

A. BOD 文件應由功能驗證主管制定

B. BOD 文件應在探究階段制定

C. 為獲得 LEED 證書，所有 LEED BD+C 專案應制定 BOD 文件

D. BOD 文件應上交作為整合設計得分項目評判資料

(　　) 6. 以下哪種說法是用水量預算分析？

A. 第 95 個百分點降雨量數據

B. 每月總共 210,000 加侖的室內耗水量

C. 每月 170,000 加侖非飲用水水源

D. 每月總共 7,000 加侖的可飲用水耗水量

(　　) 7. 哪些部分應包括在用水量預算分析內？

A. 室內用水需求，室外用水需求，作業用水需求，冷卻塔用水需求和專案場地內供水

B. 室內用水需求，室外用水需求，作業用水需求，補給水需求和專案場地內供水

C. 室內用水需求，室外用水需求，作業用水需求，補給水需求和灰水

D. 室內用水需求，室外用水需求，作業用水需求和專案場地內供水

(　　) 8. 為達到整合設計得分項目，能源概念模型可以：

A. 設計測量和檢驗基準

B. 達到“能源與大氣”中的最低能源效率要求得分項目

C. 作為初步能源模型構建的基礎

D. 滿足整合專案計畫與設計先決條件

(　　) 9. LEED BD+C: 飯店專案在整合設計得分項目中最多能得多少分？

A. 1

B. 2

C. 4

D. 5

(　　) 10. 對於 LEED BD+C: 核心與外殼（Core & Shell）專案，以下哪些內容包含在整合過程的得分項目中？

A. 能源相關系統以及和水相關的系統

B. 只能承租戶控制的系統

C. 所有 LEED 得分項目中所涉及的系統（為保證一致性）

D. 業主能自主控制的系統

(　　) 11. 為獲得整合過程得分項目，以下哪個文件應上傳到 LEED 線上？

A. 業主專案要求文件

B. 整合過程工作表

C. 概念能源模型報告

D. 專案場所評估

(　　) 12. 在審查完專案場地情況後，設計團隊決定降低窗牆比，並為所有視窗安裝垂直遮光板。以下哪個得分項目不會受到影響？

A. “能源與大氣”中的能源利用最優化得分項目

B. “能源與大氣”中的綠色電力及碳補償得分項目

C. “能源與大氣”中的可再生能源得分項目

D. “能源與大氣”中的增強功能驗證得分項目

(　　) 13. 在能源相關系統的探索階段，為獲得整合設計得分項目應做到哪項？

A. 準備業主專案要求文件，強調三重底線價值觀

B. 在方案設計完成前開展初步的“簡單量體”能源建模分析

C. 記錄節能評估如何影響專案能源系統設計

D. 使用能源之星資料管理器（Energystar Portfolio Manager）開展初步能源消耗分析

(　　) 14. 一零售專案從設計前至施工期間都遵照整合設計要求，提出了至少 25 種改進措施，涉及 7 種與能源有關的建議。以下哪種說法是正確的？（選兩項）

A. 此舉可使該專案在設計評估專案下的創新得分項目上多得一分

B. 該專案仍舊可能在整合設計得分項目上不得分

C. 該專案可在整合設計得分項目上得到 5 分

D. 整合設計可能使專案達到高性能、高性價比

(　　) 15. 在整合設計中，以下哪種情況下不需進行建築量體和坐向分析？

A. 已獲得“材料與資源”中的減少建築生命週期影響得分項目的 LEED V4 BD+C 專案

B. 申請 LEED V4 BD+C 認證的重大改造專案

C. 申請 LEED V4 BD+C：新建築認證的辦公室專案

D. 申請 LEED V4 BD+C：核心與外殼（Core & Shell）認證的辦公室專案

(　　) 16. 以下哪個得分項目不能申請優良表現（EP）得分？

A. 得分項目：整合過程

B. “永續基地”得分項目：雨水管理

C. “基地與交通”得分項目：高優先基地

D. “能源與大氣”得分項目：能源效率優化

(　　) 17. 在 LEED V4 BD+C：醫療專案要求中，以下哪項不屬於預設計（Pre-Design）階段內容？

A. 確認預認證等級

B. 制定業主專案要求（OPR）文件

C. 制定設計任務書（BOD）

D. 舉行專家研討會

E. 組建一個綜合專案團隊

(　　) 18. 在專案目標設定研討會上，專案團隊需要完成以下任務除了：

A. 明確 LEED 的先決條件

B. 闡述專案業主和利益相關者的價值觀和期望

C. 定義最初責任和可交付成果

D. 制定業主專案要求文件

E. 明確功能性和綱領性目標

(　　) 19. 在前期設計階段，一專案團隊開展專案目標設定研討會。以下哪項內容不一定能在研討會上決定？

A. 三年內交接專案

B. 專案預算為 20 億

C. 使用性能係數 6.0 的冷卻裝置

D. 該專案將申請 LEED v4 BD+C：核心與外殼（Core & Shell）認證

(　　) 20. 綠色屋頂的好處包括：（選兩項）

A. 減少新鮮空氣採集量

B. 減少灌溉需求

C. 減少熱島效應

D. 增加開放空間

模擬試題

(　　) 21. 一專案團隊正在為其辦公專案找能源效率評估工具。可使用住宅能源評級系統（HERS）進行評估嗎？

A. 不可以，因為它是衡量住房能源效率的標準

B. 可以，只要它比美國環保署的 Target Finder 系統更嚴格

C. 所有與能源有關的標準均可用於評估能源使用情況

D. 可以，因為此得分項目可用於所有商用建築

(　　) 22. 一專案的室內設計將使用淺色漆以提高表面反射率，減少照明功率密度，並保證合格的照明水準。除此之外，在常規住戶區域將安置住戶感測器。以下哪項說法是正確的？（選兩項）

A. 此舉將對獲得“能源與大氣”中的高階能源計量得分項目有幫助

B. 此舉將對獲得“能源與大氣”中的能源效率優化得分項目有幫助

C. 此舉將對獲得整合過程得分項目有幫助

D. 此舉將對獲得“永續基地”中的減少熱島效應得分項目有幫助

(　　) 23. 如果景觀設計師、管道系統專案師和土木專案師都參與到“永續基地”中的雨水管理得分項目中，以下哪種情況將發生？

A. 將在整合設計中得出更好的雨水管理方案

B. 可能增加專案費用

C. 由於額外工作可能使專案延遲

D. 可能對文件一致性產生負面影響

(　　) 24. 整合設計得分項目的目的是什麼？

A. 得出獲得 LEED 證書的性價比最高的方案

B. 透過對系統間聯繫的早期分析，得到高性能、性價比高的專案成果

C. 將人體健康視作基本評估準則，將綠色設計和建造措施的綜合性、性價比達到機會最大化

D. 減少生命週期能源消耗和耗水量

(　　) 25. 對於整合專案計畫與設計先決條件，以下哪項應提交給 GBCI 審核？（選兩項）

A. 設計專家研討會報告

B. 關於取得初步得分目標的行動計畫

C. 業主的專案要求

D. 解釋專案的健康計畫如何滿足得分項目要求

(　　) 26. 誰應該參加目標設定會議？

A. 業主和設計師

B. 業主、設計師和承包商

C. 不管誰參加目標設定會議，會議必須持續四個小時

D. 專案團隊所有主要成員

(　　) 27. 根據整合專案計畫和設計先決條件要求，業主專案要求中應包括以下哪兩個選項？

A. 與能源相關的發現分析

B. 三重底線

C. 健康使命宣言

D. 與水相關的發現分析

(　　) 28. 某LEED顧問召開了會議以通知承包商關於LEED申報的要求。建議承包商拍攝與以下哪個選項相關的照片作為證明材料？

A. “永續基地”得分項目：開放空間

B. “永續基地”先決條件：施工污染防治，適用於遵循本地標準而不是 2012 年美國環保局（EPA）頒佈的建設通用許可（CGP）標準的專案

C. “用水效率”先決條件：減少室外用水量，除非能節約 100% 的飲用水

D. “能源與大氣”得分項目：可再生能源生產

(　　) 29. 得分項目：整合過程與除______外的 LEED 得分項目相關。

A. “基地與交通”得分項目：停車面積減量

B. “永續基地”得分項目：場地評估

C. “永續基地”得分項目：開放空間

D. “材料與資源”得分項目：降低建築生命週期中的影響

(　　) 30. 在學校專案的初期，放棄用一開始想用的反射率為 40% 的牆面塗料而選用反射率為 75% 的塗料，與一般情況相比，教室內能夠減少 25% 的光照設施數量。與此同時，專案將在工作平面保持足夠的照度（大約 50 英尺燭光）。此方法會影響除______之外的得分項目：

A. 得分項目：整合過程

B. “室內環境品質”得分項目：室內照明

C. “能源與大氣”得分項目：能源效率優化

D. “室內環境品質”得分項目：優良視野

(　　) 31. 在方案設計階段的初期能源分析中，以下哪個系統需要建模？

A. 作業系統

B. 所有的能源消耗系統

C. 只有暖通空調系統

D. 主要能源消耗系統

(　　) 32. 外部荷載會嚴重影響專案的能源消耗。以下哪個選項和外部荷載無關？

A. 窗牆比

B. 熱舒適度指標

C. 窗戶可開合性

D. 場地條件

(　　) 33. 以下哪個軟體是用來構建一簡單量體能源模型的？

A. EQuest

B. 建立“簡單量體”模型不需要軟體

C. 美國環保局（EPA）的目標找尋工具（Target Finder Tool）

D. 任何能源建模軟體皆可，只要它能夠預測一年內的每小時能源使用量

(　　) 34. 以下哪個標準和整合過程相關？

A. ASRHAE 指南第 0 章

B. ANSI 國家標準共識指南

C. 環境保護署目標尋找工具

D. CIBSE 應用手冊 10

(　　) 35. 一辦公室建築採用了桌面工作燈，可開關窗戶，自然通風和屋頂綠化。這些方法能幫助該專案得到以下得分項目，除______以外？

A. “能源與大氣” 得分項目：能源效率優化

B. “室內環境品質” 得分項目：熱舒適

C. “用水效率” 得分項目：室外用水減量

D. “室內環境品質” 得分項目：室內照明

(　　) 36. 為了滿足先決條件：整合專案規劃和設計，需要集合一整專案團隊，除業主或業主代表之外，需要召集多少專業人才？

A. 4

B. 3

C. 2

D. 5

(　　) 37. 哪個 ASHRAE 標準能運用在整合過程中使用？

A. 美國制暖製冷與空調工程師協會 52.2-2010 標準

B. 美國制暖製冷與空調工程師協會 62.1-2010 標準

C. 美國制暖製冷與空調工程師協會 55-2010 標準

D. 美國制暖製冷與空調工程師協會 90.1-2010 標準

(　　) 38. 以下哪個建築系統是一個完全整合過程？

A. 僅由專案業主管理的建築系統和場地系統

B. 建築系統和場地系統

C. 建築系統

D. 能源消耗系統

(　　) 39. 在整合過程得分項目進行能源相關系統分析時，以下哪兩個指標可以作為熱舒適指標來考慮？（選兩項）

A. 溫度設定值

B. 熱舒適參數

C. 室外照明

D. 窗牆比

(　　) 40. 以下哪個工具可以用來衡量新建建築設計所涉及到的專案的類型、範圍、住戶人數和地點的能源性能？

A. 能源之星資料管理器

B. 美國環境保護署的目標尋找工具（Target Finder）

C. USGBC 能源計算器

D. LEED 線上表格

(　　) 41. 以下哪個關於整合過程的選項是正確的？

A. 整合過程在任何類型的專案中都可以被使用

B. 整合過程能被用在建築面積大於 10000 平方公尺的專案中

C. 所有 LEED 專案都應該採用這個過程

D. LEED V4 BD+C 得分項目：整合過程不適用於園區方法

(　　) 42. GBCI 審核團隊在當前階段負責審核四個專案。四個專案都遞交了得分項目：整合過程的證明文件。以下是他們的場地狀況分析的報告：

- 專案 A：使用更高的陽光反射率（SRI）硬景觀材料，利用周圍建築的遮陽
- 專案 B：將室內反射率從 40% 增加到 75%，減少戶外照明密度
- 專案 C：使用更高的陽光反射率（SRI）硬景觀材料，減少戶外照明密度
- 專案 D：利用周圍建築的遮陽，減少戶外照明密度

請問哪個專案需要提交更多證明文件？

A. 專案 D

B. 專案 C

C. 專案 B

D. 專案 A

(　　) 43. 很多 LEED 得分項目中存在協同。以下哪個得分項目受到”材料與資源”得分項目：施工和拆除廢棄物管理方法的影響？

A. “材料與資源”先決條件：可回收物儲存和收集

B. “室內環境品質”得分項目：施工期間室內空氣品質管制計畫

C. “材料與資源”得分項目：靈活性設計

D. “材料與資源”得分項目：減少建築生命週期影響

(　　) 44. 一專案團隊結束了雨水系統的研究，決定使用雨水作為非飲用水水源。對得分項目整合過程而言，處理過的雨水至少貢獻了多少水得分？

A. 2

B. 1

C. 3

D. LEED 中沒有規定

(　　) 45. 在雨水相關的系統功能驗證階段中，需要執行以下哪個步驟以符合得分項目：整合過程的要求？

A. 說明雨水管理系統是如何設計的

B. 展示非飲用水如何在此專案中被利用

C. 建立基本原則、基準、量測和性能目標

D. 評估所有可能的非飲用水供應源

答案：

1	2	3	4	5	6	7	8	9	10
B	A	ABC	B	C	D	B	C	A	A
11	12	13	14	15	16	17	18	19	20
B	D	B	BD	B	A	C	A	C	CD
21	22	23	24	25	26	27	28	29	30
A	B	A	B	BD	D	BC	B	D	D
31	32	33	34	35	36	37	38	39	40
D	B	B	B	C	A	D	B	AB	B
41	42	43	44	45					
A	C	D	A	D					

CHAPTER

選址與交通
（LOCATION AND TRANSPORTATION）

要做好一個好的綠建築專案，從基地的選擇就是一個大學問，好的基地位址對環境有較小的影響，對於居住其中的使用者而言也會有更好的方便性。此章節探討從基地的選擇開始、如何做基地的計畫到交通的方式都有完整的評估方式。

3-1 學習目標

- 選址
    - 開發限制和條件（例如：基本農田、澇原、物種和棲息地、水體、濕地、歷史街區、優先指定區域、褐地）
    - 社區關聯性專有名詞 / 定義（例如：可步行性、街道設計）
- 方便乘坐之優質公共交通－瞭解便捷性和優質的概念 / 計算（例如：是否有多種交通可供選擇、優良公共交通、自行車道網路）
- 替代性交通：基礎設施和設計（例如：停車容量、自行車停車場和淋浴房、替代燃料加油站）
- 綠色車輛（例如：車隊管理、發電能源區域劃定的知識）、來源（例如：中央機房、分散式能源（熱電聯產）、生物柴油、氫氣燃料電池、木屑氣化等替代燃料）

3-2 學習重點

LT 得分項目：LEED 社區開發選址（LEED FOR NEIGHBORHOOD DEVELOPMENT LOCATION）

建築設計與施工 BD&C 3-16 分

該得分項目適用於

- 新建建築 New Construction（8–16 分）
- 核心與外殼 Core & Shell（8–20 分）
- 學校 School （8–15 分）
- 零售 Retail （8-16 分）
- 資料中心 Data centers（8-16 分）
- 倉儲和配送中心 Warehouses and Distribution Centers（8-16 分）
- 旅館接待 Hospitality（8-16 分）
- 醫療保健 Healthcare （5-9 分）

目的

避免在不合適的基地上開發。減少車輛行駛距離。鼓勵日常活動鍛煉，提高宜居性，改善人類健康。

要求

新建建築、核心與外殼、學校、零售、資料中心、倉儲和配送中心、旅館接待、醫療保健

將專案選址在經過 LEED 社區開發（LEED for Neighborhood Development）認證的開發邊界內（試行版本 或 2009 版評估體系中的階段 2 或 3 專案，LEED v4 評估體系中經過認證的計劃或經過認證的專案）。

嘗試獲得該得分項目的專案不能在其他選址與交通（Location and Transportation）得分項目中再次獲得分數。

表 1 LEED ND 地點的分數

認證等級	BD&C 分數	BD&C 分數（核心與外殼）	BD&C 分數（學校）	BD&C 分數（醫療保健）
認證級	8	8	8	5
銀級	10	12	10	6
金級	12	16	12	7
鉑金級	16	20	15	9

LT 得分項目：敏感型土地保護（SENSITIVE LAND PROTECTION）

建築設計與施工 BD&C 1-2 分

該得分項目適用於

- 新建建築 New Construction（1 分）
- 核心與外殼 Core & Shell（2 分）
- 學校 School（1 分）
- 零售 Retail（1 分）
- 資料中心 Data centers（1 分）
- 倉儲和配送中心 Warehouses and Distribution Centers（1 分）
- 旅館接待 Hospitality（1 分）
- 醫療保健 Healthcare（1 分）

目的

避免開發環境敏感型土地，減少建築物選址對環境的不利影響。

要求

新建建築、核心與外殼、學校、零售、資料中心、倉儲和配送中心、旅館接待、醫療保健

選項 1 開發占地選址於先前已開發過的土地。

選項 2 開發占地選址於先前已開發過或不符合以下敏感型土地要求的土地：

- 農田－《美國聯邦法規》第 7 本第 6 卷 400 到 699 篇 657.5 小節（美國以外國家 / 地區的專案為本地對應的法規）定義並透過州自然資源保護局的土壤調查（美國以外國家 / 地區的專案為本地對應的調查）所確定的基本農田、特種農田以及州或地方重要農田。
- 水災氾濫地－法定水災地圖顯示的或者本地司法管轄區或州府透過其方式合法指定的水災區域。對於沒有法定水災地圖或合法指示的

地點中的專案，基地的位置完全處於任何一年發生水災幾率為 1% 以下的工地，意謂著基地的工地不可以在容易水災氾濫的地區。

- 棲息地－被認定為以下物種棲息地的土地：
  - 《美國瀕危物種法》（U.S. Endangered Species Act）或州瀕危物種法規定的受威脅或瀕危物種
  - NatureServe 分類為 GH（可能已滅絕）、G1（極危）或 G2（瀕危）的物種或生物群落
  - 未包括在 NatureServe 資料中，但在當地相應標準（美國以外國家 / 地區的專案）中作為受威脅或瀕危物種所列出的物種。
- 水體－位於水體上或與之距離在 100 英尺（30 米）之內的區域，小規模改善工程除外。
- 濕地－位於濕地上或與之距離在 50 英尺（15 米）之內的區域，小規模改善工程除外。

  在濕地和水體緩衝區內可進行小規模的改善工程以增加其價值，前提是此類設施會向全體建築用戶開放。只有以下改善措施才能視為小規模：

  ① 寬度不超過 12 英尺（3.5 米）的自行車道或人行道，其中不透水寬度不超過 8 英尺（2.5 米）；

  ② 為維護或恢復當地自然群落或自然水文所進行的施作；

  ③ 平均每 300 直線英尺（90 米）一個的單層結構，面積不超過 500 平方英尺（45 平方公尺）；

  ④ 為方便公眾使用所需的坡道。

  ⑤ 小塊空地，限制為平均每 300 直線英尺（90 米）一個，每個面積不超過 500 平方英尺（45 平方公尺）；

- 清除以下樹木：
  - 危險樹木，多達 75% 的枯木
  - 胸徑低於 6 英寸（150 毫米）的樹木

▪ 多達 20% 半徑超過 6 英寸（150 毫米）且狀況等級不低於 40% 的樹木。

▪ 狀況等級低於 40% 的樹木

狀況等級必須基於透過國際樹木栽培學會（ISA）認證的樹藝師利用 ISA 標準措施進行的評估，美國以外的專案採用當地對應的標準。

• 褐地改良活動。

LT 得分項目：高優先基地（HIGH-PRIORITY SITE）

建築設計與施工 BD&C 2-3 分

該得分項目適用於

• 新建建築 New Construction（1-2 分）
• 核心與外殼 Core & Shell（2-3 分）
• 學校 School（1-2 分）
• 零售 Retail（1-2 分）
• 資料中心 Data centers（1-2 分）
• 倉儲和配送中心 Warehouses and Distribution Centers（1-2 分）
• 旅館接待 Hospitality（1-2 分）
• 醫療保健 Healthcare（1-2 分）

目的

鼓勵專案選址在有開發限制的區域，促進周邊區域的發展。

要求

新建建築、核心與外殼、學校、零售、資料中心、倉儲和配送中心、旅館接待、醫療保健

選項 1 歷史街區（非核心與外殼（Core & Shell）的 BD&C 1 分，核心與外殼（Core & Shell）2 分）專案位於歷史街區中的基地。

選項 2 優先指定區域（非核心與外殼（Core & Shell）的 BD&C 1 分，核心與外殼（Core & Shell）2 分）專案位於以下位置之一：

EPA 全國優先列表（National Priorities List）中列出的基地；

- 聯邦授權區基地
- 聯邦企業社區基地
- 聯邦翻新社區基地
- 符合財政部社區發展金融機構基金資格的低收入社區（新市場稅收抵免計畫的項目）
- 美國住房與城市發展部合格普查區（QCT）或困難開發區（DDA）中的基地
- 對於美國以外的專案，在國家層面開展的當地相應的計畫

選項 3 褐地改良（非核心與外殼（Core & Shell）的 BD&C 2 分，核心與外殼（Core & Shell）3 分）

位於已經發現土壤或地下水污染且當地、州或全國性政府機構（擁有司法權限）要求改良的褐地。實施場地改良並滿足該政府機構的要求。

LT 得分項目：周邊密度和多樣化土地使用（LT CREDIT:SURROUNDING DENSITY AND DIVERSE USES）

建築設計與施工 BD&C 1-6 分

該得分項目適用於

- 新建建築 New Construction（1-5 分）
- 核心與外殼 Core & Shell（1-6 分）
- 學校 School （1-5 分）
- 零售 Retail （1-5 分）
- 資料中心 Data centers（1-5 分）
- 倉儲和配送中心 Warehouses and Distribution Centers（1-5 分）
- 旅館接待 Hospitality（1-5 分）
- 醫療保健 Healthcare （1 分）

目的

鼓勵在已有基礎設施的區域進行開發，以節約土地保護農場和野生動物棲息地。提高可步行性和交通效率，減少車輛行駛距離、鼓勵日常體育鍛煉，改善公眾健康。

要求

新建建築、核心與外殼、學校、零售、資料中心、旅館接待

選項 1 周邊密度（非核心與外殼（Core & Shell）的 BD&C 為 2–3 分，核心與外殼（Core & Shell）為 2-4 分）

選擇專案邊界 ¼ 英里（400 米）半徑範圍內的周邊既有密度符合表 1 數值的基地。使用“獨立住宅和非住宅密度”或“組合密度”的數值。

表 1a　專案 ¼ 英里範圍內平均密度的分數（IP 單位）

組合密度	獨立住宅和非住宅密度		分數 BD&C（非核心與外殼）	BD&C 分數（核心與外殼）
每英畝可建造土地的平方英尺數	住宅密度（DU/ 英畝）	非住宅密度（FAR）		
22,000	7	0.5	2	2
35,000	12	0.8	3	4

表 1b　專案 400 米範圍內平均密度的分數（SI 單位）

組合密度	獨立住宅和非住宅密度		分數 BD&C（非核心與外殼）	BD&C 分數（核心與外殼）
每公頃可建造土地的平方公尺數	住宅密度（DU/ 公頃）	非住宅密度（FAR）		
5,050	17.5	0.5	2	2
8,035	30	0.8	3	4

DU = 居住單元；FAR = 容積率。

僅限學校

開發密度計算中不包括專案基地中所包含的體育教學場所，例如僅在體育賽事期間使用的運動場和相關建築（如零食銷售站）、操場及運動設施。

選項 2 多樣化使用（1-2 分）

建造或改建建築（或建築中的空間），使建築的主入口到 4 - 7 個（1 分）或 8 個以上（2 分）為公眾提供既有多樣化用途（在附錄 A-1 中列出）主入口的步行距離為 ½ 英里（800 米）的之內。

具體計算說明：

- 一種用途只能作為一種類型計入（例如：即使零售店銷售多種產品，它也只能計入一次）。
- 每種類型的用途最多計入兩次（例如：如果在步行距離內有 5 家餐館，只能計入 2 家）。
- 計入的用途至少必須能代表 5 個類別中的 3 個（建築的主要用途除外）。

倉儲和配送中心專案

選項 1 開發和相鄰性（2-3 分）

在先前用於工業和商業用途的已開發基地上建造或改造專案。（2 分）

或

在先前曾開發過的相鄰基地建造或改造專案，該相鄰基地目前必須用於工業或商業用途（3 分）。

選項 2 交通資源（1-2 分）

具有兩、三種（1 分）或四種（2 分）以下交通資源的基地建造或改造專案：

- 基地與主要物流樞紐的距離在 10 英里（16 公里）車程之內，主要物流樞紐定義為機場、海港、聯合運輸設施或有聯合運輸功能的貨運點。
- 基地與公路的出入口匝道的距離在 1 英里（1600 米）車程之內。
- 基地與繁忙的貨運鐵路線入口的距離在 1 英里（1600 米）車程之內。
- 基地擁有通向繁忙貨運鐵路的支線。

在所有情況下，規劃的交通資源必須在專案使用證書發放之日前具備、或撥付資金正在建設，並且將在該日起的 24 個月內完成。

醫療保健專案

選項 1 周邊密度（1 分）

選擇專案邊界 ¼ 英里（400 米）半徑範圍內的周邊既有密度符合以下條件的基地：

1. 每英畝至少有 7 個容積率為 50% 的居住單元（每公頃 17.5 個居住單元）。統計密度必須為既有密度，而非區域密度。
2. 可建造土地至少達到每英畝 22,000 平方英尺（每公頃 5,050 平方公尺）。

對於先前已開發的既有非都市醫療保健基地，開發密度至少達到每英畝 30,000 平方英尺（每公頃 6,890 平方米）。

選項 2 多樣化使用（1 分）

在基地上建造或改建建築，使其主入口到至少七個為公眾提供營運設施的主入口的步行距離為 ½ 英里（800 米）之內（請參考附錄 A-1 的表 1）。

具體計算說明：

- 一種用途只能作為一種類型計入（例如：即使零售店出售多種產品，它也只能計入一次）。
- 每種類型的用途最多計入兩次（例如：如果在步行距離內有 5 家餐館，只能計入 2 家）。
- 計入的用途至少必須能代表 5 個類別中的 3 個（建築的主要用途除外）。

LT 得分項目：優良公共交通可達性（ACCESS TO QUALITY TRANSIT）

建築設計與施工 BD&C 1-6 分

該得分項目適用於

- 新建建築 New Construction（1-5 分）
- 核心與外殼 Core & Shell（1-6 分）
- 學校 School（1-4 分）
- 零售 Retail（1-5 分）
- 資料中心 Data centers（1-5 分）
- 倉儲和配送中心 Warehouses and Distribution Centers（1-5 分）
- 旅館接待 Hospitality（1-5 分）
- 醫療保健 Healthcare（1-2 分）

目的

鼓勵擁有多種可選交通模式或可降低汽車使用率的基地中開發專案，從而減少溫室氣體排放、空氣污染以及其他與汽車使用相關的環境和公眾健康危害。

要求

新建建築、核心與外殼、零售、資料中心、倉儲和配送中心、旅館接待使專案的任意功能性入口位於距既有或規劃的公車、電車或共乘站 ¼ 英里（400 米）的步行距離之 內，或是距既有或規劃的快速公車月臺、輕軌站或普通有軌列車月臺、公車通勤鐵路車站或公車通勤渡輪碼頭 ½ 英里（800 米）的步行距離之內。這些交通網的交通服務總量必須滿足表 1 和表 2 列出的最低要求。如果規劃的車站在專案使用證書發放之日已選定、撥付資金，同時正在建設，並且將在從該日起的 24 個月內完成，則可計算在內。

必須滿足工作日和週末班次的最低要求。

- 合格的交通路線必須擁有雙向路線服務（相反方向的服務）。
- 對於每條合格的交通路線，只計算一個方向的班次。
- 如果合格的交通路線在要求的步行距離內有多個車站，那麼只計算來自一個路線的班次。

表 1　具有多種交通類型（公車、電車、鐵路或渡輪）的專案日常交通服務最低要求

工作日班次	週末班次	BD&C 分數（除核心與外殼之外）	BD&C 分數（核心與外殼）
72	40	1	1
144	108	3	3
360	216	5	6

表 2　僅具有通勤火車或渡輪的專案日常交通服務最低要求

工作日班次	週末班次	分數
24	6	1
40	8	2
60	12	3

在由兩條或更多交通路線提供交通服務的專案中，如果沒有任何一條路線提供的班次超過班次總數的 60%，則可以額外獲得一分，最多可得到最高分數。（6 分）

如果既有的交通運輸服務臨時更改路線，使其在少於兩年的時間裡超出要求的距離，該專案也可滿足得分要求，前提條件是當地的交通運輸部門承諾恢復路線並提供相等或更高於之前的服務班次。

學校

選項 1 交通服務地點（1–4 分）

使專案的任意功能性入口位於距既有或規劃的公車、電車或共乘站 ¼ 英里（400 米）的步行距離之內，或是距既有或規劃的快速公車月臺、輕軌站或普通有軌列車月臺、公車通勤鐵路車站或公車通勤渡輪碼頭 ½ 英里（800 米）的步行距離之內。這些交通網的交通服務必須滿足表 1 和表 2 列出的最低要求。如果規劃的車站在專案使用證書發放之日已選定、撥付資金，同時正在建設，並且將在該日起算的 24 個月內完成，則可計算在內。

- 合格的交通路線必須擁有雙向路線服務（相反方向的服務）。
- 對於每條合格的交通路線，只計算一個方向的班次。
- 如果合格的交通路線在要求的步行距離內有多個車站，那麼只計算來自一個路線的班次。

表 1 具有多種交通類型（公車、電車、鐵路或渡輪）的專案日常交通服務最低要求

工作日班次	分數
72	1
144	2
360	4

表 2 僅具有通勤火車或渡輪的專案日常交通服務最低要求

工作日班次	分數
24	1
40	2
60	3

在由兩條或更多交通路線提供交通服務的專案中，如果沒有任何一條路線提供的班次超過班次總數的 60%，則可以額外獲得一分，最多可得到最高分數。（4 分）

如果既有的交通運輸服務臨時更改路線，使其在少於兩年的時間裡超出要求的距離，該專案也可滿足得分要求，前提條件是當地的交通運輸部門承諾恢復路線並提供與之前的服務班次相等或更高。

選項 2 人行通道（1–4 分）

顯示專案設有入學分界，使得一定比例的學生居住在步行距離不超過 ¾ 英里（1200 米）的範圍內（8 年級和更低年級或年齡不超過 14 歲），與學校建築的功能性入口的步行距離在 1 ½ 英里（2400 米）之內（9 年級和更高年級或年滿 15 歲）。根據表 3 比例獲得分數。

表 3　步行距離之內的學生人群得分

學生百分比	分數
50%	1
60%	2
70% 或更高	4

此外，專案的選址應使規劃學生人群所居住的所有住宅社區都有通向該基地的人行通道。

醫療保健

使專案的任意功能性入口位於距既有或規劃的公車、電車或共乘站 ¼ 英里（400 米）的步行距離之內，或是距既有或規劃的快速公車站、輕軌站或普通有軌列車月臺、公車通勤鐵路車站或公車通勤渡輪碼頭 ½ 英里（800 米）的步行距離之內。這些交通服務總量必須滿足表 1 和表 2 列出的最低要求。如果規劃的車站在專案使用證書發放之日已選定、撥付資金，同時正在建設，並且將在該日起算的 24 個月以內完成，則可計算在內。

必須滿足工作日和週末班次的最低要求。

- 合格的交通路線必須擁有雙向路線服務（相反方向的服務）。
- 對於每條合格的交通路線，只計算一個方向的班次。
- 如果合格的交通路線在要求的步行距離內有多個車站，那麼只計算來自一個路線的班次。

表 1　具有多種交通類型（公車、電車、鐵路或渡輪）的專案日常交通服務最低要求。

工作日班次	週末班次	分數
72	40	1
144	108	2

表 2　僅具有通勤火車或渡輪的專案日常交通服務最低要求

工作日班次	週末班次	分數
24	6	1
40	8	2

在由兩條或更多交通路線提供交通服務的專案中，如果沒有任何一條路線提供的班次超過班次總數的 60%，則可以額外獲得一分，最多可得到最高分數。（2 分）

如果既有的交通運輸服務臨時更改路線，使其在少於兩年的時間裡超出要求的距離，該專案也可滿足得分要求，前提條件是當地的交通運輸部門需承諾恢復路線並提供與之前的服務班次相等或更高。

LT 得分項目：自行車設施（BICYCLE FACILITIES）

建築設計與施工 BD&C 1分

該得分項目適用於

- 新建建築 New Construction（1 分）
- 核心與外殼 Core & Shell（2 分）
- 學校 School（1 分）
- 資料中心 Data centers（1 分）
- 倉儲和配送中心 Warehouses and Distribution Centers（1 分）
- 旅館接待 Hospitality（1 分）
- 零售 Retail（1 分）
- 醫療保健 Healthcare（1 分）

目的

提高騎車和交通效率，減少車輛行駛距離。鼓勵實用和休閒的體育活動，改善公眾健康。

要求

新建建築、核心與外殼、資料中心、倉儲和配送中心、旅館接待

自行車道網路

設計或確定專案位置時，使功能入口或自行車停車場處距連通以下至少其中一項內容的自行車道在 200 碼（180 米）步行距離或自行車騎行距離之內：

- 至少 10 種多樣化用途。
- 一所學校或就業中心（如果專案總建築面積中至少有 50% 為住宅）。
- 公車快速 / 專用通道站、輕軌站或火車站、通勤火車站或渡輪碼頭。所有目的地都必須在距專案邊界 3 英里（4,800 米）自行車騎行距離之內。

如果規劃的自行車道在獲得專案使用證書之日起得到全部建設資金，並且計畫在從該日起的 1 年之內完成，則可以計入。

自行車停車場和淋浴間

情況 1 商業或機構專案

在尖峰時段，至少為所有訪客中 2.5% 的人提供短期自行車停車位，且每棟建築不得少於 4 個停車位。

至少為常規建築住戶中 5% 提供長期自行車停車位，除了短期自行車停車位之外，每座建築不得少於 2 個長期停車位。

在基地內為前 100 位常規建築住戶至少提供一個帶更衣室的淋浴間，並且要為之後的每 150 位常規建築住戶提供一個額外的淋浴間。

情況 2 住宅專案

在尖峰時段，至少為所有訪客中 2.5% 的人提供短期自行車停車位，且每座建築不得少於 4 個停車位。

至少為所有常規建築住戶中 30% 的人提供長期自行車停車，且每個住宅單元不得少於 1 個停車位。

情況 3 混合用途專案

分別符合情況 1 和情況 2 中的專案，非住宅和住宅部分的停車要求。

對於所有專案

短期自行車停車處必須位於距任何主入口 100 英尺（30 米）的步行距離內。長期自行車停車處必須位於距任何功能入口 100 英尺（30 米）的步行距離內。

自行車停車場容量不得重複計入：完全供非專案設施住戶所使用的停車處無法同時為專案住戶提供服務。核心與外殼專案應參閱附錄 A-2 “預設進駐人數”，以瞭解進駐人數的計算要求和原則。

學校

自行車道網路設計或確定專案位置時，使功能入口或自行車停車場處距連通以下至少其中一項內容的自行車道網路在 200 碼（180 米）步行距離或自行車騎行距離之內：

- 至少 10 種多樣化用途。
- 公車快速 / 專用通道站、輕軌站或火車站、通勤火車站或渡輪碼頭。所有目的地都必須在距專案邊界 3 英里（4800 米）自行車騎行距離之內。

提供至少延伸到學校物業用地邊緣的專用自行車道，且學校物業用地沒有任何障礙物（如柵欄）。

如果規劃的自行車道在獲得專案使用證書之日起得到全部建設資金，並且計畫在從該日起的 1 年之內完成，則可以計入。

自行車停車場和淋浴間

至少為所有常規建築住戶中 5% 的人（不包括 3 年級及更低年級的學生）提供長期自行車停車，且每座建築不得少於 4 個停車格。

在基地內為前 100 位常規建築住戶（不包括學生）至少提供一個帶更衣室的淋浴間，並且要為之後的每 150 位常規建築住戶（不包括學生）提供一個額外的淋浴間。長期停車處必須便於進入，且與任何主入口的步行距離在 100 英尺（30 米）之內。自行車停車容量不得重複計入－完全供非專案設施住戶所使用的停車處無法同時為專案住戶提供服務。

零售

自行車道網路

設計或確定專案位置時，使功能入口或自行車停車場處距連通以下至少其中一項內容的自行車道網路在 200 碼（180 米）步行距離或自行車騎行距離之內：

- 至少 10 種多樣化用途。
- 公車快速 / 專用通道站、輕軌站或火車站、通勤火車站或渡輪碼頭。所有目的地都必須在距專案邊界 3 英里（4800 米）自行車騎行距離之內。

如果規劃的自行車道在獲得專案使用證書之日起得到全部建設資金，並且計畫在從該日起的 1 年之內完成，則可以計入。

自行車停車場和淋浴間

每 5000 平方英尺（465 平方公尺）提供至少 2 個短期自行車停車位，但每座建築不少於兩個停車位。

至少為常規建築住戶中 5% 提供長期自行車停車處，除了短期自行車停車位之外，每座建築不得少於 2 個長期停車位。

在基地內為前 100 位常規建築住戶至少提供一個帶更衣室的淋浴間，並且要為之後的每 150 位常規建築住戶提供一個額外的淋浴間。

短期自行車停車處必須位於距任何主入口 100 英尺（30 米）的步行距離內。長期自行車停車處必須位於距任何功能入口 100 英尺（30 米）的步行距離內。

自行車停車場容量不得重複計入：完全供非住戶所使用的停車處無法同時為住戶提供服務。

為員工提供自行車維護計畫，或者為員工和客戶提供自行車道輔助設施。提供的車道輔助設施必須便於員工和客戶使用。

對於僅為多承租戶建築一部分的專案來說：如果專案所在的綜合體提供了自行車停車場處，則可以透過將專案的建築面積除以開發區的總建築面積（僅建築）並將百分比結果乘以停車位總數，來確定屬於該專案的停車位數量。如果該數量不符合得分項目要求，那麼專案必須提供額外的自行車停車位。

醫療保健

自行車道網路

設計或確定專案位置時，使功能入口或自行車停車場處距連通以下至少其中一項內容的自行車道網路在 200 碼（180 米）步行距離或自行車騎行距離之內：

- 至少 10 種多樣化用途。
- 公車快速 / 專用通道站、輕軌站或火車站、通勤火車站或渡輪碼頭。所有目的地都必須在距專案邊界 3 英里（4800 米）自行車騎行距離之內。

如果規劃的自行車道在獲得專案使用證書之日起得到全部建設資金，並且計畫在從該日起的 1 年之內完成，則可以計入。

自行車停車場和淋浴間

情況 1 商業或機構專案

在尖峰時段，至少為所有訪客中 2.5% 的人提供短期自行車停車，且每座建築不得少於 4 個停車格。

至少為常規建築住戶中 5% 的人（不包括學生）提供長期自行車停車格，除了短期自行車停車格之外，每座建築不得少於 4 個停車格。

在基地內為頭 100 位常規建築住戶（不包括學生）至少提供一個帶更衣室的淋浴間，並且要為之後的每 150 位常規建築住戶提供一個額外的淋浴間。

情況 2 住宅專案

至少為尖峰期測得的所有常規建築住戶中 30% 的人（不包括學生）提供安全、封閉的自行車停車處，且每個居住單位不得少於 1 個停車位。

對於所有專案

短期自行車停車處必須位於距任何主入口 100 英尺（30 米）的步行距離內。長期自行車停車處必須位於距任何功能入口 100 英尺（30 米）的步行距離內。

自行車停車容量不得重複計入：完全供非專案設施住戶所使用的停車處無法同時為住戶提供服務。

LT 得分項目：減少停車面積（REDUCED PARKING FOOTPRINT）

建築設計與施工 BD&C 1 分

該得分項目適用於

- 新建建築 New Construction（1 分）
- 核心與外殼 Core & Shell（1 分）
- 學校 School（1 分）
- 資料中心 Data centers（1 分）
- 倉儲和配送中心 Warehouses and Distribution Centers（1 分）
- 旅館接待 Hospitality（1 分）
- 零售 Retail（1 分）
- 醫療保健 Healthcare（1 分）

目的

儘量減少與停車設施相關的環境危害，包括對汽車的依賴、土地佔用和雨水徑流。

要求

新建建築、核心與外殼、學校、零售、資料中心、倉儲和配送中心、旅館接待、醫療保健

不得超過當地法規的最低停車容量要求。

提供停車容量低於停車諮詢委員會（Parking Consultants Council）建議的基本比率的百分比，如交通工程師協會（Institute of Transportation Engineers）《交通規劃手冊》（Transportation Planning Hand book）第三版表格 18-2 到 18-4 所示。

情況 1 基準線

沒有在 LT 得分項目：周邊密度和多樣化土地使用（Surrounding Density and Diverse Uses）或 LT 得分點：優良公共交通可達（Access to Quality Transit）上獲得分數的專案必須比基準值低 20%。

情況 2 密度或交通服務地點

在 LT 得分項目：周邊密度和多樣化土地使用（Surrounding Density and Diverse Uses）或 LT 得分項目：優良公共交通可達（Access to Quality Transit）上獲得 1 分或更多分數的專案必須比基準值低 40%。

對於所有專案

本得分項目的計算必須包括專案租賃或擁有的所有既有的和新的非路邊停車空間，包括位於專案邊界以外但被專案使用的停車空間。這些計算中不包括公共道路用地中的路邊停車空間。

對於使用共乘停車場的專案，使用專案在該停車場所擁有的共乘停車位來計算是否符合要求。

在從基準值中減去路邊車位數之後得出總停車位數量，乘以 5% 即為需提供的共乘優先車位數。如果除路邊停車外未提供其他停車位，則不需要提供優先車位。

混合用途專案應確定減少的百分比，具體方法為首先匯總每種用途的停車數量（由基本比率確定），然後確定從彙總的停車數量中要減去的百分比。

不要計入長時間停放車輛的停車空間，除非員工會定期使用這些車輛進行通勤以及商業用途。

LT 得分項目：綠色車輛（GREEN VEHICLES）

建築設計與施工 BD&C 1 分

該得分項目適用於

- 新建建築 New Construction（1 分）
- 核心與外殼 Core & Shell（1 分）
- 資料中心 Data centers（1 分）
- 旅館接待 Hospitality（1 分）
- • 零售 Retail（1 分）
- • 醫療保健 Healthcare（1 分）
- • 學校 School（1 分）
- • 倉儲和配送中心 Warehouses and Distribution Centers（1 分）

目的

透過推廣傳統燃料汽車的替代品減少污染。

要求

新建建築、核心與外殼、零售、資料中心、旅館接待、醫療保健

指定專案使用的所有停車空間的 5% 作為綠色車輛優先停車位。清晰而明確地標識並強制規定僅供綠色車輛使用。在各種停車區域（例如，短期與長期空間）中按比例分配優先停車空間。

綠色車輛必須按照美國節能經濟委員會（ACEEE）年度車輛評級指南（美國以外的專案為當地對應的標準）獲得綠色評分至少 45 分。

為綠色車輛提供至少 20% 的停車費折扣也可作為優先停車位的替代方案。該停車費折扣必須在停車場入口處公告，且永久適用於任何符合條件的車輛。

除了為綠色車輛提供優先停車位，滿足以下關於替代燃料站的兩個選項之一：

選項 1 電動汽車充電

為專案使用的所有停車位總量的 2% 停車位安裝電動汽車充電設備（EVSE）。清晰而明確標識這些車位，並將其預留為僅供插電式電動汽車使用。除了綠色車輛優先停車位，還必須提供 EVSE 停車位。

EVSE 必須：

- 提供 2 級或更高等級的充電能力（208 – 240 伏特）。
- 符合相關的地區或當地電氣連接器標準，例如 SAE 地面車輛推薦操作規程 J1772（Surface Vehicle Recommended Practice J1772）、SAE 電動汽車導電耦合器（Electric Vehicle Conductive Charge Coupler），美國以外的專案則採用國際電子電機委員會的 IEC 62196。
- 已連網或在互聯網上可找到充電站，並能夠參與需求回應計畫或按時段計價計畫，以鼓勵非尖峰期充電。

選項 2 液體、氣體或電池設施建立液體或氣體替代燃料補充設施或電池更換站，每天補充動力的車輛數量至少相當於全部停車位的 2%。

學校

選項 1 綠色運輸工具

指定專案使用的所有停車空間的 5% 作為綠色車輛優先停車位。清晰而明確地標識並強制規定僅供綠色車輛使用。在各種停車區域（例如，短期與長期空間）中按比例分配優先停車空間。

綠色車輛必須按照美國節能經濟委員會（ACEEE）年度車輛評級指南（美國以外的專案為當地對應的標準）獲得綠色評分至少 45 分。

為綠色車輛提供至少 20% 的停車費折扣也可作為優先停車位的替代方案。該停車費折扣必須在停車場入口處公告，且永久適用於任何符合條件的車輛。

除了為綠色車輛提供優先停車位，滿足以下關於替代燃料站的兩個選項之一：

途徑 1 電動汽車充電

為專案使用的所有停車位總量的 2% 停車位安裝電動汽車充電設備（EVSE）。清晰而明確標識這些車位，並將其預留為僅供插電式電動汽車使用。除了綠色車輛優先停車位，還必須提供 EVSE 停車位。

EVSE 必須：

- 提供 2 級或更高等級的充電能力（208 – 240 伏特）。
- 符合相關的地區或當地電氣連接器標準，例如 SAE 地面車輛推薦操作規程 J1772（Surface Vehicle Recommended Practice J1772）、SAE 電動汽車導電耦合器（Electric Vehicle Conductive Charge Coupler），美國以外的專案則採用國際電子電機委員會的 IEC 62196。
- 已連網或在互聯網上可找到充電站，並能夠參與需求回應計畫或按時段計價計畫，以鼓勵非尖峰期充電。

途徑 2 液體、氣體或電池設施

建立液體或氣體替代燃料補充設施或電池更換站，每天補充動力的車輛數量至少相當於全部停車位的 2%。

選項 2 綠色巴士或學校自有車輛

制定並實施計畫，使每輛為學校服務的巴士在獲得專案使用證書之後七年內達到以下排放標準：

- 氮氧化物（NOx）排放量為每馬力小時不超過 0.50 克。
- 顆粒物排放量為每馬力小時不超過 0.01 克。每輛巴士都必須達到排放標準，而不能以學校整個車隊的平均水準達標為準。

制定並實施計畫，使學校擁有或租用的所有其他車輛（非巴士）100% 成為綠色車輛。綠色車輛必須按照美國節能經濟委員會（ACEEE）年度車輛評級指南（美國以外的專案為當地對應的標準）獲得綠色評分至少 45 分。

倉儲和配送中心專案

選項 1 替代燃料車輛（1 分）

為基地內車隊提供至少一台由電、丙烷或天然氣作為動力的基地牽引車。為車輛提供基地內充電站或燃料站。液體或氣體加注站必須與其他空間分開通風或位於戶外。

選項 2 減少卡車引擎空轉（1 分）

至少為全部裝卸門位置的 50% 提供電氣連接以限制卡車載貨時引擎空轉。

(　　) 1.　社區內一棟建築有一個 300 個停車位的停車場。停車場附近的一個新的建設工程被允許使用其中的 100 個停車位。則計算該工程停車容量時，停車場容量應該包括什麼？

A. 僅包括新建築內的停車位

B. 只包括現有 300 停車位

C. 包括現有的 300 個停車位及新建築內的新建停車位

D. 只包括現有 300 停車位的 100 個

(　　) 2.　一個倉庫工程位於農村地區。下列哪種交通資源可以說明工程實現"選址與交通"中的周邊密度及多樣性應用得分項目？（選擇 2 個）

A. 該地距海港車程為 10 英里（16 公里）

B. 該地位於營運的貨運鐵路支線網站

C. 該地距營運的貨運鐵路線網站車程為 3 英里（4800 米）

D. 該地距高速公路匝道車程為 3 英里（4800 米）

(　　) 3.　某醫療工程想要實現"選址與交通"中的周邊密度及多樣性應用得分項目。有多少公開的多樣化用途應該在距工程主入口 ½ 英里（800 米）的步行距離內？

A. 5

B. 8

C. 4

D. 7

(　　) 4.　"選址與交通"中的周邊密度及多樣性應用得分項目怎樣計算建築主要入口與附近多種用途之間的距離？

A. 半徑距離在 1 英里（1600 米）內

B. 沿步行路線行走步程在 ½ 英里（800 米）內

C. 沿步行路線行走步程在 1 英里（1600 米）內

D. 半徑距離在 ½ 英里（800 米）內

( ) 5. 工程施工期間，一個公共汽車站已搬遷出距任一功能性入口步行可至的地區。為得到“選址與交通”中的高品質交通得分項目，工程團隊應該與當地交通機構的承諾多久之內恢復公共汽車營運？

A. 半年

B. 3/2 年

C. 1 年

D. 2 年

( ) 6. 一個零售專案有三個功能入口，且距入口的步行距離在 ½ 英里（800 米）內，且此處交通服務在工作日可提供 150 趟班次，週末有 100 趟班次。其中一條交通路線提供了 60% 的運輸。該專案可以在“選址與交通”中的優良公共交通連接得分項目得多少分？

A. 0 分

B. 1 分

C. 2 分

D. 3 分

( ) 7. 核心與外殼（Core & Shell）專案有三個功能入口，並距入口的步行距離在 ½ 英里（800 米）內有公車站，在工作日可提供 360 趟班次，週末有 300 趟班次。此處有幾種交通路線可服務於該專案，但沒有一個可以提供超過 60% 的運輸，該專案可以在“選址與交通”中的優良公共交通連接得分項目得多少分？

A. 1 分

B. 3 分

C. 6 分

D. 7 分

( ) 8. 零售專案有三個功能入口，且距入口的步行距離在 1 英里（800 米）內，入口處有通勤火車服務，在工作日可提供 40 趟班次，週末有 6 趟班次。其中一條交通路線提供了 60% 的運輸。該專案可以在"選址與交通"中的優良公共交通連接得分項目得多少分？

A. 0 分
B. 1 分
C. 2 分
D. 3 分

(　　) 9. 公車路線有三個距功能入口步行距離在 ½ 英里（800 米）內的網站。有多少公車班次可算入"選址與交通"中的優良公共交通連接？

A. 其中兩個網站的班次
B. 均不可
C. 所有三個網站的班次
D. 其中一個網站的班次

(　　) 10. 一學校專案欲獲得"選址與交通"中的優良公共交通連接得分項目，並遵從行人通道方法，那麼住在離學校功能入口指定步行距離內的學生比例最低為多少？

A. 40%
B. 50%
C. 60%
D. 70%

(　　) 11. 社區內好幾個 LEED 專案已經完成設計，在此場地上的一個新設計專案將申請 LEED 社區認證。請確定哪個是簡化認證過程的最好選擇？

A. 進行 LEED 社區認證之前審核並完成此項新建築的設計
B. 註冊登記社區內其他建築前先等待 LEED 社區專案得到批准和證明其他建築可能需要滿足其他的先決條件。最好同時提交其他建築物註冊申請。
C. 設計 LEED 社區之前，先認證其他所有社區內的專案
D. 註冊 LEED 社區專案之前，先認證其他所有社區內的專案

(　　) 12. 下列哪個陳述可為 LEED 專案確定停車位數量基準線提供足夠的資訊？

A. 200 個居住者和 40 個訪客

B. 一個面積為 15,000 平方公尺的健身專案建築

C. 10,000 平方英尺的停車場

D. 零紅線專案

(　　) 13. 對在綠色停車場安裝的電氣車輛供應需求設備（EVSE），LEED 有哪些要求？（選三項）

A. 符合區域標準

B. 透過電氣車輛的電力消耗估計總排放量

C. 網路連接

D. EVSE 的電力供應必須來自可再生能源

E. 少於 4 小時的充電時間

F. 二級或更高的充電容量

G. EVSE 的電力供應必須來自可再生能源

(　　) 14. 哪個場地可獲得“選址與交通”中的周邊密度及多樣性應用得分項目？

A. 乘坐公共汽車可到達 10 個多樣用途且距離在 ½ 英里（800 米）內的場地

B. 每英畝密度為 5 個單元（12.5 個單元每公頃）的場地

C. 兩公車路線之間距離小於 ¼ 英里（400 米）內的場地

D. 在社區內平均密度為 32,000 平方英尺每英畝（7350 平方公尺每公頃），半徑 ¼ 英里（400 米）內的場地

(　　) 15. 根據“選址與交通”中的綠色汽車得分項目，以下哪個電氣車輛供應需求設備（EVSE）是合格的？

A. 一個安裝在專案場地內的可再生能源系統

B. 連接到網路或互聯網，並參與能源需求回應計畫或即時定價

C. 一級充電容量

D. 將天然氣燃料站設在室內

( ) 16. 下列哪個場地最適合作為科技公司的新資料中心（Data centers）也就是電腦機房？

A. 距魚群聚集的溪流 100 英尺（30 米）外的已開發土地

B. 距濕地距離在 45 英尺（14 米）以內的土地

C. 距溪流 30 英尺（9 米）的未開發土地

D. 有被地方當局列為瀕危物種植物的土地

E. 位於原始農田上的花圃

( ) 17. 一個住宅專案有 90 個單元、200 個住戶、50 個訪客，對於"選址與交通"中的自行車設施得分項目而言，需要多少個短期和長期腳踏車停放位？

A. 2 個短期車位和 90 個長期車位

B. 1 個短期車位和 60 個長期車位

C. 2 個短期車位和 60 個長期車位

D. 4 個短期車位和 90 個長期車位

( ) 18. 一個新 LEED BD + C 綜合大樓建設專案有 500,000 平方英尺多功能辦公室和住宅空間。辦公空間有 102 個常規住戶和 40 個尖峰遊客。住宅區有 30 個單元，包含 40 個居民和 20 個尖峰遊客。則"選址與交通"中的自行車設施得分項目需要設置多少淋浴設施？

A. 0

B. 2

C. 1

D. 4

(　　) 19. 按照“選址與交通”中的敏感土地保護得分項目，以下哪個場地可以滿足要求？

A. 距濕地 60 英尺（18 米）的場地

B. 距溪流 60 英尺（18 米）的未開發土地

C. 距魚池 30 英尺（9 米）的平地

D. 距濕地 30 英尺（9 米）的未開發土地

(　　) 20. 一個歷史古鎮的閒置建築正在改造中。若採用“選址與交通”中的優先場地得分項目，接下來專案經理應該做出哪些決定呢？

A. 確定該地區附近的所有水體

B. 確定該地區所有的敏感土地

C. 確定之前開發場地的成本

F. 確定該場地是否是一個填充式開發場地

(　　) 21. 某新建建築擬在濕地進行工程案、已整地完成及既有停車設施，開發者想要在以前開發場地以外進行建造。如果他想獲得“選址與交通”中的敏感土地保護得分項目，則以下哪一個選項是正確的？

A. 這個專案可以保護超過 30% 的場地總面積

B. 這個場地距濕地不在 30 英尺（9 米）內

C. 該場地沒有破壞任何敏感型土地

根據 LT 敏感型土地保護得分項目選項 2，只要沒有破壞任何敏感型土地，都可以在該得分項目中得分

D. 該專案沒有資格獲得此得分項目

(　　) 22. 在以前開發的場地內含有水體的地區可以進行哪些翻新措施？（選三項）

A. 一個 15 英尺（4.6 米）寬的不透水人行道

B. 1000 平方英尺（90 平方公尺）的休閒區

C. 清潔保養倉庫

D. 確保行動不便人士可通過的斜坡

E. 自行車通道

(　　) 23. 遵守"選址與交通"中的敏感土地保護得分項目，什麼場地是新公司總部的最好選擇？

A. 根據歷史記錄，洪水發生率為 1% 的已開發土地

B. 目前被野生動物居住的土地

C. 首席執行長所擁有的 20 英畝未開發土地

D. 周邊為類似建築的已開發土地

(　　) 24. 國際專案如何申請敏感土地？

A. 諮詢一個合格的生物學家或生態學家

B. 參考歐洲實踐標準

C. 參考美國聯邦土地使用要求

D. 加入歷史自然保護區計畫

(　　) 25. 若一個專案距離自行車網路或公共交通站點較遠，則如何實現"選址與交通"中的得分項目？（選兩項）

A. 說服當地政府增加自行車道，並且降低專案場地的車速限制

B. 在該地建造優先停車位

C. 說服縣政府為專案場地添加更多的交通路線或車道

D. 說服當地交通營運商為該專案場地提供額外的服務

(　　) 26. 住宅開發人員正在考慮定位一個場地，以減少汽車在市內的出行距離。哪個場地可以滿足"選址與交通"中的自行車設施得分項目？

A. 5 英里自行車騎行距離以內有 20 種用途的場地

B. 一個入口場地距自行車網路 3 英里步行距離的場地，該自行車網路距專案邊界 3 英里騎行距離內有 10 種用途

C. 與可連接到一個購物中心的自行車網路相近的場地

D. 一個入口場地距自行車網路 200 碼（180 米）步行距離的場地，且該自行車網路距輕軌站的騎行距離為 1 英里（1600 米）

(　　) 27. 在城市中的一個多用途專案一樓為零售空間，上層為住宅空間，且有共用停車場，但沒有為綠色汽車設置優先停車位。如果專案團隊希望推廣非傳統燃料汽車以減少排放，那麼根據“選址與交通”中的綠色車輛得分項目，他們應採取什麼樣的折扣以取得綠色汽車得分項目？

A. 在入住一年內提供折扣

B. 提供 10% 的折扣

C. 將提供折扣作為該建築的一項政策

D. 只為居民提供折扣

(　　) 28. 根據“選址與交通”中的周邊密度及多樣性應用得分項目，專案團隊應該具備哪些標準以保證專案成功完成？

A. 騎車路線規劃的知識

B. 場地評估知識

C. 有關周邊土地利用和交通條件的知識

D. 該地區降雨量統計知識

(　　) 29. 為滿足“選址與交通”中的停車面積減量得分項目的要求，專案停車位數量小於當地法規規定的最少停車位數量要求，專案團隊應該如何處理？

A. 說服地方政府提供更多的街道停車場

B. 引進共乘方案

C. 說服地方政府減少停車位的數量要求

D. 激勵用戶選擇搭乘大眾運輸工具

(　　) 30. 一專案是一個三層樓高的零售建築，建築旁邊附帶了一個三層樓的停車場，有 500 個停車位，二三層有電梯連接至三層的車庫，可到達主要入口。“選址與交通”中的綠色車輛得分項目中的優先停車位應該坐落在哪裡，數量應為多少？

A. 10 個分別距主入口及第二層和第三層電梯位最近的停車位

B. 15 個距主入口最近的優先停車位

C. 25 個距主入口最近的優先停車位

D. 10 個距每層電梯最近的優先停車位

(　　) 31. 在對距專案邊界 ½ 英里（800 米）的歷史建築進行翻新時，專案團隊應考慮下列哪一個因素以確定可能場地的填充式開發狀況？

A. 停車場

B. 水體

C. 街道

D. 森林

(　　) 32. 一個新的購物中心有以下用途：

- 社區服務零售類別：1 個藥局
- 服務類別：2 個餐廳、1 個銀行和 1 個洗衣店

若專案需要“選址與交通”中的周邊密度及多樣性應用得分項目，則下面哪個是正確的？

A. 這個專案無法獲得得分項目，因為購物中心本身不能計算在內

B. 只要增加任一額外服務在步行距離內，則該專案可以獲得得分項目

C. 再增加一個不同類別服務在步行距離內這個專案才能獲得得分項目

D. 所有購物中心都自動得分

(　　) 33. 根據“選址與交通”中的優質交通得分項目，對於一個有兩個功能入口，並提交了交通站位置圖，步行路線及距離圖的辦公室專案，哪一項不合格？（選兩項）

A. 距建築物的功能入口 ½ 英里的渡輪

B. 距建築物功能入口 ¼ 英里步行距離的雙向公車路線

C. 距建築的兩個功能入口騎行距離 1 英里的鐵路線

D. 距專案邊界 ¼ 英里步行距離的單向公車路線

(　　) 34. 一個設計團隊正在考慮將低收入社區作為一個潛在的專案位置。其被告知該社區為高優先基地。如果設計團隊選擇這個場地，並想獲得"選址與交通"中的高優先場地得分項目，則專案應滿足什麼需求？

A. 專案場地應該完全位於高優先的指定區域

B. 至少 90% 的專案場地應該位於高優先指定區域

C. 只需要一部分的專案場地位於高優先指定區域

D. 至少 70% 的專案場地應該位於高優先指定區域

(　　) 35. 一個餐廳專案在大樓前面有 600 個客戶停車位，在建築物的後面有 100 個員工停車位。如果老闆想要為"選址與交通"中的得分項目綠色汽車安裝替代加油站，應如何選擇分佈策略？

A. 只在大樓後面設 2 個加油站

B. 在大樓前面設 12 個加油站，同時在大樓後面設 2 個加油站

C. 只在大樓前面設 12 個加油站

D. 設 35 個優先停車位

(　　) 36. 一個專案的總占地面積為 140 英畝（56 公頃），其中 70 英畝（28 公頃）用作住宅，共 700 個單元。非居住土地的占地面積是 60 英畝（2,613,600 平方英尺）。非居住建築的面積是 1,500,000 平方英尺。為滿足"選址與交通"中的周邊密度及多樣性應用得分項目的密度要求，以下哪個是正確的？

A. 這個專案只滿足了非居民密度得分項目

B. 該專案符合住宅和非住宅密度得分項目

C. 專案不符合住宅和非住宅密度得分項目

D. 這個專案只滿足了居住密度得分項目

(　　) 37. 在申請註冊"選址與交通"中的減少停車得分項目時，一個專案在什麼條件下不需要提供優先停車場？

A. 如果專案還要進行"選址與交通"中的周邊密度及多樣性應用得分項目

B. 如果該專案有自己的交通工具

C. 如果本地要求設定了最低的停車需求

D. 如果沒有提供非街道停車處

(　　) 38. 該專案位於鼓勵自行車騎乘的場地。那麼在設計場地配置計畫時短期遊客的自行車存儲處應該設置在哪裡？

A. 距任何主入口 100 英尺（30 米）步行距離內

B. 距自行車網路 100 英尺（30 米）騎行距離內

C. 距任何功能入口 100 英尺（30 米）步行距離內

D. 距自行車網路 100 英尺（30 米）步行距離內

(　　) 39. 專案團隊正在劃定專案開發邊界，以便使其不與敏感地區重疊。如果專案團隊為居住者提供了一個不透水的人行道，便於其在大樓周圍走動，那麼想要獲得“選址與交通”中的敏感土地保護得分項目，人行道應如何配置？

A. 只在建築綠地上建設

B. 濕地緩衝區內

C. 不在建築上任何地方

D. 只在已開發的場地部分

(　　) 40. 開發人員正在考慮可能的場地，希望以交通路線的多樣性吸引買家。哪些將幫助專案獲得更多“選址與交通”中的優良公共交通連接得分項目得分？

A. 住宅專案周邊的輕軌增加了雙倍的週末班次

B. 距離各個功能入口 ¼ 英里（400 米）內的，享受多種交通服務的場地

C. 享受公車和輕軌線路（其中沒有一條線路提供超過 60% 運輸）的場地

D. 享受公車路線、輕軌和通勤路線服務的場地

(　　) 41. 一個專案為獲得“選址與交通”中的優良公共交通連接得分項目，基於以下交通服務清單，哪些是正確的：

- 通勤鐵路：40 個工作日班次，12 個星期六班次，0 個周日班次
- 輕軌：80 個工作日班次，60 個星期六班次，50 個周日班次

A. 通勤鐵路須透過計算週六及周日班次的平均值，來滿足週末班次的最低要求

B. 輕軌服務不能提供足夠的工作日班次

C. 通勤鐵路將被視為沒有週末班次

D. 輕軌服務不能提供足夠的週末班次

(　　) 42. 為滿足“選址與交通”中的周邊密度及多樣性應用得分項目，下列哪項是可在專案附近使用？

A. 計畫在同一建築內開設的超市，將在 LEED 專案入住一年內開張

B. 不對外開放的游泳池

C. 坐落在距專案場地步行距離 ¼ 英里（400 米）內的公共汽車站

D. 距專案場地半徑在 ½ 英里（800 米）內的洗衣店

E. 坐落在距專案場地步行距離 1 英里（1600 米）內的銀行

(　　) 43. 一個可能的學校場地在受到污染後進行了二期環境場地評估。若專案團隊要整頓污染，則如何標明其他 LEED 區域？

A. “選址與交通“中的高優先場地得分項目

B. “選址與交通“中的敏感土地保護得分項目

C. “永續基地”中的場地開發－保護和重建生物棲息地得分項目

D. “永續基地”中的建築活動污染預防先決條件

(　　) 44. 一個表演劇場坐落在一個辦公大樓中。為獲得“選址與交通”中的減少停車位得分項目，交通需求策略中應包含下面哪些條件？（選三項）

A. 提供貴賓停車位

B. 與劇院分享停車位

C. 提供公共交通補貼

D. 為電動汽車安裝加油站

E. 允許遠端辦公

(　　) 45. 將專案定位於治理後的受污染場地可獲得“選址與交通”中的高優先場地得分項目。下列哪些可以被定義為受污染場地？（選兩項）

A. 有土壤污染的場地

B. 現有建築包含高揮發性有機化合物的場地

C. 現有建築包含石棉的場地

D. 有地下水污染的場地

(　　) 46. 在地圖上計算專案場地距場地邊界半徑為 ¼ 英里（400 米）內的周邊密度時，需考慮哪些資訊？（選兩項）

A. 專案建築

B. 公共通行權

C. 停車庫

D. 建築類型

E. 可開發的土地面積

(　　) 47. 位於下列哪個 LEED 社區基地上的新建築專案可以在“位置與交通”章節中的 LEED 社區開發位置得分項目上得分？

A. LEED 2009 第一階段預認證的計劃圖說

B. LEEDv4 ND 預認證

C. LEED ND 試行版本第一階段通過預審查的計劃圖說

D. LEEDv4 ND 認證計劃圖說

(　　) 48. 為獲得 LEED 建築設計及施工方向“選址與交通”中的優良公共交通連接得分項目，專案團隊應考慮通往學校人行道的哪些細節？

A. 規劃所有的校車道

B. 距公車路線步行距離在 ¼ 英里（400 米）內的功能入口

C. 規劃所有的自行車道

D. 有圍牆邊界的地界

(　　) 49. 一個位於市區的零紅線專案將為綠色車輛提供停車折扣。管理費降低至 35 美元 / 月，而不是常規的 50 美元 / 月。為獲得綠色汽車得分項目，該專案還要滿足什麼其他要求？

A. 公開發佈優惠資訊

B. 提供至少兩年有效的利率

C. 售完所有車位時張貼告示

D. 指定一個共乘下車區

(　　) 50. 一個新的建設專案停車容量為 500 個。為獲得“選址與交通”中的綠色汽車得分項目，專案需安裝多少電氣車輛供應需求設備（EVSE）及提供什麼類型的停車位？

A. 25 個優先停車位和 25 個 EVSE 停車位

B. 25 個優先停車位和 10 個 EVSE 停車位

C. 25 個優先停車位和 EVSE 車站

D. 25 個優先停車位和 5 個 EVSE 停車位

(　　) 51. 零售專案的停車場為 80 個住戶和每天 1000 個訪客提供了 20 個員工停車位和 120 個訪客停車位。則“選址與交通”中的得分項目的綠色車輛需要什麼類型、多少個停車位？

A. 7 個優先停車位和 3 個替代燃料供應站車位

B. 7 個優先停車位和 7 個替代燃料供應站車位

C. 7 個優先停車位和 1 個替代燃料供應站車位

D. 3 個優先停車位和 2 個替代燃料供應站車位

( ) 52. 一個位於市區的零紅線新建專案將擁有一個種有多樣化本地植物的屋頂，且專案位於以前開發過的土地上。專案周圍的綜合密度為 63157 平方英尺每英畝（14497 平方公尺每公頃）。總建築區為 57860 平方英尺（5375 平方公尺），容積率為 1.7。植被屋頂為 25000 平方英尺。鑒於上面的資訊專案可能獲得什麼得分項目？（選兩項）

A. “永續基地”中的場地開發－保護和重建生物棲息地得分項目

B. “選址與交通“中的周圍密度和多種用途得分項目

C. “永續基地”中的開放空間得分項目

D. “選址與交通“中的高優先場地得分項目

( ) 53. 在計算一個專案的總停車容量時，應該包含哪項？

A. 為貨運車提供的停車位

B. 專案附近的街道上停車位

C. 在專案邊界以外，為建築用戶指定的非街道停車場

D. 摩托車停車位

( ) 54. 為同時獲得“選址與交通”中的減少停車區域得分項目和“選址與交通”中的綠色車輛得分項目，哪項有關專案團隊的敘述是正確的？

A. 優先停車位只留給綠色汽車

B. 為共乘和綠色汽車停車位張貼統一標識，並預留總停車容量的 5%

C. 優先停車位只留給共乘專案

D. 必須為綠色車輛和共乘專案提供足夠的優先停車位

( ) 55. 一個專案團隊選擇了一個高優先場地。這個團隊還可以拿到其他哪個得分項目的分數？

A. “永續基地”中的開放空間得分項目

B. “選址與交通“中的敏感土地保護得分項目

C. “永續基地”中的雨水管理得分項目

D. “永續基地”中的熱島效應減少得分項目

(　　) 56. 一個設計團隊正在考慮將受污染場地作為一個潛在的專案位置，並想獲得“選址與交通”中的高優先場地得分項目。下列哪個陳述是正確的？

A. 至少 90% 的區域應該是受污染場地

B. 只有一部分的區域應該是受污染場地

C. 所有的區域都應該是受污染場地

D. 至少 70% 的區域應該是受污染場地

(　　) 57. 一個學生宿舍專案有 100 個單位，地方性法規規定停車位基準為 1 個停車位 / 單位。該專案將獲得“選址與交通”中的周邊密度及多樣性應用得分項目中的 1 分，但不能獲得優良公共交通連接得分項目。該專案包括非街道停車場。“選址與交通”中的減少停車位得分項目要求專案為共乘提供多少優先停車位？

A. 5 個

B. 3 個

C. 2 個

D. 0 個

(　　) 58. 一位房地產開發商計畫在台北開發一個綜合商業大樓。業主正在尋找合適的場地。下面提到的哪些策略可以幫助專案獲得“位置和交通”章節的得分？（選兩項）

A. 選擇一個有通往多個公車站的行人通道的場地

B. 為專案選擇受污染場地

C. 選擇一個有區域供冷的場地

D. 使用本地植物綠化以減少灌溉用水需求

(　　) 59. 下列哪個選項可以使專案更容易實行？

A. 有通往地鐵站的行人通道的基地

B. 設置屋頂綠化

C. 恢復周圍的棲息地

D. 中央公園附近

(　　) 60. 一個資料中心（Data centers）為獲得“選址與交通”中的自行車設施得分項目，應如何標明自行車路網？

A. 標明自行車停放位置的平面圖

B. 標明附近自行車網路、路線及到達相關目的地距離的地圖

C. 標明附近自行車網路、及到相關目的地直線距離的地圖

D. 標明自行車停放位置、到達入口的行走路線、到專案邊界騎行路線的平面圖

(　　) 61. 位於 LEED ND 專案邊界的專案可為社區發展位置獲得“選址與交通”中的 LEED 得分項目。有效的 LEED ND 專案的要求是什麼？

A. 這個專案只註冊了 LEED ND

B. 這個專案應該獲得 LEED 金級得分項目

C. 這個專案應該獲得 LEED 銀級認證

D. 這個專案已經通過 LEED ND 認證

(　　) 62. 位於 LEED ND 專案邊界內的專案可獲得“選址與交通”中的 LEED 社區開發選址得分項目。然而，專案團隊發現如果他們努力獲得多個“選址與交通”中的其他得分項目，就可以在“選址與交通”中得到更多分數。哪個策略更適合用於專案團隊？

A. 他們可以同時選擇LEED社區發展位置得分項目和多個“選址與交通”中的其他得分項目

B. 他們必須選擇多個“選址與交通”中的其他得分項目

C. 他們應該選擇 LEED 社區發展位置的得分項目

D. 他們可以選擇 LEED 社區發展位置的得分項目或滿足多個“選址與交通”中的其他得分項目

(　　) 63. 一個專案內有一個多層停車場。設計優先停車位時推薦採取什麼策略？

A. 在任意層設優先停車位

B. 在每層都設優先停車位

C. 在最靠近停車場主要入口處設優先停車位

D. 在最靠近建築主要入口處設優先停車位

(　　) 64. 一專案位於現有的社區內。此處有一個餐館、三個零售商店、一個健身房、一個郵局和一個計畫將在兩年內建成的公共圖書館。共有多少多樣性用途可計入？

A. 4

B. 5

C. 6

D. 7

(　　) 65. 一個醫療保健專案位於綜合密度為 22,000 平方英尺每英畝（5,050 平方公尺每公頃）的社區內，並有 7 個不同服務用途，且其距主要入口的步行距離在 ½ 英里（800 米）以內。其可獲得“選址與交通”中的周邊密度及多樣性用途得分項目的多少分？

A. 獲得周邊密度的 1 分

B. 獲得周邊密度或多樣性用途的任何 1 分

C. 獲得周邊密度和多樣性用途的 2 分

D. 獲得多樣性用途的 1 分

(　　) 66. 一個倉庫專案正考慮可能的場地位置。下列哪場地可以幫助專案獲得“選址與交通”中的周圍密度和多樣化使用得分項目？

A. 綠地

B. 已被拆除的工業場地

C. 受污染場地治理點

D. 已被拆除的住宅

答案：

1	2	3	4	5	6	7	8	9	10
D	AB	D	B	D	B	C	B	D	B
11	12	13	14	15	16	17	18	19	20
A	B	ACF	D	B	A	D	B	A	D
21	22	23	24	25	26	27	28	29	30
C	CDE	D	A	AD	D	C	C	C	C
31	32	33	34	35	36	37	38	39	40
D	C	CD	C	B	B	D	A	B	C
41	42	43	44	45	46	47	48	49	50
A	A	A	ACE	AD	DE	D	D	A	B
51	52	53	54	55	56	57	58	59	60
A	BC	C	D	B	B	B	AB	A	B
61	62	63	64	65	66				
D	D	D	B	B	B				

CHAPTER

永續基地

（SUSTAINABLE SITE）

對基地內而言，如何能達到一個永續生態的開發是一項重要的課題，種植綠地、透水鋪面、熱島效應都是環環相扣的。目前熱門的綠屋頂、屋頂花園等技術都是此章的重點。

4-1 學習目標

- 基地評估（例如：地形、水文、氣候、植被、土壤、人的使用、人的健康影響）
- 基地評估、基地作為資源（能源流）
- 施工活動污染預防（例如：土壤侵蝕、水道沉積 / 污染、塵土飛揚）
- 基地設計和開發
- 棲息地保護和恢復（例如：基地內恢復或保護、基地外棲息地恢復、基地外棲息地保護、本地或可適應性植物、擾動土壤或壓實土壤）
- 外部開放空間（例如：空間大小和服務品質、有植被的室外空間、自然定律）
- 外部照明（例如：外部光侵擾和向上照射的燈、開發對野生動物和人員的影響）
- 雨水管理（例如：歷史降雨量情況、自然水文、低衝擊開發）
- 減少熱島效應（例如：熱島效應、綠色屋頂、太陽能反射、屋頂和非屋頂策略）
- 共同使用（例如：聯合停車等）

4-2 學習重點

SS 先決條件：施工污染防治（CONSTRUCTION ACTIVITY POLLUTION PREVENTION）

必要項目

BD&C

該先決條件適用於

- 新建建築 New Construction
- 核心與外殼 Core & Shell
- 學校 School
- 零售 Retail
- 資料中心 Data centers
- 倉儲和配送中心 Warehouses and Distribution Centers
- 旅館接待 Hospitality
- 醫療保健 Healthcare

目的

透過控制水土流失、水道沉積、揚塵產生，減少施工活動造成的污染。

要求

新建建築、核心與外殼、學校、零售、資料中心、倉儲和配送中心、旅館接待、醫療保健

針對與專案相關的所有施工活動制定和實施水土流失和沉積控制方案。該方案必須符合 2012 美國環保局（EPA）建設通用許可（CGP）或地方標準和規範（以更嚴格者為准）的水土流失和沉積要求。無論規模如何，專案都必須應用 CGP。計畫中必須描述實施的措施。

SS 先決條件：基地環境評估（ENVIRONMENTAL SITE ASSESSMENT）

必要項目

BD&C

該先決條件適用於

- 學校（School）
- 醫療保健（Healthcare）

目的

透過確保對基地進行環境污染評估並對任何環境污染進行補救，來保護易受影響的人群的健康。

要求：學校、醫療保健

按照 ASTM E1527–05（或當地相應的標準）的描述開展第 I 階段基地環境評估以確定該基地是否存在環境污染。如果懷疑存在污染，按照 ASTM E1903–11（或當地相應的標準）的描述開展第 II 階段場址環境評估。

如果基地受到污染，採取補救措施以使該基地符合當地、州或國家環保機構的地區住宅（無限制）的標準（取最高標準）。

SS 得分項目：基地評估（SITE ASSESSMENT）

建築設計與施工 BD&C 1 分

該得分項目適用於

- 新建建築 New Construction（1 分）
- 核心與外殼 Core & Shell（1 分）
- 學校 School（1 分）
- 零售 Retail（1 分）
- 資料中心 Data centers（1 分）
- 倉儲和配送中心 Warehouses and Distribution Centers（1 分）
- 旅館接待 Hospitality（1 分）
- 醫療保健 Healthcare（1 分）

目的

在設計之前評估基地條件，以評估永續選項並公告基地設計的相關決定。

要求

新建建築、核心與外殼、學校、零售、資料中心、倉儲和配送中心、旅館接待、醫療保健

完成包含以下資訊的基地調查或評估[1]並形成文件：

- 地形：等高線圖、獨特的地形特徵、邊坡穩定性風險。
- 水文：水災區域，描繪出濕地、湖泊、河流、海岸線、雨水收集和再利用機會、TR-55 基地初始水儲存能力（美國以外的專案為當地對應的標準）。
- 氣候：日光照射、熱島效應潛能、季節性日照角度、季風、每月降水量和溫度範圍。
- 植物：主要植被類型、綠地、重要樹木位置圖、受威脅或瀕危物種、特有棲息地、入侵植物物種。
- 土壤：自然資源保護局土壤劃定、美國農業部基本農田、健康土壤、先前開發、被擾動的土壤（美國以外的專案可採用當地對應的標準）。
- 人類使用：視野、鄰近交通基礎設施、鄰近物業、施工材料以及既有回收或再利用潛能。
- 人類健康影響：靠近易受影響的人群、附近的體育鍛煉機會、靠近主要的空氣污染源。

調查或評估應闡明上面所列的基地特徵與議題之間的關係以及這些特徵如何影響專案設計；說明未能解決其中任何議題的原因。

1 源自“永續基地倡議：2009 年度指導方針和性能基準”（Sustainable Sites Initiative: Guidelines and Performance Benchm arks 2009）、“先決條件 2.1：基地評估”（Prerequisite 2.1: Site Assessment）的部分。

SS 得分項目：基地開發－保護和恢復棲息地
（SITE DEVELOPMENT － PROTECT OR RE STORE HABITAT）

建築設計與施工 BD&C 1-2 分

該得分項目適用於

- 新建建築 New Construction（1-2 分）
- 核心與外殼 Core & Shell（1-2 分）
- 學校 School（1-2 分）
- 零售 Retail（1-2 分）
- 資料中心 Data centers（1-2 分）
- 倉儲和配送中心 Warehouses and Distribution Centers（1-2 分）
- 旅館接待 Hospitality（1-2 分）
- 醫療保健 Healthcare（1 分）

目的

保留原有自然區域、恢復受損區域、提供棲息地、促進生物多樣性。

要求

新建建築、核心與外殼、學校、零售、資料中心、倉儲和配送中心、旅館接待、醫療保健

對於所有開發和施工活動，在基地中保留並保護 40% 的綠地（如果存在此類區域）。

選項 1 基地內恢復（醫療保健為 1 分，除此之外為 2 分）

使用本地原生或可適應性植被來恢復占總用地面積 30% 的（包括建築占地）確認已受侵擾的區域。如果是本地或可適應性植物、提供棲息地並促進生物多樣性，則密度達到容積率 1.5 倍的專案在此計算中可包括種植屋面。

恢復在專案開發占地中所有被擾動或壓實，並將在其上重新進行植栽的土壤，以達到下面的要求[2]：

- 土壤（挖方和填方）必須被再利用，使其功能與原始功能相當。
- 移入的表層土或計畫將用作表層土的土壤混合物不可以包括以下種類：
  - 自然資源保護局網路土壤調查（美國以外的專案為當地對應的調查）在該地區定義為基本農田、特種農田或者州或地方重要農田的土壤。
  - 來自其他未經開發基地的土壤，除非這些土壤是施工過程中的副產品。
- 恢復的土壤必須符合 1–3 類中基準土壤的標準並符合 4 類或 5 類的標準：

  1. 有機物質；
  2. 壓實；
  3. 滲入率；
  4. 土壤生態功能；
  5. 土壤化學特性。

僅限學校

土壤恢復標準不包含以上標準，僅用於運動用途的專用運動場。這些區域可不計入要求的專案最小面積。

2 源自“永續基地倡議：2009 年度指導方針和性能基準”（Sustainable Sites Initiative: Guidelines and Performance Benchm arks 2009）、“得分項目 7.2：恢復施工期間擾動的土壤”（Credit 7.2: Restore Soils Disturbed During Construction）的部分

對於為符合植被和土壤要求中的雨水滲入規定而建設的種植景觀區域，專案團隊可將其排除在外，前提是所有此類雨水滲入區域按 SS 得分項目：雨水管理（SS Credit Rainwater Management）作一致處理。

選項 2 財務支持（1 分）

為基地總面積（含建築占地面積）提供相當於每平方英尺至少 0.40 美元（每平方公尺 4 美元）的財務支持。

必須向同一 EPA 三級生態區內或專案所在州內（美國以外的專案為該專案 100 英里 [160 公里] 內）的國家或當地認可的土地信託或保護組織提供財務支援。對於美國專案，土地信託必須通過土地信託聯盟（Land Trust Alliance）的認證。

SS 得分項目：開放空間（SS CREDIT: OPEN SPACE）

建築設計與施工 BD&C 1 分

該得分項目適用於

- 新建建築 New Construction（1 分）
- 核心與外殼 Core & Shell（2 分）
- 學校 School（1 分）
- 零售 Retail（1 分）
- 資料中心 Data centers（1 分）
- 倉儲和配送中心 Warehouses and Distribution Centers（1 分）
- 旅館接待 Hospitality（1 分）
- 醫療保健 Healthcare（1 分）

目的

創建外部開放空間，以鼓勵環境互動、社會互動、靜態休憩和身體運動。

要求

新建建築、核心與外殼、學校、零售、資料中心、倉儲和配送中心、旅館接待、醫療保健

提供至少達到總基地面積（包括建築占地）30% 的室外空間。至少 25% 的室外空間必須覆蓋植被（草皮不 算植被）或配有屋頂植生。

室外空間必須可供人進出，並具有下面的一種或多種特點：

- 人行用途的鋪砌路面或草皮區域具有容納室外社會活動的實體基地元素
- 娛樂用途的鋪砌路面或草皮區域具有鼓勵體育活動的實體基地元素
- 花園空間包含多元化的植被類型和物種，可供全年觀賞
- 保護或營造符合 SS 得分項目：基地開發－保護和恢復棲息地（Site Development － Protect or Re store Habitat）標準的棲息地，並包含人際交往元素

對於密度達到 1.5 倍的容積率（FAR）的專案，可利用人可進出的、大範圍或密集種植屋面達到最低 25% 的植被要求，符合要求的可進出的屋面鋪砌區域可用於達到得分項目要求。

如果側坡度平均小於或等於 1:4（垂直：水準），並且覆蓋植被、濕地或經設計的天然池塘可被算作開放空間。

僅限多承租戶複合的專案

開放空間可與建築或基地計劃中的其他地點相鄰。只要不受開發干擾，開放空間可位於計劃中的其他開發基地中。如果開放空間與建築不相鄰，提供文件證明已達到分數要求，且土地為自然狀態或已恢復成自然狀態，並在建築生命週期中受到保護。

SS 得分項目：雨水管理（RAINWATER MANAGEMENT）

建築設計與施工 BD&C 1-3 分

該得分項目適用於

- 新建建築 New Construction（2-3 分）
- 核心與外殼 Core & Shell（2-3 分）
- 學校 School（2-3 分）
- 零售 Retail（2-3 分）
- 資料中心 Data centers（2-3 分）
- 倉儲和配送中心 Warehouses and Distribution Centers（2-3 分）
- 旅館接待 Hospitality（2-3 分）
- 醫療保健 Healthcare（1-2 分）

目的

根據所在地區的歷史情況和原始生態系統重現基地的自然水文和水平衡，從而減少徑流量並提高水質。

要求

新建建築、核心與外殼、學校、零售、資料中心、倉儲和配送中心、旅館接待、醫療保健

選項 1 降雨事件百分比

途徑 1 95%（醫療保健為 1 分，除此之外為 2 分）採取最能重現基地自然水文機理的方法，使用低衝擊開發（LID）和綠色基礎設施來現場管理被開發基地內 由 95% 的地區或當地降雨事件而形成的雨水徑流。

在根據能源獨立和安全法案第 438 部分（Section 438 of the Energy Independence and Security Act）實施聯邦專案雨洪徑流要求時，使用日常降雨資料和美國環保局（EPA）技術指南中的方法確定 95% 降雨事件之雨量。

途徑 2 98%（醫療保健為 2 分，除此之外為 3 分）

利用 LID 和綠色基礎設施達到途徑 1，但是針對 98% 的地區或當地降雨事件，可以取得更多分數。

途徑 3 僅限零紅線專案－85%（醫療保健為 2 分，除此之外為 3 分）
下面的要求適用於位於市區最低密度為 1.5 FAR 的零紅線專案。採取最能重現基地自然水文的流程的方法，使用 LID 和綠色基礎設施來現場管理被開發基地內由 85% 的地區或當地降雨事件而形成的雨水徑流。

選項 2 自然土地覆被條件（醫療保健為 2 分，除此之外為 3 分）在基地中管理自然土地覆被經開發後而產生的徑流年增長量。僅限多承租戶綜合體中的專案透過協調方法影響所在計劃範圍內所指專案的基地，可達到得分項目要求。然後，根據水域位置合理配置技術措施。

SS 得分項目：降低熱島效應（HEAT ISLAND REDUCTION）

建築設計與施工 BD&C 1-2 分

該得分項目適用於

- 新建建築 New Construction（1-2 分）
- 核心與外殼 Core & Shell（1-2 分）
- 學校 School（1-2 分）
- 零售 Retail（1-2 分）
- 資料中心 Data centers（1-2 分）
- 倉儲和配送中心 Warehouses and Distribution Centers（1-2 分）
- 旅館接待 Hospitality（1-2 分）
- 醫療保健 Healthcare（1 分）

目的

降低熱島效應，盡可能減少對微氣候以及人類和野生生物棲息地的影響。

要求

新建建築、核心與外殼、學校、零售、資料中心、倉儲和配送中心、旅館接待、醫療保健

選擇下列選項之一：

選項 1 非屋面和屋面（醫療保健為 1 分，除此之外為 2 分）滿足下列條件：

$$\frac{\text{非屋面措施的面積}}{0.5}+\frac{\text{高反射屋面的面積}}{0.75}+\frac{\text{種植屋面的面積}}{0.75}\geq \text{基地總鋪裝面積}+\text{總屋面面積}$$

或者，可以使用 SRI 和 SR 加權平均方法來計算。使用以下策略的任意組合。

非屋面措施

- 利用基地原有植物材料，或種植可在 10 年內為基地內鋪面區域（包括操場）提供遮蔭的植物。設置種有植栽的栽培容器。獲得專案證書時植物（不包括人工草皮）必須已經就位。
- 利用能源製造系統（如太陽能集熱器、太陽能光電板和風能發電機）的結構體提供遮蔭。
- 用三年後日光反射係數（SR）值至少為 0.28 的建築設備或結構提供遮蔭。如果不能提供使用三年後的 SR 值，請在安裝時使用初始 SR 值至少為 0.33 的材料。
- 用種植植被提供遮蔭。
- 使用三年後的日光反射係數（SR）值至少為 0.28 的鋪裝材料。如果不能提供使用三年後的 SR 值，請在安裝時使用初始 SR 值至少為 0.33 的材料。
- 使用開放網格鋪裝系統（至少 50% 孔隙）。

高反射屋面

使用 SRI 等於或大於表 1 中所給數值的屋面材料。滿足使用三年後的 SRI 值。如果不能提供使用三年後 的 SRI 值，請使用滿足初始 SRI 值的材料。

表 1　最小太陽能反射指數（按屋面坡度）

	坡度	初始 SRI	三年後的 SRI
坡度小的屋面	≤2:12	82	64
坡度大的屋面	> 2:12	39	32

種植屋面

設置種植屋面。

選項 2 停車位遮蔭（1 分）

將至少 75% 的停車位置於遮蔽物下。用於遮蔭或遮蓋停車位的所有屋面可選擇：

1. 三年後的 SRI 必須至少為 32（如果不能提供使用三年後的 SRI 值，請在安裝時使用初始 SRI 值至少為 39 的材料）
2. 採用種植屋面
3. 採用能源製造系統（如太陽能集熱器、太陽能光電板和風能發電機）遮蓋。

SS 得分項目：降低光污染（LIGHT POLLUTION REDUCTION）

建築設計與施工 BD&C 1分

該得分項目適用於

- 新建建築 New Construction（1 分）
- 核心與外殼 Core & Shell（1 分）
- 學校 School（1 分）
- 零售 Retail（1 分）
- 資料中心 Data centers（1 分）
- 倉儲和配送中心 Warehouses and Distribution Centers（1 分）
- 旅館接待 Hospitality（1 分）
- 醫療保健 Healthcare（1 分）

目的

提高夜空可視度，改善夜間能見度，降低開發對野生動物和人的影響。

要求

新建建築、核心與外殼、學校、零售、資料中心、倉儲和配送中心、旅館接待、醫療保健

利用背光向上照射眩光（BUG）法（選項 1）或計算法（選項 2）達到對向上照射和光侵擾的要求。對於向上照射和光侵擾，專案可採用不同的選項。

使位於專案邊界內部的所有外部照明（“例外情況”中列出的特例除外）在以下方面滿足這些要求：

- 按照專案設計中規定的相同方位和傾斜角度安裝時，每個照明裝置的配光性能；
- 專案用地所在的照明區域（施工開始時）。根據照明工程協會和國際黑暗天空協會（IES/IDA）的照明條例範本（MLO）之使用者指南中提供的照明區域定義將專案歸類於某個照明區域中。

此外，滿足對內部發光燈箱標誌的要求。

向上照射

選項 1 BUG 等級方法

照明裝置中所安裝的光源不能超過 IES TM-15-11 附錄 A 中定義的下述向上照射等級。

表 1　照明裝置的最大向上照射等級

MLO 照明區域	光源向上照射等級
LZ0	U0
LZ1	U1
LZ2	U2
LZ3	U3
LZ4	U4

選項 2 計算方法

水平面上方所發射的光通量切勿超過光源總光通量的下列百分比。

表 2　光源發射到水平面上方的光通量占總光通量的最大百分比（按照明區域）

MLO 照明區域	光源發射到水平面上方的光通量允許占總光通量的最大百分比
LZ0	0%
LZ1	0%
LZ2	1.5%
LZ3	3%
LZ4	6%

光侵擾

選項 1 BUG 等級方法

根據安裝位置以及與照明邊界的距離，切勿超過 IES TM-15-11 附錄 A 中定義的照明裝置背光和眩光等級（基於照明裝置中安裝的特定光源）。

表 3　大背光和眩光等級

	MLO 照明區域				
照明裝置安裝	LZ0	LZ1	LZ2	LZ3	LZ4
	允許的背光等級				
與照明邊界的距離 > 2 倍安裝高度	B1	B3	B4	B5	B5
與照明邊界的距離為 1 至 2 倍安裝高度且投射方向正確	B1	B2	B3	B4	B4
與照明邊界的距離為 0.5 至 1 倍安裝高度且投射方向正確	B0	B1	B2	B3	B3
與照明邊界的距離 < 0.5 倍安裝高度且投射方向正確	B0	B0	B0	B1	B2
	允許的眩光等級				
安裝在建築物上的光源與任何照明邊界的距離 > 2 倍安裝高度	G0	G1	G2	G3	G4
安裝在建築物上的光源與任何照明邊界的距離為 1–2 倍安裝高度	G0	G0	G1	G1	G2
安裝在建築物上的光源與任何照明邊界的距離為 0.5 至 1 倍安裝高度	G0	G0	G0	G1	G1
安裝在建築物上的光源與任何照明邊界的距離 < 0.5 倍安裝高度	G0	G0	G0	G0	G1
所有其他照明裝置	G0	G1	G2	G3	G4

照明邊界位於 LEED 專案所在的一處或多處用地界線。照明邊界在以下情況中可作修正：

- 當用地界線毗鄰公共區域，包括但不限於通道、自行車道、廣場或停車場時，照明邊界可移到用地界線以外 5 英尺（1.5 米）。
- 當用地界線毗鄰公共街道、小巷或公共走廊時，照明邊界可移到街道、小巷或走廊的中線。
- 當同一實體單位擁有與 LEED 專案所在的一處或多處物業相鄰的其他物業，且該其他物業所在的 MLO 照明區域類別與 LEED 專案相同或在更高的類別時，LEED 專案照明邊界可擴展為包含這些其他物業。

將所有照明裝置定位於距離照明邊界小於兩倍安裝高度的位置，以使背光坐向最近的照明邊界線。安裝在建築物上且背光坐向建築的光源可以不遵從背光等級要求。

選項 2 計算方法

在照明邊界處切勿超過以下垂直照度（使用選項 1 中的照明邊界定義）。計算點的距離不能超過 5 英 尺（1.5 米）。垂直照度必須在與照明邊界平行的垂直平面中計算，每個平面的法線坐向用地內部且與 照明邊界垂直，從地面延伸到最高照明裝置以上 33 英尺（10 米）高處。

表 4　照明邊界處的最大垂直照度（按照明區域）

MLO 照明區域	垂直照度
LZ0	0.05 fc（0.5 勒克斯）
LZ1	0.05 fc（0.5 勒克斯）
LZ2	0.10 fc（1 勒克斯）
LZ3	0.20 fc（2 勒克斯）
LZ4	0.60 fc（6 勒克斯）

FC = 尺燭光。

室外燈箱標誌

在夜間時段照度切勿超過 200 cd/m^2(nits)，日間時段切勿超過 2000 cd/m^2(nits)。

向上照射和光侵擾要求的例外情況

如果與非例外照明分開受控，則下面的外部照明可不受這些要求約束：

- 專業信號、方向燈和交通標誌燈；
- 僅用於立面的照明和 MLO 照明區域 3 和 4 中的景觀照明，午夜（0 a.m.）至 6 a.m. 自動關閉；
- 僅用於戲劇演出的舞臺、電影和視頻表演照明；
- 政府管制的巷道照明；
- 醫院急診部門，包括相關的直升機停機坪；
- MLO 照明區域 2、3 或 4 中的國旗照明；
- 燈箱標誌。

SS 得分項目：基地計畫（SITE MASTER PLAN）

建築設計與施工 BD&C 1分

該得分項目適用於：學校（School）

目的

確保專案所取得的永續基地的益處得以延續，即使將來在學校計畫或人數上發生了變化。

要求：學校

專案必須利用相關的計算方法獲得下面的六個得分項目中的四個。然後，必須利用來自計劃的資料重新計算來取得得分項目。

- LT 得分項目：高優先基地（High Priority Site）
- SS 得分項目：基地開發－保護和恢復棲息地（Site Development － Protect or Restore Habitat）
- SS 得分項目：開放空間（SS Credit: Open Space）
- SS 得分項目：雨水管理（Rainwater Management）
- SS 得分項目：降低熱島效應（Heat Island Reduction）
- SS 得分項目：降低光污染（Light Pollution Reduction）

學校的基地計劃圖必須與學校管理單位進行合作繪製。在所有的計劃繪製中應考慮先前的永續基地設計措施，以便盡可能地保留既有基礎設施。因此，計劃必須包括當前的施工活動以及影響基地的未來施工可能性（在建築的全生命週期內）。計劃圖中開發範圍還必須包括停車場、鋪砌路面和公共設施。

未來開發未被納入計畫的專案不能取得本得分項目。

SS 得分項目：承租戶設計與建造原則（TENANT DESIGN AND CONSTRUCTION GUIDELINES）

建築設計與施工 BD&C 1 分

該得分項目適用於：核心與外殼（Core & Shell）

目的

在承租戶進行內裝增建的過程中，為他們提供實施永續性設計和施工要點的教育培訓。

要求：核心與外殼

向承租戶發佈包含以下內容的文件（如適用）：

- 關於該核心與外殼（Core & Shell）專案中所採用的永續性設計和施工要點以及專案的永續性目標和目的的說明，包括承租戶空間方面；

- 關於永續策略、產品、材料和服務的建議，包括案例如下；

  在爭取以下 LEED v4 室內設計與施工（LEED v4 for Interior Design and Construction）先決條件和得分項目時，讓承租戶能夠與建築各系統協調空間設計和施工的資訊：

  - WE 先決條件：室內用水減量（Indoor Water Use Reduction）
  - WE 得分項目：室內用水減量（Indoor Water Use Reduction）
  - EA 先決條件：最低能源表現（Minimum Energy Performance）
  - EA 先決條件：基礎冷媒管理（Fundamental Refrigerant Management）
  - EA 得分項目：能源效率優化（EA Credit: Optimize Energy Performance）
  - EA 得分項目：進階能源計量（Advanced Energy Metering）
  - EA 得分項目：可再生能源生產（Renewable Energy Production）
  - EA 得分項目：進階冷媒管理（Enhanced Refrigerant Management）
  - MR 先決條件：可回收物存儲和收集（Storage and Collection of Recyclables）
  - EQ 先決條件：最低室內空氣品質表現（Minimum Indoor Air Quality Performance）
  - EQ 先決條件：環境菸控（Environmental Tobacco Smoke Control）
  - EQ 得分項目：增強室內空氣品質策略（Enhanced Indoor Air Quality Strategies）
  - EQ 得分項目：低逸散材料（Low-Emitting Materials）
  - EQ 得分項目：施工期室內空氣品質管制計畫（Construction Indoor Air Quality Mana gement Plan）
  - EQ 得分項目：室內空氣品質評估（Indoor Air Quality Assessment）
  - EQ 得分項目：熱舒適（Thermal Comfort）
  - EQ 得分項目：室內照明（Interior Lighting）

- EQ 得分項目：自然採光（Daylight）
- EQ 得分項目：優良視野（Quality Views）
- EQ 得分項目：聲環境表現（Acoustic Performance）

簽署租約之前給所有承租戶提供遵循的標準參考。

SS 得分項目：身心舒緩場所（PLACES OF RESPITE）

建築設計與施工 BD&C 1分

該得分項目適用於：醫療保健（Healthcare）

目的

透過在醫院基地內建造室外身心舒緩場所，為患者、工作人員和訪客提供有益健康的自然環境。

要求：醫療保健

提供患者和訪客可進入的身心舒緩場所，面積相當於建築可用功能空間面積的 5%。為工作人員另外提供專用的身心舒緩場所，面積相當於建築淨可用功能空間面積的 2%。身心舒緩場所必須位於室外或室內中庭、溫室、日光治療室或空調區域中；如果每個符合條件的室內空間中，有 90% 的總建築面積能夠直接看到不受阻礙的自然場景，則此類室內空間面積可計入但最多可抵 30% 的專案所需面積。

所有區域都必須符合以下要求。

- 區域可從建築內進入，或位於距離建築入口或接入點 200 英尺（60 米）之內的位置進入。
- 區域位於不進行醫學工作或直接護理的位置。
- 設置遮陽或避免直射陽光，在每個身心舒緩場所中每 200 平方英尺（18.5 平方公尺）至少有一 個帶座椅空間，每五個帶座椅空間配備一個輪椅空間。

- 只對部分建築使用者開放的園藝治療和其他特殊臨床或特殊用途的花園可計入但不超過 50% 的項目所需面積。
- 訪客、工作人員或患者可進出的公共天然小徑可計入但不超過 30% 的專案所需面積（只要小徑起點位於建築入口 200 英尺（60 米）之內）。

此外，室外區域都必須符合以下要求。

- 至少 25% 的該區域總室外面積在地面上必須覆蓋植被（不包括草皮）或配有種植植被。
- 區域具有開放的新鮮空氣、天空和自然要素。
- 信號標誌必須符合 2010 FGI 醫療保健設施的設計和施工指南（第 1.2-6.3 節和附錄 A1.2-6.3：Wayfinding）。
- 身心舒緩場所與吸菸區的距離不得小於 25 英尺（7.6 米）（請參閱 EQ 先決條件：環境菸控（Environmental Tobacco Smoke Control））。

如果醫院現有的身心舒緩場所可透過其他方式達到得分要求，則符合條件。

SS 得分項目：戶外空間直接可達性（DIRECT EXTERIOR ACCESS）

建築設計與施工 BD&C 1 分

該得分項目適用於：醫療保健（Healthcare）

目的

為患者和員工提供直接可達的自然環境，提高健康福祉。

要求：醫療保健

設置通向室外庭院、平臺、花園或陽臺的直接通道。這些空間必須至少達到每位患者 5 平方英尺（0.5 平方米）。患者人數計算為占總數 75% 的住院患者以及 75% 就診時間（LOS）超過四小時的門診患者。

停留時間雖超過四小時但所接受的治療使其無法移動的患者可排除在外，例如急診、第 1 階段手術恢復和特級護理患者。

建築外殼結構之外，符合的 SS 得分項目：身心舒緩場所（Places of Respite）要求的身心舒緩場所（與臨床區域緊鄰或可從住院部門直接進入）可包括在內。

符合條件的空間必須指定為無煙區。該空間還必須符合 EQ 得分項目：進階室內空氣品質策略（Enhanced In door Air Quality Strategies）選項 2 中所列舉的室外空氣污染物濃度要求，且位於建築的排風口、載貨區和停有怠速車輛的道路 100 英尺（30 米）之外。

SS 得分項目：設施共用（JOINT USE OF FACILITIES）

建築設計與施工 BD&C 1 分

該得分項目適用於：學校（School）

目的

共用建築及其操場使之能夠用於非學校的活動和功能，從而將學校與社區結合在一起。

要求：學校

選項 1 使建築空間對公眾開放（1 分）

透過與學校當局合作，確保下列學校空間類型中至少有三種可供公眾使用：

- 禮堂
- 體育館
- 自助餐廳
- 一或多個教室
- 操場和體育場
- 共用停車場

在正常上課時間後提供公共區域內廁所的使用權。

選項 2 與特定組織簽訂合約以共用建築空間（1 分）

透過與學校當局合作，與社區或其他組織簽訂合約，以提供如下所示至少有兩種類型的專用建築空間：

- 商業辦公室
- 醫療診所
- 社區服務中心（由州或地方辦公室提供）
- 警衛室
- 圖書館或媒體中心
- 停車場
- 一或多個商業公司。在正常上課時間後提供公共區域內廁所的使用權。

選項 3 使用其他組織所擁有的共用空間（1 分）

透過與學校當局合作，確保下列由其他組織或機構所擁有的六種空間中至少兩種可供學生使用：

- 禮堂
- 體育館
- 自助餐廳
- 一或多個教室
- 游泳池
- 操場和體育場

提供從學校通往這些空間的直達人行道。此外，提供與其他組織或機構簽署的關於這些空間共用方式的共用協定。

(　　) 1. 一位於佛羅里達州的小型專案建築面積小於 1 英畝，正在申請 LEED V4 BD+C 認證。該地區需要在施工前獲得建設通用許可證。以下哪種說法是正確的？

A. 該專案不用向 LEED 提交詳細的侵蝕與沉積管理計畫

B. 該專案沒有資格取得 LEED 認證，由於該專案建築面積小於 1 英畝，因此"永續基地"中的施工期間污染活動防治先決條件不同，不需要開展侵蝕與沉積管理管理

C. 該專案必須對專案場地進行評估分析

D. 建設通用許可（CGP）標準更加嚴格，則專案應該滿足當地法規

(　　) 2. 對於零紅線專案和無外部作業的專案而言，為達到"永續基地"中的施工期間污染活動防治先決條件，應該提交什麼文件？

A. 只有在該專案使用的是當地標準和法規時才需要提交專門文件

B. 無需提交具體文件

C. 對特殊情況，及任何可適用的侵蝕和沉積控制（ESC）策略的描述

D. 專案關於遵守美國環保局（EPA）建築通用許可的介紹

(　　) 3. 對於"永續基地"中的室外空間可及性得分項目而言，以下哪種說法是正確的？

A. 所有空間應為禁煙區

B. 至少應普及至 50% 的住院病人

C. 該得分項目適用於醫療專案和學校專案

D. 所有的病人應包含在計算之內

(　　) 4. 以下哪個得分項目符合模範表現得分？

A. "永續基地"中的得分項目：減少光污染

B. "永續基地"中的得分項目：設施共用

C. "永續基地"中的得分項目：場地評估

D. "永續基地"中的得分項目：雨水管理

(　　) 5. 要達到專案規範中卓越性能得分，一專案必須處理____% 雨水？

A. 98

B. 95

C. 100

D. 90

(　　) 6. GBCI 審查人員正在檢查專案提交的關於獲得"永續基地"中的減少熱島效應得分項目的文件。請對該專案是否達到模範表現得分做出評價。

專案資訊如下：

- 非屋頂措施應用面積：200 平方公尺
- 三年太陽能反射指數（SRI）為 78 的屋頂面積：700 平方公尺
- 屋頂綠化面積：100 平方公尺
- 場地道路總面積 500 平方公尺
- 屋頂總面積：900 平方公尺
- 停車位：75 個
- 有遮蓋的停車位：75 個

A. "永續基地"中的減少熱島效應得分項目不適用模範表現得分

B. 為達到卓越表現得分，應增加屋頂綠化面積

C. 不能肯定，對停車位遮蓋措施的描述不明確

D. 當前設計符合模範表現得分要求

(　　) 7. 一個商場將在下個冬天開始營運。景觀設計師和建築師將採取措施減少熱島效應。以下哪個措施可行？

A. 在硬景觀地區使用太陽能集熱器作為遮陽

B. 在進駐之後種植樹木達到遮陽目的

C. 使用初始太陽能反射率（SR value）至少為 0.28 的鋪路材料

D. 使用草植磚鋪地，25% 孔隙率

(   ) 8. 為運用減少熱島效應方法，一專案把許多停車位安排在室內。若一共有 200 個停車位。室內停車位至少應有多少個？

A. 150

B. 170

C. 125

D. 100

(   ) 9. 標準屋面 / 非屋面計算表明一專案不符合“永續基地”中的減少熱島效應得分項目。為達到得分要求，以下哪項措施可行？（選兩項）

A. 使用可滲透的路面材料代替不可滲透的路面材料

B. 用加權法進行屋面 / 非屋面計算

C. 上交一份可得分解釋請求（CIR）

D. 使用太陽能反射指數（SRI）更高的路面材料

(   ) 10. 一位於台南的辦公建築正在申請 LEED 證書。專案團隊計畫在非屋面區域減少熱島效應，以下哪項措施可行？（選兩項）

A. 將所有停車位設在植草屋面下

B. 調整建築坐向以為停車場遮陽

C. 使用光伏板為停車場遮陽

D. 將所有停車場設在 LEED 專案邊界之外

(   ) 11. 一翻修專案想獲得“永續基地”中的減少熱島效應得分項目。當前停車場有 120 個停車位。停車場頂部的太陽能反射指數為 38。以下哪項措施能使該專案獲得一個得分項目？

A. 翻修停車場頂部，使 60 個停車位的太陽能反射指數（三年均值）達到 32

B. 翻修停車場頂部，使 90 個停車位的太陽能反射指數（三年均值）達到 30

C. 翻修停車場頂部，使 90 個停車位的初始太陽能反射指數達到 40

D. 翻修停車場頂部，使 60 個停車位的初始太陽能反射指數達到 40

(　　) 12. 以下哪項對“永續基地”中的場地環境評估先決條件的目的解釋是正確的？

A. 透過保證場地已通過環境污染分析，所有環境污染已被治理，來保護須受照顧的人群的健康

B. 避免開發環境敏感土地，並減少專案建築對環境的影響

C. 為了在設計之前對場地進行評估，分析永續發展方案並對設計做出相應改變

D. 鼓勵選取尚未完全發展的場地進行開發，以促進周邊地區的健康

(　　) 13. 一個位於台中的小學正在著手準備LEED V4 BD+C：學校認證，其中包括“永續基地”中的設施公共得分項目。以下哪項措施對取得此分數沒有說明？

A. 與校方合作，保證其他組織或機構所擁有的禮堂和體育館對學生開放

B. 同社區中心和其它組織取得聯繫，在樓內設立社區服務中心和圖書館中心

C. 在社區設施與學校之間提供人行通道

D. 將體育館、食堂、運動場和體育場對公眾開放

(　　) 14. 就“永續基地”中的設施共用得分項目而言，至少______種類型的學校空間需要對公眾開放？

A. 1

B. 2

C. 3

D. 4

(　　) 15. 如果一專案在“永續基地”中的保護和恢復棲息地得分項目中選擇了方法2：為當地土地信託提供財政支援。以下哪項舉措有助於獲得相關得分？

A. 在美國的專案中，團隊必須由土地信託聯盟授權土地信託，並且必須為三級生態區域或同等級情況

B. 在美國的專案中，土地信託必須由土地保護聯盟授權

C. 在美國的專案中，團隊可使用美國環保署的分級系統來查找二級生態區域

D. 對於美國之外的專案，土地信託組織或土地保護組織必須距專案地 200 英里（322 公里）內

(　　) 16. 一 LEED 顧問團隊與照明系統設計師共同致力於減少光污染，以下哪點可不作要求？

A. 背光污染

B. 對燈箱指示標誌的要求

C. 室內照明能耗密度

D. 光侵入

(　　) 17. 一個申請 LEED V4 BD+C 核心與外殼（Core & Shell）的辦公室專案採用背光、上射光與眩光評估法（BUG rating method）來分析室外光污染。以下哪項關於 BUG 評估法的說法是正確的？

A. 如果專案位於 LZ1 照明區域，根據美國制熱製冷與空調工程師協會 90.1 - 2010 規定，上照燈光等級不能超過 U1 等級

B. 專案上照燈光不能超過照明工程師協會（IES）TM-15-11 附錄 A 中的照明規定

C. 如果專案位於 LZ2 照明區域，燈具向上溢光量不超過 1.5%

D. BUG 分析應包括從地平面高度到最高燈具高度之上 33 英尺（10 米）

(　　) 18. 一專案考慮在“永續基地”中的減少光污染得分項目上採用背光、上射光與眩光評估法（BUG rating method）來分析室外光污染。然而，不是所有的照明設備都有 BUG 等級。以下哪種措施可達到得分項目要求？

A. 由建築師評定 BUG 等級

B. 排除沒有 BUG 等級的照明設備

C. 使用合格的軟體計算照明設備 BUG 等級

D. 使用相似照明設備的 BUG 等級

(　　) 19. 為減少光污染，照明設備設計應考慮到什麼因素？

A. 照明設備的汞含量

B. 是否有合適的軟體為照明設備評定背光、上射光與眩光評估（BUG）等級

C. 周圍建築用途

D. 專案所處照明區域

(　　) 20. 光污染對環境有許多不利的影響，除了：

A. 依靠星光識別方向的候鳥可能受到誤導

B. 在光污染地區，部分動植物難在換季時進行調整

C. 夜晚捕食的野生動物可能難以生存

D. 過多接觸人造燈源，人的工作效率可能會受到影響

(　　) 21. 在"永續基地"中的減少光污染得分項目上，照明設備設計師正在決定照明界限。以下哪項對關於照明界限的說法是正確的？

A. 照明邊界與 LEED 專案邊界是一致的

B. 若建築邊界臨近公共街道、走道或公交專用路線，照明界限可設在專案邊界 1.5 米以外

C. 當同一業主在該專案臨界區域有其他專案，並且其他專案位於此 LEED 專案的邊界之內，並擁有相同或更高的指定照明區設定，則照明邊界可延伸以包括其他專案

D. 照明邊界與專案邊界是一致的

(　　) 22. 以下專案資訊：

- 專案場地：107,640 平方英尺（10,000 平方公尺）
- 建築面積：215,278 平方英尺（20,000 平方公尺）
- 可進入的密屋頂綠化面積：21,528 平方英尺（2,000 平方公尺）

若需要滿足”永續基地”得分項目：開放空間，還需要多少植被面積？

A. 8,073 平方英尺（750 平方公尺）

B. 沒必要為此得分項目增加植被面積

C. 32,292 平方英尺（3,000 平方公尺）

D. 10,764 平方英尺（1,000 平方公尺）

(　　) 23. 濕地或者天然池塘若想計作空地要滿足＿＿＿條件

A. 斜坡斜度需要平均為 1:4（縱向：橫向）或者更小，並種有植被

B. 斜坡斜度需要平均為 1:2（縱向：橫向）或者更小，並種有植被

C. 濕地需要保護珍稀動物的生存

D. 濕地需要能讓行人進入

(　　) 24. 一辦公建築坐落於某地，該地只有一個使用權和所有者。該專案欲得到“永續基地”得分項目：空地，以下哪個區域可以算作空地？

A. 屋頂綠化，但行人不能進入

B. 在設計有娛樂休閒功能的草地上設有體育健身器材，鼓勵開展體育活動

C. 具有斜坡的濕地，斜坡坡度為平均 1:2（縱向：橫向）

D. 坐落於另一地的花園，但行人可以來到此專案，專案住戶可使用此空間

(　　) 25. 一新建醫院專案具有 20000 平方公尺的淨使用面積。那麼該專案應有多大的身心舒緩場所？

A. 1200 平方公尺

B. 1400 平方公尺

C. 400 平方公尺

D. 1000 平方公尺

(　　) 26. 以下哪個選項是合格的醫療保健專案的休息空間？

A. 多功能休息室，在尖峰期可用作醫療護理室

B. 室內休息室內每 220 平方英寸（20 平米）安裝一座椅

C. 室外種有植被的空地

D. 在吸菸區 25 英尺（7.6 米）內的室外休息空間

(　　) 27. 某坐落於北市市中心的專案無法恢復 30% 的專案場地面積的綠地。專案擁有 2500 平方公尺的場地面積。業主決定為本地土地信託提供資金支持。以下哪個選項能說明專案得到了“永續基地”中的基地開發 - 保護和恢復棲息地的得分？

A. 為本地認可的、台北土地信託提供 20000 美元的資金支援

B. 為本地認可的 LEED 相關社區團體提供 20000 美元的資金支持

C. 保有 25% 的總體專案場地面積

D. 為本地認可的、台中土地保護組織提供 10000 美元的資金支持

(　　) 28. 為了保護棲息地、推進生物多樣性，保護已有的自然區域，保護受損地區，同時為了“永續基地”中的基地開發 - 保護和恢復棲息地得分項目，專案將恢復土壤和棲息地。以下哪個選項應被排除在外？

A. 未開發的地區

B. 水泥馬路

C. 硬景觀鋪設

D. 為了適應雨水滲透而建造的植被景觀區域

(　　) 29. 專案地點從很多方面會影響專案為了得到 LEED 認證而制定的策略。除哪個選項外，專案選址可能影響專案策略？

A. “永續基地”得分項目：雨水管理

B. “永續基地”得分項目：減少光污染

C. “永續基地”得分項目：場地評估

D. “永續基地”得分項目：基地開發 - 保護和恢復棲息地

(　　) 30. 專案場地資訊如下：

- 8000 平方公尺的場地面積
- 建築占地面積 2000 平方公尺
- 建造前未開發綠地面積 2500 平方公尺
- 建築總面積 8000 平方公尺

此專案想要得到“永續基地”得分項目：基地開發 - 保護和恢復棲息地。以下哪個選項能夠起到作用？

A. 恢復 750 平方公尺的已有未開墾土地面積

B. 恢復 3400 平方公尺的總體綠色面積

C. 建設一個密集綠色屋頂，種有七種本地植物

D. 使用從附近運來的土壤

(　　) 31. 一專案想要使用“永續基地”得分項目：雨水管理中的選項 2 － 自然土地覆蓋條件，以下哪個方法能幫助專案組得到相關得分？

A. 得到完工前的植物地圖，決定自然土地覆蓋條件

B. 用計算方法，證明開發後基地的徑流量不超過自然土地覆蓋時的 95%

C. 計算 90% 本地降水概率在該場地形成的徑流總量

D. 從附近地點得知土地條件

(　　) 32. 一專案場地包括很多不能滲透的地區，包括硬景觀鋪設，停車場等等。為了得到“永續基地”得分項目：雨水管理，需要管理 95% 降水概率情況下的______降雨量？

A. 95%

B. 98%

C. 100%

D. 90%

(　　) 33. 坐落於台北市中心的某辦公室專案是零紅線專案。此專案欲得到“永續基地”得分項目：雨水管理。以下哪個方法能使該專案組得到得分項目？

- 關於此專案的其他資訊：
- 專案場地面積：2000 平方公尺
- 專案建築面積：2200 平方公尺

A. 在此得分項目上，100% 管理 95% 降水概率情況能得到 3 分
B. 在此得分項目上，100% 管理 98% 降水概率情況能得到 3 分
C. 在地下停車區域安裝雨水再利用系統
D. 在此得分項目上，100% 管理 85% 降水概率情況能得到 2 分

(　　) 34. 在計算場地可管理的雨水量後，設計團隊發現當前的低影響開發方法只能管理 95% 降水概率情況降雨量的 85%。為幫助專案組在 LEED V4 BD+C：新建築中得到“永續基地”得分項目：雨水管理的得分，以下哪個選項是合理方法？

A. 設計師可以使用另一個 LEED 評估系統：核心與外殼（Core & Shell）
B. 設計師可以設計一雨水再利用系統
C. 設計師可改變綠色基礎設施，以管理更多降水
D. 設計師調整計算，從而使用 90% 降水概率情況的資料

(　　) 35. 場地評估報告會影響雨水管理方法。在不同的場地環境下，以下哪個因素也會改變？

A. 低影響開發策略的類型
B. 降水概率情況
C. 不能滲透的地面面積
D. 景觀類型

(　　) 36. 為計算 95% 降水概率情況，可以使用以下哪種工具？

A. LEED 線上表格
B. EPA Watersense 節水預算工具

C. USGBC 降水事件計算器

D. 記錄了每月降水量的自製表格

( ) 37. 一 GBCI 審核員在檢查申請 LEED V4 BD+C: 核心與外殼（Core & Shell）專案的材料。此材料闡述了生物棲息區域，可滲透性鋪設，不滲透的入口廣場等在內的專案場地使用的策略。此材料是為了申請一下哪個得分項目？

A. “永續基地” 得分項目：雨水管理

B. “永續基地” 得分項目：減少熱島效應

C. “永續基地” 得分項目：空地

D. “永續基地” 得分項目：場地評估

( ) 38. 基地評估很重要，因為它會：

A. 在相關的 LEED 得分項目中發現協同效益

B. 減少建築開發面積

C. 簡化認證步驟

D. 降低恢復綠地的成本

( ) 39. 為了對專案場地條件有全面的瞭解，專案組不會使用以下哪個選項？

A. 場地考察報告

B. 施工期間室內空氣品質管制

C. 歷史場地情況資料

D. 土壤測試報告

( ) 40. 對“永續基地”得分項目場地評估而言，場地評估報告需要包括：

A. 地形、地理、氣候、植被、土壤、人類使用及人類健康影響

B. 地形、水文、氣候、植被、土壤、附近環境及人類健康影響

C. 地形、水文、氣候、植被、地下水、人類使用及人類健康影響

D. 地形、水文、氣候、植被、土壤、人類使用及人類健康影響

(　　) 41. 以下哪三個方法能幫助“永續基地”先決條件中的侵蝕與沉澱控制？

A. 對褐地進行補救
B. 提供暫時綠化
C. 用覆蓋物或布覆蓋土壤
D. 定期混凝土清洗

(　　) 42. 在考慮申請 LEED 認證時，此專案已開工建設。卻還未準備侵蝕與沉積控制計畫。以下哪個選項是正確的？

A. 若分數相加高於八十分，此專案能得到白金認證
B. 若此專案場地面積小於一英畝，此專案不用遵循相關 LEED 要求
C. 得分項目解釋請求（CIR）過程能幫助此專案得到相關“永續基地”得分項目的得分
D. 此專案不符 LEED V4 認證要求

(　　) 43. 若在美國以外的專案不能從製造商處得到太陽光反射值（SRI），以下哪兩種方法是可行的？

A. 從涼爽型屋頂評級機構標準找出類似的材料作為對比
B. 在大學實驗室進行材料 SRI 測試
C. 業主或設計師草擬一份 SRI 報告
D. 此專案並未達到申請 LEED 認證的標準

(　　) 44. 屋頂綠化能為很多“永續基地”得分項目創造協同效益。哪個選項外的陳述是錯誤的？（選兩項）

A. 屋頂綠化能幫助所有專案在“永續基地”得分項目：減少熱島效應中得分
B. 屋頂綠化能幫助所有專案在“永續基地”得分項目：雨水管理中得分
C. 屋頂綠化能幫助所有專案在“永續基地”得分項目：基地開發 - 保護和恢復棲息地中得分
D. 可進入的屋頂綠化能幫助所有專案在“永續基地”得分項目：空地中得分

( ) 45. LEED BD+C：醫療保健專案已執行了加強型的低影響開發策略，以 100% 地減少專案場地雨水徑流。以下哪兩個選項是正確的？

A. 此專案會得到“永續基地”得分項目：雨水管理的兩分

B. 此專案會得到“永續基地”得分項目：雨水管理的三分

C. 此專案會在創新分中得到關於“永續基地”得分項目：雨水管理 - 設計的一分

D. 此專案會得到“永續基地”得分項目：雨水管理的一分

答案：

1	2	3	4	5	6	7	8	9	10
A	C	A	D	C	C	A	A	BD	AC
11	12	13	14	15	16	17	18	19	20
C	A	C	C	A	C	B	C	D	D
21	22	23	24	25	26	27	28	29	30
C	B	A	B	B	C	D	D	C	B
31	32	33	34	35	36	37	38	39	40
A	C	B	C	B	C	A	A	B	D
41	42	43	44	45					
BCD	D	AB	CD	AC					

用水效率

（WATER EFFICIENCY）

水資源是非常珍貴的，台灣雖然降雨量大，但也在缺水國中榜上有名，如何設計一個節水的建築物，也是相當重要的。此章節從外部的用水到室內設備的用水，都有一系列詳細的規範可以參考。在選擇用水設備時，更可以掌握並有效率的使用。

5-1 學習目標

- 降低室外用水量：灌溉需求（例如：景觀用水要求、灌溉系統效率、本地和可適應性物種）
- 降低室內用水量：
  - 器具和配件（例如：透過廁所、小便斗、水龍頭 [廚房、廁所]、淋浴噴頭等器具降低用水量）
  - 電器和作業用水（例如：設備類型 [例如：冷卻塔、洗衣機]）
- 用水效率管理：
  - 用水量計量（例如：水錶、分表、要計量的水資源類型、資料管理和分析），水的類型和品質（例如：可飲用水、不可飲用水、替代性水資源）

5-2 學習重點

WE 先決條件：室外用水減量（OUTDOOR WATER USE REDUCTION）

必要項目

BD&C

該先決條件適用於

- 新建建築 New Construction
- 核心與外殼 Core & Shell
- 學校 School
- 零售 Retail
- 資料中心 Data centers
- 倉儲和配送中心 Warehouses and Distribution Centers
- 旅館接待 Hospitality
- 醫療保健 Healthcare

目的

減少室外用水量。

要求

新建建築、核心與外殼、學校、零售、資料中心、倉儲和配送中心、旅館接待、醫療保健

透過下列選項之一減少室外用水量。非種植表面（如可滲透或不可滲透鋪裝）不應包括在景觀面積計算中。運動場和操場（如果種有植被）和食品作物花園可以由專案團隊來決定是否包括在計算中。

選項 1 無需灌溉

證明景觀在長達兩年的定植期內不需要永久灌溉系統。

選項 2 減少灌溉量

與基地澆灌尖峰用水月份的計算基準相比，將專案的景觀用水量需求降低至少 30%。減量必須透過植物物種的選擇以及利用環保局（EPA）WaterSense 用水預算工具計算所得的灌溉系統效率來實現。

WE 先決條件：室內用水減量（INDOOR WATER USE REDUCTION）

必要項目

BD&C

該先決條件適用於

- 新建建築 New Construction
- 核心與外殼 Core & Shell
- 學校 School
- 零售 Retail
- 資料中心 Data centers
- 倉儲和配送中心 Warehouses and Distribution Centers
- 旅館接待 Hospitality
- 醫療保健 Healthcare

目的

減少室內用水量。

要求

新建建築、核心與外殼、學校、零售、資料中心、倉儲和配送中心、旅館接待、醫療保健

建築用水

對於表 1 中列出的用水器具和配件（適用於專案範圍的），減少 20% 的基準總用水量。表 1 為用水量和流量的基本計算。

所有新安裝的可作標識的馬桶、小便斗、私人使用浴室水龍頭和淋浴噴頭都必須有 WaterSense 標識

（美國以外國家 / 地區的專案為當地相對應的標識）。

表 1　器具和配件的用水量基準

器具或配件	基準（IP 單位）	基準（SI 單位）
馬桶 *	1.6 gpf	6 lpf
小便斗 *	1.0 gpf	3.8 lpf
公用洗手台（盥洗室）水龍頭	60 psi** 壓力下 0.5 gpm，除私人使用的用水器具之外的其他所有用水器具	415 kPa 壓力下 1.9 lpm，除私人使用的用水器具之外的其他所有用水器具
私人使用浴室水龍頭	60 psi 壓力下 2.2 gpm	415 kPa 壓力下 8.3 lpm
廚房水龍頭（專用於灌裝操作的水龍頭除外）	60 psi 壓力下 2.2 gpm	415 kPa 壓力下 8.3 lpm
淋浴噴頭 *	每個淋浴間 80 psi 壓力下 2.5 gpm	每個淋浴間 550 kPa 壓力下 9.5 lpm

* 該產品類型可使用 WaterSense 標簽
gpf = 每次沖水加侖數
gpm = 加侖每分鐘
psi = 磅每平方英寸
lpf = 每次沖水升數
lpm = 升每分鐘
kPa = 千帕

電器和作業用水量

在專案內安裝符合下表所列要求的電器、設備和作業。

表 2 電器標準

電器	要求
住宅洗衣機	“能源之星”（ENERGY STAR）或同等性能
商用洗衣機	CEE 3A 級
住宅洗碗機（標準和緊湊型）	“能源之星”（ENERGY STAR）或同等性能
預清洗噴霧閥	≤ 1.3 gpm（4.9 lpm）
製冰機	“能源之星”（ENERGY STAR）或同等性能，並使用氣冷或閉環冷卻，如冷凍或冷凝水系統

gpm = 加侖每分鐘
1pm = 升每分鐘

表 3 作業標準

作業	要求
散熱和冷卻	對於任何散熱設備或電器，不得使用直流飲用水冷卻
冷卻塔和蒸發式冷凝器	配備有 • 補水水錶 • 電導率控制器和溢流警報 • 高效除水器在逆流式冷卻塔中減少飄滴（drift）量，最多為再迴圈水量的 0.002%，在橫流 塔中將飄滴減量至最多為再迴圈水量的 0.005%

僅限醫療保健、零售、學校和旅館接待

此外，用水電器、設備和作業必須滿足表 4 和表 5 中所列要求。

表 4　電器標準

廚房設備		要求（IP 單位）	要求（SI 單位）
洗碗機	台下式	≤ 1.6 加侖 / 架	≤ 6.0 升 / 架
	固定，單缸，門式	≤ 1.4 加侖 / 架	≤ 5.3 升 / 架
	單缸，傳送式	≤ 1.0 加侖 / 架	≤ 3.8 升 / 架
	多缸，傳送式	≤ 0.9 加侖 / 架	≤ 3.4 升 / 架
	履帶式	≤ 180 加侖 / 小時	≤ 680 升 / 小時
食物蒸籠	批量	≤ 6 加侖 / 小時 / 盤	≤ 23 升 / 小時 / 盤
	按訂單烹飪	≤ 10 加侖 / 小時 / 盤	≤ 38 升 / 小時 / 盤
組合烤箱	臺式或直立式	≤ 3.5 加侖 / 小時 / 盤	≤ 13 升 / 小時 / 盤
	旋轉式	≤ 3.5 加侖 / 小時 / 盤	≤ 13 升 / 小時 / 盤

表 5　作業要求

排水溫度降溫	如果當地規定對排放到排水系統中的液體溫度有限制，則使用僅在設備排放熱水時出水的降溫裝置 或 提供熱回收換熱器，將排放出來的水冷卻到法規要求的最高排放溫度以下，同時預熱入口補充水 或 如果液體是蒸汽冷凝水，則使其回到鍋爐
文氏管型流過式真空發生器或抽吸器	不使用透過讓水經過設備流到排水管中來生成真空的設備

WE 先決條件：建築整體用水計量
（BUILDING-LEVEL WATER METERING）

必要項目

BD&C

該先決條件適用於

- 新建建築 New Construction
- 核心與外殼 Core & Shell
- 學校 School
- 零售 Retail
- 資料中心 Data centers
- 倉儲和配送中心 Warehouses and Distribution Centers
- 旅館接待 Hospitality
- 醫療保健 Healthcare

目的

透過追蹤用水量來進行用水管理並找到更多節約用水的機會。

要求

新建建築、核心與外殼、學校、零售、資料中心、倉儲和配送中心、旅館接待、醫療保健

安裝永久性水錶，測量建築和相關基地所用的飲用水總量。儀錶資料必須整理到月度和年度匯總中；儀錶數據可以是人工或自動化讀取。

承諾從專案接受 LEED 認證或全面進駐（以較早者為准）開始的 5 年內提供給 USGBC 所得到的整個專案的水耗資料。

該承諾必須執行 5 年，或者直至建築變更所有權或承租人。

WE 得分項目：室外用水減量（OUTDOOR WATER USE REDUCTION）

建築設計與施工 BD&C 1-2 分

該得分項目適用於

- 新建建築 New Construction（1-2 分）
- 核心與外殼 Core & Shell（1-2 分）
- 學校 School（1-2 分）
- 零售 Retail（1-2 分）
- 資料中心 Data centers（1-2 分）
- 倉儲和配送中心 Warehouses and Distribution Centers（1-2 分）
- 旅館接待 Hospitality（1-2 分）
- 醫療保健 Healthcare（1 分）

目的

減少室外用水量。

要求

新建建築、核心與外殼、學校、零售、資料中心、倉儲和配送中心、旅館接待、醫療保健

透過下列選項之一減少室外用水量。非種植表面（如可滲透或不可滲透鋪裝）不應包括在景觀面積計算中。運動場和操場（如果種有植被）和食品作物花園可以由專案團隊來決定是否包括在計算中。

選項 1 無需灌溉（醫療保健為 1 分，除此之外為 2 分）

證明景觀在長達兩年的定植期內不需要永久灌溉系統。

選項 2 減少灌溉量（醫療保健為 1 分，除此之外為 1-2 分）

與基地澆灌尖峰用水月份的計算基準相比，將專案的景觀用水量需求降低至少 50%。減量必須透過植物物種選擇以及利用環保局（EPA）WaterSense 用水預算工具中計算所得的灌溉系統效率實現。

另外還可透過效率、替代水源和安排澆灌日程等技術策略的任何組合，來實現超過 30% 的節水。

表 1　減少灌溉用水的得分

與基準相比節水百分比	分數（除醫療保健之外）	分數（醫療保健）
50%	1	1
100%	2	—

WE 得分項目：室內用水減量（INDOOR WATER USE REDUCTION）

建築設計與施工 BD&C 1-7 分

該得分項目適用於

- 新建建築 New Construction（1-6 分）
- 核心與外殼 Core & Shell（1-6 分）
- 學校 School（1-7 分）
- 零售 Retail（1-7 分）
- 資料中心 Data centers（1-6 分）
- 倉儲和配送中心 Warehouses and Distribution Centers（1-6 分）
- 旅館接待 Hospitality（1-6 分）
- 醫療保健 Healthcare（1-7 分）

目的

減少室內用水量。

要求

新建建築、核心與外殼、學校、零售、資料中心、倉儲和配送中心、旅館接待、醫療保健

以 WE 先決條件：室內用水減量（Indoor Water Use Reduction）中計算的基準為基礎，進一步減少用水器具和配件的用水量。還可以使用替代水資

源來節省比先決條件所要求的更多的飲用水量。包括滿足住戶需求所需的用水器具和配件。其中一些用水器具和配件可能位於承租戶空間（對於商業室內）或專案邊界（對於新建建築）以外。根據表 1 獲得分數。

表 1　節水所得的分數

百分比 減少	分數（BD& C）	分數（學校、零售、旅館接待、醫療保健）
25%	1	1
30%	2	2
35%	3	3
40%	4	4
45%	5	5
50%	6	--

僅限學校、零售、旅館接待和醫療保健

滿足上述節水百分比要求。

電器和作業用水。在專案內安裝符合表 2、3、4 或 5 中的最低設備要求。滿足任意一個表格中的所有適用要求即可獲得 1 分。每個表格中列出的所有適用設備都必須符合標準。

學校、零售和醫療保健專案在若滿足兩個表格的要求可再獲得 1 分。要使用表 2，專案每年必須至少洗滌 120,000 磅（57,606 公斤）的衣物。

表 2　符合要求的商用洗衣機

洗衣機	要求（IP 單位）	要求（SI 單位）
現場部署，每 8 小時輪班的最小容量為 2400 磅（1088 公斤）	每磅最多 1.8 加侖 *	每 0.45 公斤最多 7 升 *

* 基於等量的重度、中度和輕度髒汙的衣服。

依表 3 所列，專案每個營運日至少必須有 100 次供餐。廚房設備目錄中列出的，以及專案中存在的所有作業和電器設備都必須符合標準。

表 3　商用廚房設備的標準

廚房設備		要求（IP 單位）	要求（SI 單位）
洗碗機	台下式	能源之星	“能源之星”（ENERGY STAR）或同等性能
	固定，單缸，門式	能源之星	“能源之星”（ENERGY STAR）或同等性能
	單缸，傳送式	能源之星	“能源之星”（ENERGY STAR）或同等性能
	多缸，傳送式	能源之星	“能源之星”（ENERGY STAR）或同等性能
	履帶式	能源之星	“能源之星”（ENERGY STAR）或同等性能
食物蒸籠	批量（未連接排水管）	≤ 2 加侖 / 小時 / 盤，包括冷凝冷卻水	≤ 7.5 升 / 小時 / 盤，包括冷凝冷卻水
	按訂單烹飪（已連接排水管）	≤ 5 加侖 / 小時 / 盤，包括冷凝冷卻水	≤ 19 升 / 小時 / 盤，包括冷凝冷卻水
組合烤箱	臺式或直立式	≤ 1.5 加侖 / 小時 / 盤，包括冷凝冷卻水	≤ 5.7 升 / 小時 / 盤，包括冷凝冷卻水
	旋轉式	≤ 1.5 加侖 / 小時 / 盤，包括冷凝冷卻水	≤ 5.7 升 / 小時 / 盤，包括冷凝冷卻水
食物殘渣處理機	處理機	3-8 gpm，滿載情況，10 分鐘自動關閉；或 1 gpm，空載情況	11–30 lpm，滿載情況，10 分鐘自動關閉；或 3.8 lpm，空載情況
食物殘渣處理機	廢料收集器	最多 2 gpm 補充水	最多 7.6 lpm 補充水
	碎漿機	最多 2 gpm 補充水	最多 7.6 lpm 補充水
	過濾網	不消耗水	不消耗水

gpm = 加侖每分鐘　　　　lpm = 升每分鐘
gph = 加侖每小時　　　　lph = 升每小時

依表 4 所列，專案必須為醫療或實驗室設施。

表 4　符合要求的實驗室和醫療設備

實驗室設備	要求（IP 單位）	要求（SI 單位）
逆滲透淨水器	75% 回收	75% 回收
蒸汽殺菌器	對於 60 英寸的滅菌器，6.3 加侖 /	對於 1520 毫米的滅菌器，28.5
	美式託盤	升 /DIN 託盤
	對於 48 英寸的滅菌器，7.5 加侖 /	對於 1220 毫米的滅菌器，28.35
	美式託盤	升 /DIN 託盤
消毒過程洗滌器	0.35 加侖 / 美式託盤	1.3 升 /DIN 託盤
X 射線處理器，在任意維度上均為 150 毫米或更多	薄膜處理器水回收裝置	
數字成像儀，所有尺寸	不用水	

依表 5 所列，專案必須連接到不允許蒸汽冷凝水回流的公用或地區蒸汽系統。

表 5　符合要求的公用蒸汽系統

蒸汽系統	標準
蒸汽冷凝水處理	使用熱回收系統或再生水冷卻排放到公用排水系統中蒸汽冷凝水（無回流）
再生並利用蒸汽冷凝水	100% 回收和再利用

WE 得分項目：冷卻塔用水（COOLING TOWER WATER USE）

建築設計與施工 BD&C 1-2 分

該得分項目適用於

- 新建建築 New Construction（1-2 分）
- 核心與外殼 Core & Shell（1-2 分）
- 學校 School（1-2 分）
- 零售 Retail（1-5 分）
- 資料中心 Data centers（1-2 分）
- 倉儲和配送中心 Warehouses and Distribution Centers（1-2 分）
- 旅館接待 Hospitality（1-2 分）
- 醫療保健 Healthcare（1-2 分）

目的

控制冷卻水系統中的微生物、腐蝕和水垢的同時，節約冷卻塔補充水。

要求

新建建築、核心與外殼、學校、零售、資料中心、倉儲和配送中心、旅館接待、醫療保健

對於冷卻塔和蒸發式冷凝器，進行一次事前冷卻水分析，至少要測量表 1 中列出的五個控制參數。

表 1　冷卻水中參數的最大濃度

參數	最大等級
Ca（以 CaCo3 型式）	1000 ppm
總鹼度	1000 ppm
SiO_2（二氧化矽）	100 ppm
$C1^-$（氯離子）	250 ppm
電導率	2000 μS/cm

ppm = 百萬分率

μS/cm = 微西門子每釐米

用每個參數允許的最大濃度等級除以在補充水中發現的每個參數的實際濃度等級，即可計算出冷卻塔循環次數。限定冷卻塔循環次數，以避免其中任何參數超出其最大值。

表 2　冷卻塔循環次數的得分

冷卻塔循環	分數
在不超出任何過濾等級或不影響冷卻水系統運行的情況下達到的最大循環次數（最大 10 次循環）	1
透過增加冷卻水或補充水中的處理等級達到最小 10 次循環 或 滿足最小循環次數以獲得 1 分，並使用至少 20%的回收非飲用水	2

WE 得分項目：用水計量 （WATER METERING）

建築設計與施工 BD&C 1 分

該得分項目適用於

- 新建建築 New Construction （1 分）
- 核心與外殼 Core & Shell （2 分）
- 學校 School （1 分）
- 零售 Retail （1 分）
- 資料中心 Data centers （1 分）
- 倉儲和配送中心 Warehouses and Distribution Centers（1 分）
- 旅館接待 Hospitality （1 分）
- 醫療保健 Healthcare （1 分）

目的

透過追蹤用水量來進行用水管理並找到更多節約用水的機會。

要求

新建建築、核心與外殼、學校、零售、資料中心、倉儲和配送中心、旅館接待、醫療保健

若專案適用，可為兩個或更多以下用水子系統安裝永久性水錶：

- 灌溉：針對為至少 80% 景觀灌溉面積供水的用水系統進行計量。景觀灌溉面積百分比的計算方法為－被計量的景觀灌溉總面積除以景觀灌溉總面積。被旱生園藝或本地植物覆滿且無需日常澆灌的景觀面積可從計算中排除。
- 室內衛生器具及配件：針對為 WE 先決條件，室內用水減量（Indoor Water Use Reduction）中列出的至少 80% 的室內用水器具及配件供水的用水系統進行計量，可以直接計量或透過從測得的建築和場地總用水量中減去其他所有測得的用水量來計量。
- 生活熱水：計算至少 80% 已安裝的（熱水加熱設施）的用水量（包括水箱和即時電熱水器）。
- 預計每年總用水量為 100,000 加侖（378,500 升）或更多的鍋爐，或超過 500,000 BtuH（150 kW）的鍋爐。單個補充水錶可記錄多台鍋爐的流量。
- 再生水：計量再生水（無論用水量如何）。還必須計量接入補充水的再生水系統，以便可以確定真正的再生水所占比例。
- 其他作業用水：測量作業最終用途（如加濕系統、洗碗機、洗衣機、水池和其他使用作業用水的系統）至少 80% 的預計日常用水量。

僅限醫療保健專案

除了上述要求，還可在下面的任何五個位置中安裝水錶：

- 淨化水系統（逆滲透，去離子）
- 篩檢程式反流水
- 餐飲部門用水
- 洗衣店用水
- 實驗室用水
- 中央無菌處理部門用水
- 理療和水療以及治療區用水
- 手術間用水
- 閉環液體循環加熱 / 製冷系統補水
- 生活熱水系統的冷水補充

模擬試題

( ) 1. 設計師和建造者能修建比常規建築用水量大大減少的綠色建築。以下哪項不屬於節水措施？

A. 引進罕見物種，打造綠色屋頂
B. 使用當地植物，免除灌溉需求
C. 安裝節水裝置
D. 收集雨水，滿足非飲用水需求

( ) 2. 為滿足減少室內用水要求，部分新安裝的裝置必須有 WaterSense 節水認證標誌。以下哪項裝置不需要有 WaterSense 標誌？

A. 淋浴噴頭
B. 馬桶
C. 小便斗
D. 廚房水龍頭

( ) 3. 透過收集雨水，一學校專案可將景觀用水降至基準線 60% 以下。該專案可獲得多少減少室外用水得分項目分數？

A. 0 分
B. 1 分
C. 2 分
D. 3 分

( ) 4. 在景觀用水中，使用替代水源可減少飲用水消耗。以下哪些不屬於替代水源？

A. 採集雨水
B. 鹽水
C. 游泳池回流過濾水
D. 灰水

(　　) 5. 一學校專案每年基準耗水量為 200,000 加侖。該專案設計年耗水量為 150,000 加侖。每年雨水採集系統將提供 50,000 加侖非飲用水。該專案可獲得多少減少室內用水得分項目分數？

A. 3 分

B. 4 分

C. 5 分

D. 6 分

(　　) 6. 一辦公室專案每年基準耗水量為 200,000 加侖。該專案設計年耗水量為 150,000 加侖。每年雨水採集系統將提供 50,000 加侖非飲用水。該專案在用水效率章節減少室內用水得分項目上獲得多少分？

A. 3 分

B. 4 分

C. 5 分

D. 6 分

(　　) 7. 一專案使用非飲用水沖洗洗手間。將此節水措施算在減少室內用水得分項目中，以下哪項不屬於必需提交的文件？

A. 能夠證明可使用非飲用水水量的供需計算表

B. 能夠證明該非飲用水無異味的水質檢測報告

C. 非飲用水水源介紹

D. 管道系統設計圖

(　　) 8. 一專案將可飲用水用於冷卻塔。該專案稱，使用的可飲用水幾年前就進行過濃度分析。為達到“用水效率”中的冷卻塔用水得分項目，濃度分析應在多少年以內進行？

A. 2 年

B. 3 年

C. 5 年

D. 7 年

模擬試題

(　　) 9. 一乾燥地區辦公大樓將安置雨水收集器，收集飲用水用於洗手間沖洗。該收集器符合美國環保局規定。在“用水效率”中的減少室內用水得分項目中，以下哪項需要詳細說明？

A. 雨水收集器生產材料

B. 能夠顯示非飲用水供需的流程示意圖

C. 雨水收集器操作指南

D. 潛在污染警告

(　　) 10. 一專案在沒有額外處理措施的情況下已經能達到得分項目要求的水迴圈次數，並且可獲得“用水效率”中的冷卻塔用水得分項目。以下哪項可為該專案額外加分？

A. 消除冷卻塔水中的細菌

B. 減少冷凝水循環週期

C. 額外過濾

D. 使用 20% 替代水源

(　　) 11. 以下哪項關於分項計量的說法是正確的？

A. 僅僅依靠分項計量就能提高建築節能效率

B. 分項計量可成為建築管理系統的一部分

C. 專案完成後不可再添加分項計量表

D. 分項計量表只能手動讀取

(　　) 12. 在“用水效率”中的建築整體用水計量先決條件中，專案應承諾與美國綠色建築委員會共用耗水量資料。此承諾期是多長時間？

A. 1 年

B. 2 年

C. 3 年

D. 5 年

(　　) 13. 室內用水的基準線應包含哪些資訊？

A. 專案選定的裝置和配件上標示的出廠標準耗水量

B. 符合能源政策法案（EPA 1992）要求的裝置和配件的耗水量

C. 能源政策法案（EPA 1992）中規定的裝置耗水量和配件設定流量

D. 用於所有裝置和配件的耗水量，剔除替代水源（雨水等）

(　　) 14. 以下哪項不計入"用水效率"中的用水計量得分項目？

A. 基地內的井水

B. 家用熱水

C. 再生水

D. 洗碗機

(　　) 15. 以下哪項屬於私有水龍頭？（選兩項）

A. 學校教室水龍頭

B. 洗手間水龍頭

C. 學生宿舍浴室水龍頭

D. 旅館客房水龍頭

(　　) 16. 為達到"用水效率"中的減少室內用水得分項目，需要滿足什麼條件？

A. 每項裝置都應符合節水要求

B. 每項裝置都有 WaterSense（或同等級）標誌

C. 專案裝置總體符合節水要求

D. 至少 20% 裝置有 WaterSense（或同等級）標誌

(　　) 17. 在新建住房專案中，為達到"用水效率"中的減少室內用水得分項目，專案團隊需要達到以下哪項先決條件？

A. 安裝兩段式馬桶

B. 降低總耗水量的 10%

C. 使用高效節水裝置

D. 選擇最大流量為每分鐘 2.2 加侖以下的浴盆水龍頭

(　　) 18. 針對 WaterSense 節水認證水量收支平衡工具，專案耗水量由以下哪些變數決定？（選兩項）

A. 智慧調度技術

B. 蒸發水準

C. 地方降雨量

D. 替代水源

(　　) 19. 一複合專案一樓為餐廳，二樓三樓為工作區域。在計算室內用水時，應使用何種資料？

A. 使用最大住戶群體的用水設備資料

B. 單獨計算每個住戶群體的用水設備資料

C. 排除較小的住戶群體資料，根據大住戶群體各所占比例進行估計

D. 對所有用水設備資料和住戶群體使用同一種演算法

(　　) 20. 如果專案團隊要達到“用水效率”中的減少室內用水先決條件，應滿足以下哪項要求？

A. 確保裝置滿足強制要求的沖水速率 / 流量，並保留關於所有裝置和設備的製造商資料

B. 核實專案住戶、性別比例和年工作天數

C. 計算所有額外節水量（例如：非飲用水）

D. 對設計方案中各個沖洗和流水裝置進行計算

(　　) 21. 一專案團隊使用替代水源以達到“用水效率”中的減少室內用水得分項目。以下哪種可飲用水的替代水源符合要求？（選三項）

A. 天然水體

B. 開放型地熱系統的排水

C. 地面沉降水

D. 已使用作業用水

E. 海水

F. 逆滲透水

(　　) 22. 以下哪類裝置不適用於 WaterSense 節水標籤？（選三項）

A. 家庭洗衣機

B. 無水廁所

C. 單次沖洗用水量為 0.5 加侖的小便斗

D. 私人洗手間水龍頭

E. 馬桶

F. 預沖洗式花灑

(　　) 23. 為達到減少室外用水先決條件，方法之一是打造無需永久灌溉的景觀。景觀植物生長穩定需要一定時間，在此期間可能需要灌溉。允許的最長植物生長穩定期是多長時間？

A. 1 年

B. 半年

C. 3 年

D. 2 年

(　　) 24. 為證明已達到“用水效率”中的減少室內用水得分項目，註冊管道工程師應提供以下哪些資訊？

A. 已簽證的證實所有裝置均達標的審核表

B. 專業資格豁免（LPE）

C. 包含沖水量 / 流量資訊的用水設備表

D. 註冊管道工程師資格證明

(　　) 25. 以下哪些措施能優化灌溉？（選三項）

A. 短週期集中式灌溉

B. 種植無需灌溉的植物

C. 僅在運動場和類似場所鋪設草坪

D. 使用灰水進行灌溉

E. 測試土壤鹽分

F. 選擇本地植物

( ) 26. 一專案團隊準備在該降雨充足地區安置雨水儲水池，為 LEED BD+C 醫療專案提供 75% 灌溉用水。景觀包括大面積的草坪，將由頂噴式噴灌機灌溉。該設計將導致？

A. 該專案未達到“用水效率”中的減少室外用水先決條件

B. 該專案將在“用水效率”中的減少室外用水得分項目中獲得 2 分

C. 該專案將在“用水效率”中的減少室外用水得分項目中得到模範表現加分

D. 該專案將在“用水效率”中的減少室外用水得分項目中獲得 1 分

( ) 27. 一個為乾旱地區設計的學校專案將打造免灌溉景觀，這將使此專案獲得多少分數？

A. 0

B. 1

C. 2

D. 3

( ) 28. 一專案團隊決定採用水系統分項計量。以下哪些是主要考慮因素？（選三項）

A. 最大耗水項

B. 安裝分項計量水錶的費用

C. 尖峰時間用水帳單

D. 與建築智慧管理系統匹配的系統

E. 供水子系統所需的分項計量水錶數量

( ) 29. 乾旱地區一專案團隊使用冷卻塔排汙系統作為灌溉代替水源。以下哪些情況可能發生？（選擇兩項）

A. 此種水不能用於草坪灌溉

B. 植物的蒸發率將降低

C. 對供水的準時性和可靠性進行分析

D. 需對水的含鹽量進行檢測

(　　) 30. 在“用水效率”中的減少室內用水得分項目中，哪種用水設備不包括在降低 20% 用水的要求之內？（選三項）

A. 更衣室內的淋浴噴頭

B. 家庭廚房水龍頭

C. 飯店浴缸水龍頭

D. 清潔公用水池

E. 咖啡機

F. 有衛生標準規定的裝置

(　　) 31. 一學校專案需要對景觀用水預算進行估計，以下哪項可包括也可不包括在計算之內？

A. 防滲漏停車場

B. 用護根物覆蓋的操場

C. 植被覆蓋的操場

D. 可滲透的走道

(　　) 32. 一專案設計了包含兩種景觀的組合：其中一種需要灌溉，另一種為免灌溉旱生園藝。該專案團隊應如何對景觀用水預算進行估計？

A. 使用兩種不同計算方法，一種用來計算灌溉區域，另一種用來計算旱生園藝區域

B. 排除免灌溉區域

C. 假設旱生園藝景觀用水為零

D. 不使用用水預算工具（Water Budget Tool）

(　　) 33. 如果一專案在私人盥洗室裡使用沒有 WaterSense 節水認證標誌的加氣節水龍頭，在“用水效率”減少室內用水先決條件中，允許的最大流量是多少？

A. 1.5 加侖每分鐘（5.7 升每分鐘）

B. 1.75 加侖每分鐘（6.6 升每分鐘）

C. 0.4 加侖每分鐘（1.5 升每分鐘）

D. 2.0 加侖每分鐘（7.6 升每分鐘）

(　　) 34. 為達到減少室外用水先決條件，至少應在原基準線下對景觀用水降低多少百分比？

A. 30%

B. 50%

C. 10%

D. 40%

(　　) 35. 一辦公室專案有 250 位全職員工和每日 40 位左右訪客，專案團隊想要達到“用水效率”中的減少室內用水得分項目，專案團隊應該如何對訪客用水量進行計算？

A. 對訪客開放的專案時間

B. 對訪客用水單獨製作計算表單

C. 依據員工調查的訪客用水估計

D. 不需要訪客室內用水資訊，因為用水量計算器已預設了訪客用水的特性

(　　) 36. 達到“用水效率”中的減少室內用水先決條件，需將用水裝置歸為公用或私用，在區分時專案團隊應考慮哪些內容？

A. 考慮用途或地點

B. 僅考慮用途

C. 同時考慮用途和地點

D. 僅考慮地點

(　　) 37. 一美國以外專案，在當地沒有與 WaterSense 節水認證要求相近的規範。為達到“用水效率”中的減少室內用水先決條件，該專案團隊應如何做？

A. 選擇至少在能源政策法案基準線下 20% 的裝置

B. 為滿足規範排除未達標裝置

C. 透過計算以顯示達到標準

D. 使用替代水源，以示減少可飲用水消耗

(　　) 38. 當估計一專案景觀用水需求時，景觀專家應將以下哪項納入計算中？（選三項）

A. 非飲用水水源

B. 灌溉系統性能

C. 化肥需求

D. 植物多樣性分佈

E. 農藥使用計畫表

F. 植物種類

(　　) 39. 為達到"用水效率"中的用水計量得分項目，以下哪項需 100% 分項計量？（選兩項）

A. 鍋爐補水（鍋爐功率大於 500,000BtuH 或 150kw）

B. 灌溉用水

C. 灌溉再生水

D. 家用熱水

(　　) 40. 一專案團隊與一水處理顧問簽訂合約，使用達到以下要求的冷卻塔：

- 摻量 / 最高容許濃度 / 補充濃度
- 鈣（碳酸鈣）/1,000 ppm/200 ppm
- 氯化物 /250 ppm/50 ppm
- 傳導性 /2,000 micro siemens/cm

此補充水的最大濃縮週期是多少？

A. 6 個週期

B. 8 個週期

C. 9 個週期

D. 5 個週期

(　　) 41. 一專案團隊考慮將飲用水和再生水混合用於冷卻塔。使用此種方法需要注意以下哪個問題？

A. 必須對建築施工和維護團隊進行額外培訓

B. LEED 不允許混合用水

C. 此方法將延長冷卻塔生命週期

D. 使用前應對兩種水源進行檢驗

(　　) 42. 一專案團隊不打算獲得“用水效率”中的減少室內用水得分項目。為達到“用水效率”中的減少室內用水先決條件，專案工程師應準備哪項文件？

A. 整體用水設備計算表

B. 產品資訊和裝置計畫表

C. 所有滿足能源政策法案（EPA）耗水量基準的用水設備

D. 住戶用水量計算表

(　　) 43. 一專案如何與美國綠色建築委員會共用建築整體用水計量每月資料？（選兩項）

A. 透過協力廠商資料庫

B. 透過將資料提交給 LEED 專案評審

C. 透過上傳至 LEED 線上（LEED online）

D. 透過美國綠色建築委員會認可的資料範本

(　　) 44. “用水效率”中的整體用水計量先決條件中，不需要計算哪類最終用水？

A. 雨水收集系統供水

B. 公共供水

C. 專案現場的井水供水

D. 專案現場的飲用水處理系統

(　　) 45. 對景觀用水需求基準值，以下哪種計算方法是正確的？

A. 計算用水尖峰時期月灌溉需求

B. 僅計算冬季月灌溉需求

C. 將無植被軟景觀納入計算中

D. 將已有硬景觀納入計算中

(　　) 46. 一專案團隊在一學校專案設計階段結束後，決定用鋪上草坪的運動場替換室外籃球場，以下哪項關於此設計變動的說法是正確的？

A. 此運動場沒有達到“永續基地”中的設施共用得分項目

B. 此運動場沒有達到“永續基地”中的開放空間得分項目

C. 此運動場的照明設備無需達到向上照明和光污染要求

D. 根據專案團隊的決定，該區域可以包含或排除在室外用水減量的計算中。

(　　) 47. 一建築所有供水均來自自來水供水系統，僅使用一個水錶，專案團隊無法獲得該水錶的讀數以滿足達到“用水效率”建築整體用水計量先決條件，該專案團隊能採取哪種方法測算建築用水？

A. 在公共水錶下游另外安裝一個私人水錶

B. 根據入住率估計月度耗水量

C. 使用基準用水計算法，除去非飲用水水源

D. 使用室內室外基本用水設計值進行計算

(　　) 48. 一專案在蒸發式冷凝器中使用 100% 飲用水，為達到“用水效率”冷卻塔用水得分項目，該專案應採取以下何種方法？

A. 輔助計量非飲用水使用

B. 使用至少 10% 非飲用水替代飲用水

C. 和美國綠色建築委員會共用所有測量資料五年

D. 聘雇一位水處理專家對飲用水進行一次性分析

(　　) 49. 一供水單位使用專有無線技術讀取專案建築水錶，由於用水資料讀取方法有限制，為達到“用水效率”建築整體用水計量先決條件，下面哪種說法是正確的？

A. 在公共水錶上游另外安裝一個私人水錶

B. 專案團隊可透過每月用水帳單記錄用水情況

C. 專案團隊可透過用輔助計量記錄 80% 可飲用水用水系統來達到先決條件

D. 專案團隊可達到先決條件，因為沒有可用資料

(　　) 50. 一專案團隊決定設置一個基於天氣情況的灌溉控制系統。此做法將能達到什麼目的？

A. 安裝了此系統就能達到“用水效率”中的減少室外用水得分項目和減少灌溉用水得分項目

B. 在“用水效率”中的減少室外用水得分項目計算時可減少 15% 景觀用水量

C. 能使專案自動達到“用水效率”中的室外用水量減少先決條件

D. 專案團隊因此不必計算景觀用水預算

(　　) 51. “用水效率”中的用水計量得分項目，分項計量最少占總計量百分比的多少？

A. 50%

B. 80%

C. 75%

D. 90%

(　　) 52. 在以下哪種情況下允許專案團隊使用噴霧式節水龍頭以達到節水目的？

A. 噴霧式節水龍頭僅在公共廁所使用

B. 噴霧式節水龍頭流速為 2.2 加侖每分鐘（8.4 升每分鐘）

C. 噴霧式節水龍頭僅在私人廁所使用

D. 噴霧式節水龍頭有 WaterSense 節水認證標誌

(　　) 53. LEED BD+C 醫療專案為達到“用水效率”用水計量得分項目，應對多少子水錶進行計量？

A. 2

B. 7

C. 5

D. 4

( ) 54. 一專案團隊計畫打造能夠滿足“用水效率”中的減少室外用水先決條件的室外景觀，以下哪些方法不是正確的？

A. 規劃景觀佈局時，考慮水源距離等因素以優化灌溉

B. 收集專案地區月平均降水資料

C. 使用草坪覆蓋大片區域

D. 收集專案地區蒸騰率資料

( ) 55. 透過收集雨水，一醫療專案可將景觀用水量降至基準以下 60%，該專案可獲得多少“用水效率”中的減少室外用水得分項目分數？

A. 2 分

B. 3 分

C. 0 分

D. 1 分

( ) 56. 以下哪項關於 WaterSense 用水帳單工具的說法不正確？

A. 該工具可根據專案所在地對關鍵月份蒸散量進行估計

B. 該工具也包括美國地區以外的資料

C. 資料基於過去 30 年歷史平均數據

D. 該工具由美國環境保護署開發

( ) 57. 要達到減少室內用水先決條件，至少應在原基準線下對景觀用水降低多少百分比？

A. 5%

B. 30%

C. 20%

D. 10%

答案：

1	2	3	4	5	6	7	8	9	10
A	D	B	B	C	D	B	C	B	D
11	12	13	14	15	16	17	18	19	20
B	D	C	A	CD	C	C	BC	B	A
21	22	23	24	25	26	27	28	29	30
CDF	ABF	D	C	BCF	A	C	ACD	CD	DEF
31	32	33	34	35	36	37	38	39	40
C	A	A	A	D	C	A	BDF	AC	D
41	42	43	44	45	46	47	48	49	50
D	B	AD	A	A	D	A	D	B	B
51	52	53	54	55	56	57			
B	D	B	C	D	B	C			

CHAPTER 6

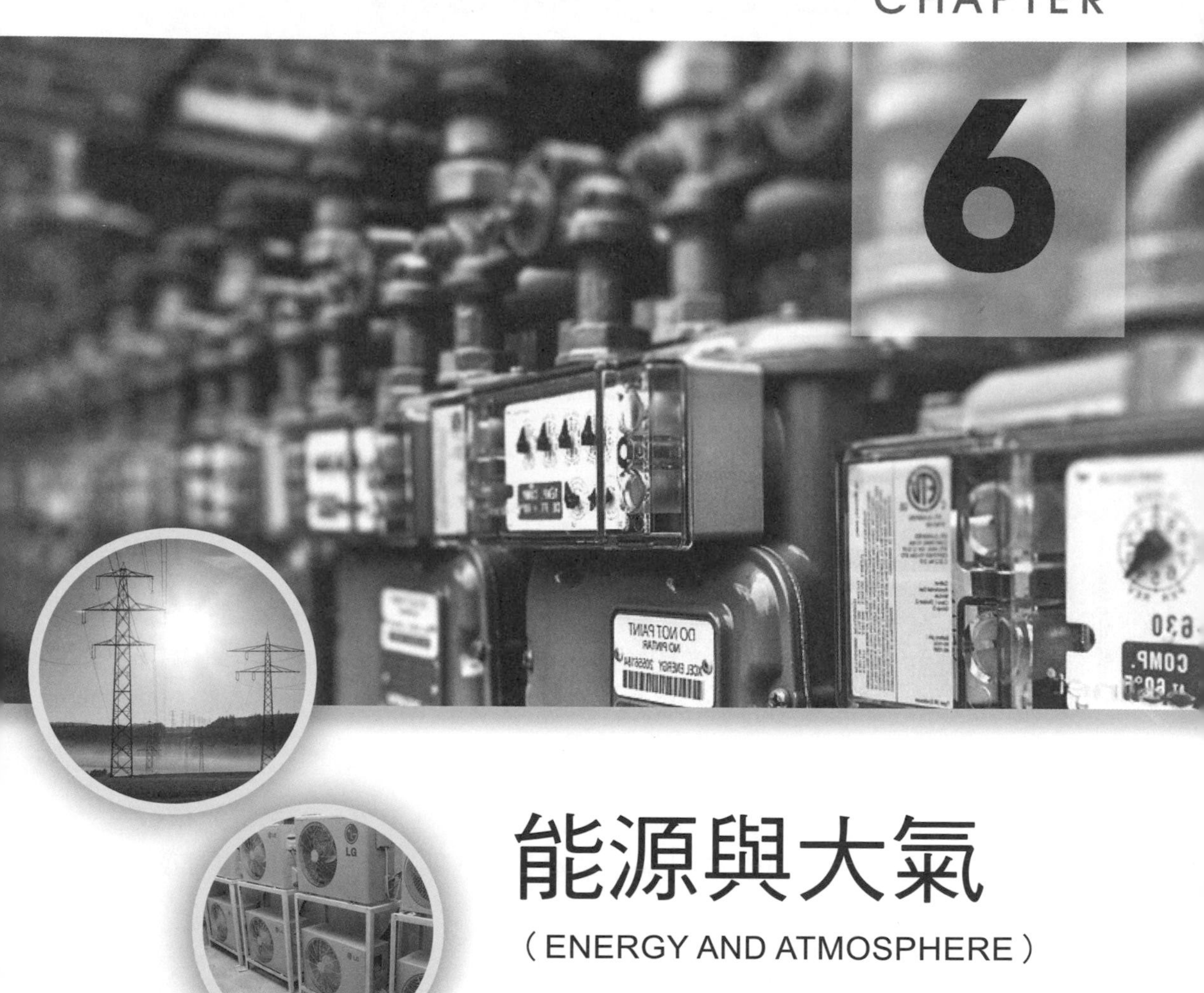

能源與大氣

（ENERGY AND ATMOSPHERE）

綠建築最重要的一個環節非用電莫屬，能源的消耗也是現今最嚴峻的課題，因此在能源設計面，從被動式的建築設計到主動式的高效設備都在此章節說明，秉持著”開源節流”的精神，不論是再生能源的使用、用電設備的監測、建築能源模型的建立到破壞大氣層的冷媒，都是這個章節的重點。

6-1 學習目標

- 建築負荷
  - 設計（例如：建築坐向、玻璃選擇、說明不同地區應注意事項）
  - 空間使用（例如：空間類型 [私人辦公室、個人空間、多住戶共用空間]、設備和系統）
  - 被動式設計的機會（例如：遮陽、開口部位設計）
- 能源效率
  - 組合材料 / 構件（例如：建築外殼結構、暖通空調系統、窗戶、保溫）
  - 營運節能（例如：時間表、設定點、系統之間的交互作用）
  - 功能驗證（例如：功能驗證機構、業主專案任務書、設計基礎要求、基於監測的功能驗證、外殼結構功能驗證）
- 需求回應（例如：電網效率和可靠性、需求回應計畫、負載轉移）
- 替代和可再生能源（例如：基地內和基地外可再生能源、光電板、光熱能、風能、低影響水電、波浪和潮汐能、綠色電力、碳補償）
- 能源表現管理
  - 高級能源計量（例如：能源使用測量、建築自動化控制）
  - 營運與管理（例如：員工培訓、營運和維護計畫）
  - 基準測試（例如：使用的計量標準、既定的建築性能評估 / 建築性能基準評估、根據類似的建築或歷史資料比較建築能源表現、工具和標準－ ASHRAE、CBECS、資料管理器）
- 環境問題：資源與臭氧消耗（例如：資源和能源－石油、煤炭和天然氣、可再生和非可再生資源、氯氟化碳 [CFC] 和其他冷媒、平流層臭氧層）
- 作為工具使用的能源模型
- 作業負載（例如：電梯、冷媒等）
- 反覆運算優化設計

6-2 學習重點

EA 先決條件：基本功能驗證和校驗（FUNDAMENTAL COMMISSIONING AND VERIFICATION）

必要項目

BD&C

該先決條件適用於

- 新建建築 New Construction
- 核心與外殼 Core & Shell
- 學校 School
- 零售 Retail
- 資料中心 Data centers
- 倉儲和配送中心 Warehouses and Distribution Centers
- 旅館接待 Hospitality
- 醫療保健 Healthcare

目的

使專案的設計、施工和最後營運滿足業主對能源、水、室內環境品質和耐久性的要求。

要求

新建建築、核心與外殼、學校、零售、資料中心、倉儲和配送中心、旅館接待、醫療保健

功能驗證過程範圍

根據適用於 HVAC&R 系統的 ASHRAE 指南 0-2005 和 ASHRAE 指南 1.1–2007（與能源、水、室內環境質量和耐久性相關）完成以下機械、電氣、管道和可再生能源系統與元件的功能驗證（Cx）過程活動。

外殼結構的要求僅限於業主專案要求（OPR）和設計基礎要求（BOD）中包括的內容，以及對 OPR、BOD 和專案設計的審查。適用於外殼結構的 NIBS 指南 3-2012 提供了額外的指導。

- 制定 OPR。
- 制定 BOD。

功能驗證機構（CxA）必須完成以下任務：

- 審查 OPR、BOD 和專案設計。
- 制定和實施 Cx 計畫。
- 確認將 Cx 要求貫徹到施工文件中。
- 制定施工檢查清單。
- 制定系統的測試程式。
- 驗證系統的測試執行。
- 在 Cx 過程期間在日誌中記錄存在問題和成果。
- 準備最終的 Cx 過程報告。
- 在過程中記錄所有發現的情況和建議，並直接彙報給業主。

外殼結構設計的審查可交由優良的設計或施工團隊，但非直接負責該建築外殼結構設計的成員（或者該公司的員工）執行。

功能驗證機構

在設計開發階段（擴大初步設計階段）結束時，讓具有以下條件的功能驗證機構參與。

- CxA 必須有證據表明至少在兩個具有類似工作範圍的建築專案上執行過功能驗證過程。相關經驗必須從設計階段早期一直持續到專案使用至少 10 個月之後。
- CxA 可以優良的業主員工、獨立顧問、設計或建築公司的員工（不是專案設計或施工團隊成員），或者是沒有利益關係的設計或施工團隊分包商。

- 對小於 20000 平方英尺（1860 平方公尺）的專案，CxA 可以是優良的設計或施工團隊成員。在任何情況下，CxA 都必須直接向業主報告其工作情況。

計畫獲得 EA 得分項目：進階功能驗證（Enhanced Commissioning）的專案團隊應注意 CxA 專長的不同：對於該得分項目來說，CxA 不可以是設計或施工單位的員工，也不可以是施工單位的分包商。

當前設施要求以及營運和維護計畫

準備並更新包含高效營運建築所需資訊的當前設施要求以及營運和維護計畫。該計畫必須包括：

- 建築營運順序
- 建築進駐安排
- 設備執行時間安排
- 所有暖通空調設備的設定溫度
- 設置建築中的照明水準
- 室外空氣最低要求
- 因不同季節、日期、時間而產生的任何時間表或設定值變化
- 機械和電氣系統和設備的系統描述
- 系統描述中所述建築設備的預防性維護計畫
- 包括關鍵設施定期功能驗證要求、持續功能驗證任務和連續任務的功能驗證方案

僅限資料中心（Data centers）專案

對於專案峰值冷卻負載低於 2,000,000 Btu/h（600 kW）或電腦房峰值總冷卻負載低於 600,000 Btu/h（175 kW）的小型專案，CxA 可以是設計或施工團隊中具備資格的員工。

EA 先決條件：最低能源表現（MINIMUM ENERGY PERFORMANCE）

必要項目

BD&C

該先決條件適用於

- 新建建築 New Construction
- 核心與外殼 Core & Shell
- 學校 School
- 零售 Retail
- 資料中心 Data centers
- 倉儲和配送中心 Warehouses and Distribution Centers
- 旅館接待 Hospitality
- 醫療保健 Healthcare

目的

透過實現建築及其各系統的最低節能等級以減少因過度使用能源而帶來的環境和經濟危害。

要求

新建建築、核心與外殼、學校、零售、倉儲和配送中心、旅館接待、醫療保健

選項 1 建築整體的能耗比較

表明與基準建築性能水準相比，擬建建築的性能水準分別提高之百分比：5%（新建建築專案）、3%（重大改造項目）、2%（核心與外殼專案）。根據 ANSI/ASHRAE/IESNA 標準 90.1–2010 附錄 G（對於美國以外的專案來說，為 USGBC 認可的等效標準），使用電腦模型來計算基準建築性能。

專案必須滿足最低的節能百分比（不包括可再生能源系統帶來的節能量）。

專案設計必須滿足以下條件：

- 符合 ANSI/ASHRAE/IESNA 標準 90.1–2010（對於美國以外的專案來說，為 USGBC 認可的等效標準）的強制規定。
- 包括建築專案內部和與其相關聯的所有能耗和成本。
- 對比符合 ASHRAE 標準 90.1–2010，附錄 G（對於美國以外的專案來說，為 USGBC 認可的等效標準）的基準建築。

記錄能源建模時對非常規負載的輸入假設。應對非常規負載進行精確建模以反映建築實際的預期能耗。

如果基準建築和擬建建築性能等級的非常規負載均不相同，且電腦程式無法準確進行能效建模，請按照特殊的計算方法（ANSI/ASHRAE/IESNA 標準 90.1–2010, G2.5）操作。另外，使用 COMNET 建模指南和程序來記錄用以減少非常規負載的措施。

僅限零售專案

對於選項 1，建築整體的能耗模擬，零售業的作業負載可包括製冷設備、烹飪與食物準備、洗衣和其他主要的輔助電器。關於商用廚房設備和製冷的許多行業標準基準都在附錄 A-3，表 4（商用廚房通風的規範性指標和能源費用預算基準）中進行了定義。無需使用額外的文件來證明這些作為行業標準的預定義基準系統。

選項 2 滿足預定規範：ASHRAE 50% 高階能源設計指南

符合 ANSI/ASHRAE/IESNA 標準 90.1–2010（對於美國以外的專案來說，為 USGBC 認可的等效標準）的強制和規範性規定。

符合暖通空調和服務用水加熱要求，包括適合相應氣候區和 ASHRAE 50% 高階能源設計指南第 4 章“設計策略和建議（按氣候區）”中所述的設備效率、節能器、通風以及管道和節氣閘：

- 適用於中小型辦公建築的 ASHRAE 50% 高階能源設計指南（ASHRAE 50% Advanced Energy Design Guide for Small to Medium Office

Buildings），用於面積小於 100,000 平方英尺（9,290 平方米）的辦公建築。

- 適用於中型到大型箱體零售建築的 ASHRAE 50% 高階能源設計指南（ASHRAE 50% Advanced Energy Design Guide for Medium to Large Box Retail Buildings），用於面積為 20,000 至 100,000 平方英尺（1,860 至 9,290 平方公尺）的零售建築。
- 適用於 K–12 學校建築的 ASHRAE 50% 高階能源設計指南（ASHRAE 50% Advanced Energy Desig n Guide for K–12 School Buildings）。
- 適用於大型醫院的 ASHRAE 50% 高階能源設計指南（ASHRAE 50% Advanced Energy Design Guide for Large Hospitals），用於面積超過 100,000 平方英尺（9,290 平方公尺）的醫院。

美國以外的專案可以參考 ASHRAE/ASHRAE/IESNA 標準 90.1-2010 附錄 B 和 D 來確定合適的氣候區。

選項 3 滿足預定規範：高級建築核心性能指南（Advanced Buildings ™ Core Performance ™ Guide）

符合 ANSI/ASHRAE/IESNA 標準 90.1–2010（對於美國以外的專案來說，為 USGBC 認可的等效標準）的強制和規範性規定。

符合“第 1 部分：設計過程策略”和“第 2 部分：核心性能要求”以及出自“第 3 部分：增強性能策略”中的以下三種策略（如適用）。標準間存在衝突時，遵照兩者中最嚴格的一種。美國以外的專案可以參考 ASHRAE/ASHRAE/IESNA 標準 90.1-2010 附錄 B 和 D 來確定合適的氣候區。

- 3.5 送風溫度控制（VAV）
- 3.9 優異節能裝置性能
- 3.10 變速控制

為了符合選項 3 的要求，專案面積必須低於 100,000 平方英尺（9 290 平方公尺）。

註：醫療保健、倉庫或實驗室專案不符合選項 3 的要求。

資料中心

建築整體的能耗模擬

表明擬建建築的性能水準比基準建築性能等級提高了 5%。為了確定能耗總費用節約，創建兩個模型，一個用於比較建築能耗費用，另一個用於類比 IT 設備能耗費用。根據 ANSI/ASHRAE/IESNA 標準 90.1–2010，附錄 G（對於美國以外的專案來說，為 USGBC 認可的等效標準），使用整棟建築的類比模型和資料中心建模指南來計算基準建築性能。

確定擬建專案電能利用效率（PUE）的設計值

對於此先決條件，5% 的節能量中至少有 2% 的節能量來自建築電力和製冷基礎設施。專案必須滿足最低的節能百分比（不包括可再生能源系統帶來的節能量）。專案設計必須滿足以下條件：

- 符合 ANSI/ASHRAE/IESNA 標準 90.1–2010（對於美國以外的專案來說，為 USGBC 認可的等效標準）的強制規定
- 包括建築專案內部和與其相關聯的所有能耗和成本
- 對比符合 ANSI/ASHRAE/IESNA 標準 90.1–2010，附錄 G（對於美國以外的專案來說，為 USGBC 認可的等效標準）和資料中心建模指南的基準建築

對於資料中心，常規能源包括電腦房和資料處理室的製冷裝置、關鍵電能調節設備、關鍵配電設備、排熱系統以及機械和電氣支援室。

作業負載包括非常規負載和 IT 設備負載。IT 負載包含關鍵系統和變電系統，後者可包括伺服器、儲存和聯網用電，以及影響每月伺服器 CPU 利用率百分比的操作。

使用兩種方案建立兩組 IT 負載模型，一組採用最大估計 IT 負載等級，第二組採用功能驗證時預測的啟動 IT 等級。

記錄能源建模時對非常規負載的輸入假設。應對非常規負載進行精確建模以反映建築實際的預期能耗。

如果基準建築和擬建建築性能等級的非常規負載均不相同，並且電腦程式無法準確進行效能建模，請按照特殊的計算方法（ANSI/ASHRAE/IESNA 標準 90.1–2010, G2.5）操作，以記錄減少非常規負載的措施。

EA 先決條件：建築整體能源計量（BUILDING-LEVEL ENERGY METERING）

必要項目

BD&C

該先決條件適用於

- 新建建築 New Construction
- 核心與外殼 Core & Shell
- 學校 School
- 零售 Retail
- 資料中心 Data centers
- 倉儲和配送中心 Warehouses and Distribution Centers
- 旅館接待 Hospitality
- 醫療保健 Healthcare

目的

透過追蹤記錄建築整體能耗來支援能源管理並確定更多節能的機會。

要求

新建建築、學校、零售、資料中心、倉儲和配送中心、旅館接待、醫療保健

新裝或使用既有的整個建築的能源表或可進行合計的分表來提供建築整體的資料，以推算建築的總能耗（電力、天然氣、冷卻水、蒸汽、燃油、丙烷、生物質能等）。可使用能夠合計建築總體資源用量的公用事業公司的儀錶。

承諾在從專案通過 LEED 認證時起的 5 年內與 USGBC 分享所得到的能耗資料和電力需求資料（如果已計量）。能耗至少需要每月追蹤記錄一次。

該承諾必須執行 5 年，或者直至建築變更所有權或承租人。

核心與外殼

新裝或使用既有的基礎建築總體能源表或可進行合計的分表來提供基礎建築的總體資料，以推算建築的總能耗（電力、天然氣、冷卻水、蒸汽、燃油、丙烷等）。可使用能夠合計建築總體資源用量的公用事業公司的儀錶。

承諾在從專案透過 LEED 認證或正式進駐使用（以較早者為准）開始的 5 年內與 USGBC 分享得到的能耗資料和電力需求資料（如果已計量）。能耗至少需要每月追蹤記錄一次。

該承諾必須執行 5 年，或者直至建築變更所有權或承租人。

EA 先決條件：基礎冷媒管理（FUNDAMENTAL REFRIGERANT MANAGEMENT）

必要項目

BD&C

該先決條件適用於

- 新建建築 New Construction
- 核心與外殼 Core & Shell
- 學校 School
- 零售 Retail
- 資料中心 Data centers
- 倉儲和配送中心 Warehouses and Distribution Centers
- 旅館接待 Hospitality
- 醫療保健 Healthcare

目的

減少對平流層臭氧的消耗。

要求

新建建築、核心與外殼、學校、零售、資料中心、倉儲和配送中心、旅館接待、醫療保健

在新的供暖、通風、空調和製冷（HVAC&R）系統中不使用氯氟化碳冷媒製冷機。再利用既有 HVAC&R 設備時，在專案完成之前進行全面的 CFC 淘汰計劃。超出專案完成日期的淘汰方案將斟酌考慮。

現有的小型 HVAC&R 裝置（定義為所包含的冷媒不足 0.5 磅 [225 公克]）和其他設備，如標準冰箱、小型水冷卻器和其他任何含有不足 0.5 磅 [225 公克] 冷媒的設備，均不包括在內。

EA 得分項目：增強功能驗證（ENHANCED COMMISSIONING）

建築設計與施工 BD&C 2-6 分

該得分項目適用於

- 新建建築 New Construction（2-6 分）
- 核心與外殼 Core & Shell（2-6 分）
- 學校 School （2-6 分）
- 零售 Retail （2-6 分）
- 資料中心 Data centers（2-6 分）
- 倉儲和配送中心 Warehouses and Distribution Centers（2-6 分）
- 旅館接待 Hospitality（2-6 分）
- 醫療保健 Healthcare（2-6 分）

目的

進一步使專案的設計、施工和最後營運滿足業主對能源、水、室內環境品質和耐久性的要求。

要求

新建建築、核心與外殼、學校、零售、資料中心、倉儲和配送中心、旅館接待、醫療保健

實施或制定合約以實施下面的功能驗證過程活動以及 EA 先決條件：基本功能驗證和校驗（Fundamental Commissioning and Verification）所要求的活動。

功能驗證機構

- CxA 必須有證據表明至少在兩個具有類似工作範圍的建築專案上執行過功能驗證過程。相關經驗必須從設計階段早期一直持續到專案使用至少 10 個月之後。
- CxA 可以是業主的合格雇員、獨立顧問或沒有利益關係的設計團隊分包商。

選項 1 增強系統功能驗證（3-4 分）

途徑 1 增強功能驗證（3 分）

根據適用於 HVAC&R 系統的 ASHRAE 指南 0-2005 和 ASHRAE 指南 1.1–2007（與能源、水、室內環境質 量和耐久性相關）完成以下機械、電氣、管道和可再生能源系統與元件的功能驗證過程（CxP）活動。

功能驗證機構必須完成以下任務：

- 審查承包商遞交的文件。
- 驗證施工文件中包括系統手冊要求。
- 驗證施工文件中包含物業營運商和住戶培訓要求。
- 驗證系統手冊的更新與交付。
- 驗證物業營運商和住戶培訓交付和有效性。
- 驗證季節測試。
- 在專案實質性完成之後 10 個月審查建築營運。
- 制定持續的功能驗證計畫。

在 OPR 和 BOD 中包含所有增強功能驗證任務。

途徑 2 進階且基於監測的功能驗證（4 分）

制定基於監測的程式並確定要測量和評估的點，以評估耗能和用水系統的性能。將監測程式和測量點包含在功能驗證計畫內。說明以下內容：

- 角色與職責
- 測量要求（儀錶、分數、計量系統、資料訪問）
- 要追蹤的各個點，以及將要監測的頻率和持續時間
- 可接受的追蹤點和計量值限制（如果合適的話，可以使用預測演算法來比較理想值和實際值）
- 用於評估性能的各方面，包括系統之間的衝突、系統元件的失序營運，以及能源和水的使用情況
- 確定和糾正營運錯誤與不足的糾正計畫
- 培訓以防止錯誤
- 保持性能所需的維修計畫
- 進駐第一年的分析頻率（至少每季度）。更新系統手冊，加入修正或新的設置，並說明修改原設計的原因。

選項 2 外殼結構功能驗證（2 分）

滿足 EA 先決條件：基本功能驗證和校驗（Fundamental Commissioning and Verification）中的各項要求，它們不僅使用機械和電氣系統和配件還適用於建築的傳熱外殼結構。

按照 ASHRAE 指導方針 0–2005 和國家建築科學研究所（NIBS）指導方針 3–2012“外部圍護結構的功能驗證過程技術要求”，對建築的熱力外殼結構完成下面的功能驗證過程（CxP）活動，它們與能源、水、室內環境品質及耐久性相關。

功能驗證機構必須完成以下任務：

- 審查承包商遞交的文件。
- 驗證施工文件中包括系統手冊要求。
- 驗證施工文件中包含物業營運商和住戶培訓要求。
- 驗證系統手冊的更新與交付。
- 驗證物業營運商和住戶培訓交付和有效性。
- 驗證季節測試。
- 在專案實質性完成之後 10 個月審查建築營運。
- 制定持續的功能驗證計畫。

僅限資料中心專案

選擇選項 1 的專案必須完成下面的功能驗證過程：

A. 對於專案高峰值冷卻負載低於 2,000,000 Btu/h（600 kW）或電腦房高峰值總冷卻負載低於 600,000 Btu/h（175 kW）的小型專案，CxA 必須執行以下活動：

- 在編寫施工中期文件之前，對業主的專案要求、設計基礎和設計文件至少進行一次功能驗證驗證審核
- 檢驗所有後續設計遞交材料中提出的審核意見
- 在設計文件和設計基礎完成 95% 時進行額外的全面驗證審核

B. 對於專案高峰值製冷負載為 2,000,000 Btu/h（600 kW）以上或電腦房高峰值總冷卻負載為 600,000 Btu/h（175 kW）以上的專案，CxA 必須對設計基礎進行至少三次驗證審核：

- 開始設計開發階段（擴大初步設計階段）之前進行一次設計文件驗證審核
- 編寫施工中期文件之前進行一次設計文件驗證審核
- 設計文件完成 100% 時進行一次最終驗證審核，用於驗證達到業主的專案要求以及對先前審核意見的評判

EA 得分項目：能源效率優化
（EA CREDIT:OPTIMIZE ENERGY PERFORMANCE）

建築設計與施工 BD&C 1-20 分

該得分項目適用於

- 新建建築 New Construction（1-18 分）
- 核心與外殼 Core & Shell（1-18 分）
- 學校 School（1-16 分）
- 零售 Retail（1-18 分）
- 資料中心 Data centers（1-18 分）
- 倉儲和配送中心 Warehouses and Distribution Centers（1-18 分）
- 旅館接待 Hospitality（1-18 分）
- 醫療保健 Healthcare（1-20分）

目的

實現比先決條件要求更高的節能等級，以減少因能源過量使用所引發的環境和經濟危害。

要求

新建建築、核心與外殼、學校、零售、倉儲和配送中心、旅館接待、醫療保健

在方案設計期間或之前建立節能目標。建立的目標必須以能耗的每平方英尺年 kBtu（每平方公尺年 kW）為單位。

選項 1 建築整體的能耗模擬（學校為 1–16 分，醫療保康為 1–20，除此之外為 1–18 分）在設計階段分析效率措施有助於設計決策的制定。利用各種節能的可能性、相似建築以往的能耗模擬，或從相似建築的分析中獲得的公開資料（例如：高階能源設計指南）來進行能耗類比。

分析節能措施，重點放在降低負載和適合該設施的暖通空調相關策略（採用被動措施）。所有與受影響各系統相關的潛在節能方面和對專案整體成本影響。

在進行能耗模擬之前，計畫獲得“整合過程”（Integrative Process）得分項目的專案團隊必須完成對該得分點所要求的基本能源分析。

按照 EA 先決條件：最低能源表現（Minimum Energy Performance）中的標準來闡明擬建建築的性能等級高於基準的百分比。表列如下：

表 1 節能率及其分數

新建建築	重大改造	核心和外殼	分數（除學校和醫療保健之外）	分數（醫療保健）	分數（學校）
6%	4%	3%	1	3	1
8%	6%	5%	2	4	2
10%	8%	7%	3	5	3
12%	10%	9%	4	6	4
14%	12%	11%	5	7	5
16%	14%	13%	6	8	6
18%	16%	15%	7	9	7
20%	18%	17%	8	10	8
22%	20%	19%	9	11	9
24%	22%	21%	10	12	10
26%	24%	23%	11	13	11
29%	27%	26%	12	14	12
32%	30%	29%	13	15	13
35%	33%	32%	14	16	14
38%	36%	35%	15	17	15
42%	40%	39%	16	18	16
46%	44%	43%	17	19	-
50%	48%	47%	18	20	-

僅限零售專案

對於所有的作業負載，確定一個明確的基準以便與擬建專案的提高改進作比較。附錄 A-3 表 4 中的基準代表行業標準，無需額外提供證明文件即可使用。按照以下方式計算基準值和設計：

- 電器和設備：對於附錄 A-3 表 1 中未涵蓋的電器和設備，說明擬採用和預算中相同的設備每小時能耗，以及預估的每天使用時數。在能耗類比模型中使用預估的電器 / 設備總能耗作為插座負荷。減少使用時間（使用日程計畫更改）在本得分項目中不是能源改善的範疇。“能源之星”（ENERGY STAR）等級和評估是執行該計算的有效依據。
- 展示照明：對於展示照明，根據 ANSI/ASHRAE/IESNA 標準 90.1–2010，（帶勘誤表）（對於美國以外的專案來說，為 USGBC 認可的等效標準）使用確定照明功率容限的逐個空間方法，來確定同時適合一般建築空間和展示照明的基準。
- 製冷：對於硬接線的製冷負荷，透過為製冷設備而設計的電腦程式來對節能效果進行建模。

選項 2 滿足預定規範：ASHRAE 高階能源設計指南（1–6 分）

為了符合選項 2 的要求，專案必須滿足 EA 先決條件：最低能源表現（Minimum Energy Performance）中的選項 2。

專案實施並記錄其在相應氣候區和 ASHRAE 50% 高階能源設計指南的第 4 章“設計策略和建議（按氣候區）”中的適用建議和標準。美國以外的專案可以參考 ASHRAE/ASHRAE/IESNA 標準 90.1-2010 附錄 B 和 D 來確定合適的氣候區。

適用於中小型辦公建築的 ASHRAE 50% 高階能源設計指南

- 建築外殼結構，不透明：屋面、牆壁、地板、板材、門和連續隔氣層（1 分）
- 建築外殼結構，玻璃：垂直開窗（1 分）
- 室內照明，包括自然採光和室內面層（1 分）
- 室外照明（1 分）
- 用電負載，包括設備和控制裝置（1 分）

適用於中型到大型箱體零售建築的 ASHRAE 50% 高階能源設計指南（ASHRAE 50% Advanced Energy Design Guide for Medium to Large Box Retail Buildings）

- 建築外殼結構，不透明：屋面、牆壁、地板、板材、門和前庭（1 分）
- 建築外殼結構，玻璃：開窗－全方位（1 分）
- 室內照明，不包括銷售樓層的照明功率密度（1 分）
- 銷售樓層的附加室內照明（1 分）
- 室外照明（1 分）
- 用電負載，包括設備選擇和控制裝置（1 分）

適用於 K–12 學校建築的 ASHRAE 50% 高階能源設計指南（ASHRAE 50% Advanced Energy Design Guide for K–12 School Buildings）

- 建築外殼結構，不透明：屋面、牆壁、地板、板材和門（1 分）
- 建築外殼結構，玻璃：垂直開窗（1 分）
- 室內照明，包括自然採光和室內面層（1 分）
- 室外照明（1 分）
- 用電負載，包括設備選擇、控制裝置和廚房設備（1 分）

適用於大型醫院的 ASHRAE 50% 高階能源設計指南（ASHRAE 50% Advanced Energy Design Guide for La rge Hospitals）

- 建築外殼結構，不透明：屋面、牆壁、地板、板材、門、前庭和連續空氣屏障（1 分）
- 建築外殼結構，玻璃：垂直開窗（1 分）
- 室內照明，包括自然採光和室內面層（1 分）
- 室外照明（1 分）
- 用電負載，包括設備選擇、控制裝置和廚房設備（1 分）

僅限零售專案

滿足選項 2 的要求，且專案所有作業設備總能耗的 90% 都符合附錄 A-3 表 1 中的規範性指標。

資料中心

建築整體的能耗模擬

能效分析專注於 IT 負載的降低和暖通空調相關策略的措施（供風端節能器、熱過道－冷過道等）。預測所有受影響系統的潛在節能機會和成本影響。

按照 EA 先決條件：最低能源表現（Minimum Energy Performance）中的標準來展示建議的性能等級高於基準的百分比。

根據建築和 IT 兩方面所節約的能源成本來確定總體節能百分比。

EA 得分項目：進階能源計量（ADVANCED ENERGY METERING）

建築設計與施工 BD&C 1 分

該得分項目適用於

- 新建建築 New Construction（1 分）
- 核心與外殼 Core & Shell（1 分）
- 學校 School（1 分）
- 零售 Retail（1 分）
- 資料中心 Data centers（1 分）
- 倉儲和配送中心 Warehouses and Distribution Centers（1 分）
- 旅館接待 Hospitality（1 分）
- 醫療保健 Healthcare（1 分）

目的

透過追蹤建築級以及系統級的能耗來進行能源管理並發現和確認更多節能機會。

要求

新建建築、學校、零售、資料中心、倉儲和配送中心、旅館接待、醫療保健

必須為以下各項安裝高階能源計量裝置：

- 供整棟建築所使用的所有能源類型
- 任何占建築年度總能耗 10% 以上的單獨設備能耗。
- 進階能源計量必須具有以下特性：

  ① 計量表必須永久性安裝，按照每小時或更短時間的間隔來記錄，並將資料傳輸到遠端位置（例如：監測螢幕）。

  ② 電錶必須記錄消耗量和需求量，建築的總電錶應記錄功率因數。

  ③ 資料收集系統必須使用智慧電網、建築自動化系統、無線網路或類似的通信基礎設施。

  ④ 系統必須能夠保存至少 36 個月的所有儀錶資料。

  ⑤ 必須能夠遠端存取資料。

  ⑥ 系統中的所有儀錶都必須能夠每小時、每天、每月進行報告，以及報告年度能耗。

核心與外殼

為將來的承租空間安裝儀錶，以使承租戶能夠獨立地計量其空間專用的所有系統的能耗（電、冷卻水等）。提供足夠數量的儀錶以獲取承租戶總能耗，每層每種能源類型至少安裝一個儀錶。

為建築所使用的所有基礎能源安裝高階能源計量裝置。

進階能源計量必須具有以下特性：

- 計量表必須永久性安裝，按照每小時或更短時間的間隔來記錄，並將資料傳輸到遠端位置。
- 電錶必須記錄消耗量和需求量。若適合，建築的總電錶應記錄功率因數。
- 資料收集系統必須使用本地局域網、建築自動化系統、無線網路或類似的通信基礎設施。
- 系統必須能夠保存至少 36 個月的所有儀錶資料。
- 必須能夠遠端存取資料。
- 系統中的所有儀錶都必須能夠每小時、每天、每月進行報告，以及報告年度能耗。

EA 得分項目：需求回應（DEMAND RESPONSE）

建築設計與施工 BD&C 1-2 分

該得分項目適用於

- 新建建築 New Construction（1-2 分）
- 核心與外殼 Core & Shell（1-2 分）
- 學校 School（1-2 分）
- 零售 Retail（1-2 分）
- 資料中心 Data centers（1-2 分）
- 倉儲和配送中心 Warehouses and Distribution Centers（1-2 分）
- 旅館接待 Hospitality（1-2 分）
- 醫療保健 Healthcare（1-2 分）

目的

更多參與可使能源產生和分配系統更高效、增加電網可靠性、減少溫室氣體排放量的需求回應技術和計畫。

要求

新建建築、核心與外殼、學校、零售、資料中心、倉儲和配送中心、旅館接待、醫療保健

設計建築和設備以透過負載減低或轉移參與需求回應計畫。基地內發電不符合本得分項目的目的。

情況 1 有現成的需求回應計畫可用（2 分）

- 參與既有需求回應（DR）計畫並完成以下活動。基於 DR 計畫的對外啟動，設計一個具有即時、全自動 DR 功能的系統。可在實際營運中利用半自動化的 DR。
- 針對至少 10% 的尖峰電力用量，與符合要求的 DR 計畫提供機構簽署至少一年的 DR 參與合約並計畫續約多年。尖峰值需求按照 EA 先決條件：最低能源表現（Minimum Energy Performance）確定。
- 在需求因應活動期間，制訂全面符合合約內容的計畫。
- 功能驗證機構的工作範圍中包括 DR 過程，其中包括參與至少一項完整的 DR 計畫測試。

情況 2 無需求回應計畫可用（1 分）

提供基礎設施以利用將來的需求回應計畫或動態的即時定價計畫，並完成以下活動。

- 安裝具備能與自動化系統配合並交換資料通訊的間隔記錄儀錶，以便接受外部價格或控制信號。
- 制定全面計畫以減少至少 10% 的建築預計尖峰電力需求。尖峰值需求按照 EA 先決條件：最低能源表現（Minimum Energy Performance）確定。
- 功能驗證機構的工作範圍中包括 DR 過程，其中包括參與至少一項完整的 DR 計畫測試。
- 聯繫當地公用事業公司代表，與其討論未來 DR 計畫的參與事宜。

EA 得分項目：可再生能源生產（RENEWABLE ENERGY PRODUCTION）

建築設計與施工 BD&C 1-3 分

該得分項目適用於

- 新建建築 New Construction（1-3 分）
- 核心與外殼 Core & Shell（1-3 分）
- 學校 School（1-3 分）
- 零售 Retail（1-3 分）
- 資料中心 Data centers（1-3 分）
- 倉儲和配送中心 Warehouses and Distribution Centers（1-3 分）
- 旅館接待 Hospitality（1-3 分）
- 醫療保健 Healthcare（1-3 分）

目的

增加可再生能源的自給，減少與化石燃料能源相關的環境和經濟危害。

要求

新建建築、核心與外殼、學校、零售、資料中心、倉儲和配送中心、旅館接待、醫療保健

使用可再生能源系統以減少建築的能源費用。按照以下公式計算可再生能源的百分比：

$$\text{可再生能源百分比} = \frac{\text{可再生能源系統產生的可用資源的費用}}{\text{整建築年度總能源費用}}$$

使用在 EA 先決條件：最低能源表現（Minimum Energy Performance）中計算的建築年度能源費用（若項目爭取選項 1）；否則使用美國能源部商業建築能耗調查（CBECS）資料庫來預估能耗和費用。

如果滿足以下兩個要求，則允許使用太陽能園區或社區的可再生能源系統。

- 專案擁有該系統，或者簽署了至少為期 10 年的租賃協定。
- 該系統與要使用它的設施位於同一個公共事業公司的服務區域內。得分項目基於所有權的百分比或者租賃協定中分配的用量百分比。根據表 1 獲得分數。

表 1　可再生能源的分數

可再生能源百分比	分數（除 CS 之外）	分數（CA）
1%	1	1
3%	–	2
5%	2	3
10	3	–

EA 得分項目：進階冷媒管理（ENHANCED REFRIGERANT MANAGEMENT）

建築設計與施工　BD&C　1 分

該得分項目適用於

- 新建建築 New Construction（1 分）
- 核心與外殼 Core & Shell（1 分）
- 學校 School（1 分）
- 零售 Retail（1 分）
- 資料中心 Data centers（1 分）
- 倉儲和配送中心 Warehouses and Distribution Centers（1 分）
- 旅館接待 Hospitality（1 分）
- 醫療保健 Healthcare（1 分）

目的

減少臭氧消耗並儘早遵守蒙特婁議定書，同時儘量減少對氣候改變的直接促進作用。

要求

新建建築、核心與外殼、學校、資料中心、倉儲和配送中心、旅館接待、醫療保健

選項 1 無冷媒或影響較小的冷媒（1 分）

不使用冷媒，或僅使用不會潛在破壞臭氧層（ODP）和全球變暖潛能值小於 50 的冷媒（天然或人工合成）。

選項 2 冷媒影響計算（1 分）

選擇供暖、通風、空調和製冷（HVAC&R）設備中使用的冷媒以儘量減少或消除促使臭氧消耗和氣候改變的化合物排放。所有為專案服務的新的和既有的基本建築和承租戶的 HVAC&R 設備組合都必須符合以下公式：

IP 單位 LCGWP + LCODP x 10^5 ≤ 100	SI 單位 LCGWP + LCODP x 10^5 ≤ 13
LCGWP + LCODP x 105 ≤ 100 的計算定義（IP 單位）	LCGWP + LCODP x 105 ≤ 13 的計算定義（SI 單位）
LCODP = [ODPr x (Lr x Life +Mr) x Rc]/Life	LCODP = [ODPr x (Lr x Life +Mr) x Rc]/Life
LCGWP = [GWPr x (Lr x Life +Mr) x Rc]/Life	LCGWP = [GWPr x (Lr x Life +Mr) x Rc]/Life
LCODP：生命週期中的臭氧消耗潛能值（磅 CFC 11/ 噸 - 年）	LCODP：生命週期中的臭氧消耗潛能值（千克 CFC 11/（KW/ 年））
LCGWP：生命週期中的全球變暖直接潛能值	LCGWP：生命週期中的全球變暖直接潛能值
（磅 CO2/ 噸 - 年）	（千克 CO2/KW- 年）
GWPr：冷媒的全球變暖潛能值（0 到 12,000 lb CO2/lbr）	GWPr：冷媒的全球變暖潛能值（0 到 12,000 kg CO2/kg r）
ODPr：冷媒的臭氧消耗潛能值（0 到 0.2 lb CFC 11/lbr）	ODPr：冷媒的臭氧消耗潛能值（0 到 0.2 kg CFC 11/kg r）
Lr：冷媒洩漏率（2.0%）	Lr：冷媒洩漏率（2.0%）
Mr：使用壽命結束時的冷媒損失（10%）	Mr：使用壽命結束時的冷媒損失（10%）
Rc：冷媒更換（每噸 AHRI 額定總製冷量 0.5 到 5.0 lbs 制冷劑）	Rc：冷媒更換（每千瓦 AHI 額定或 Eurovent 認證的製冷量 0.065 到 0.65 kg 冷媒）

Life：設備使用壽命 （10 年；除非另有説明，否則預設基於設備類型）	Life：設備使用壽命 （10 年；除非另有説明，否則預設基於設備類型）

對於多種類型的設備，必須使用以下公式計算所有基礎建築 HVAC&R 設備的加權平均值：

[∑ (LCGWP + LCODP x 10^5) x Qunit] / Qtota l ≤ 100 的計算定義 （IP 單位）	[∑ (LCGWP + LCODP x 10^5) x Qunit] / Qtot al ≤ 13 的計算定義 （SI 單位）
Qunit = 單個暖通空調或製冷裝置的 AHRI 額定總 製冷量（噸）	Qunit = 單個暖通空調或製冷裝置的 Eurovent 認證製冷量（KW）
Qtotal = 所有暖通空調或製冷裝置的 AHRI 額定 總製冷量	Qtotal = 所有暖通空調或製冷裝置的 Eurovent 認證總製冷量（KW）

零售 NC 專案

所有暖通空調系統滿足選項 1 或 2。使用商用製冷系統的商店必須符合以下要求：

- 僅使用不消耗臭氧層的冷媒。
- 對所選擇的設備，其蒸發器全部製冷負載的平均 HFC 冷媒補充量為每 1,000 Btu/h（每 KW 2.7 2 kg 冷媒）不超過 1.75 磅。
- 證明商店內部的預計年冷媒排放率不超過 15%。在安裝時使用 GreenChill 密封性最佳實踐指南 中的程式進行洩漏測試。

另外，使用商用製冷系統的商店需提供證據以證明商店已通過了 EPA GreenChill 銀級商店認證。

EA 得分項目：綠色電力和碳補償（GREEN POWER AND CARBON OFFSETS）

建築設計與施工 BD&C 1-2 分

該得分項目適用於

- 新建建築 New Construction（1-2 分）
- 核心與外殼 Core & Shell（1-2 分）
- 學校 School（1-2 分）
- 零售 Retail（1-2 分）
- 資料中心 Data centers（1-2 分）
- 倉儲和配送中心 Warehouses and Distribution Centers（1-2 分）
- 旅館接待 Hospitality（1-2 分）
- 醫療保健 Healthcare（1-2 分）

目的

鼓勵透過使用電網可再生能源技術和碳減排專案來減少溫室氣體排放。

要求

新建建築、核心與外殼、學校、零售、資料中心、倉儲和配送中心、旅館接待、醫療保健

針對自 2005 年 1 月 1 日起生效的資源簽署合約，合約至少為期 5 年，至少要每年提交一次數據。合約必須指定透過綠色電力、碳補償或可再生能源認證（REC）提供 50% 或 100% 的專案用電力。

綠色電力和 REC 必須通過 Green-e 能源認證或類似認證。REC 只能用於減輕電力使用的影響。

碳補償可用於在一公噸二氧化碳當量的基礎上減輕排放，並且必須通過 Green-e 氣候認證或類似認證。

對於美國專案，補償必須來自美國的溫室氣體減排專案。而且是根據能耗量，而不是成本來確定綠色電力或補償的百分比。根據表 1 獲得分數。

表 1　來自綠色電力或碳補償的能源分數

綠色電力，REC 或補償解決的全部能源的百分比	分數
50%	1
100%	2

使用在 EA 先決條件：最低能源表現（Minimum Energy Performance）中計算的專案年度能耗（若專案爭 取選項 1）；否則使用美國能源部商業建築能耗調查（CBECS）資料庫來預估能耗。

僅限核心與外殼專案

核心與外殼（Core & Shell）建築的能源定義為“建築業主和經理協會”（BOMA）標準定義的面積不小於專案建築面積 15% 的核心與外殼（Core & Shell）樓層區域的能耗。

模擬試題

(　　) 1. 基本功能驗證是評估體系中“能源與大氣”類的先決條件之一。在設計階段的最後，要求一家功能驗證機構應該介入。這家機構應該具備怎樣的資格？

A. 該機構是負責工程設計和建造的公司的雇員

B. 功能驗證機構必須具有對一個類似的建築進行功能驗證的經驗

C. 該機構是該工程的承包商團隊的雇員

D. 該機構必須是業主的雇員

E. 功能驗證機構必須具有對兩個類似的建築進行功能驗證的經驗

(　　) 2. 為了滿足評估體系中“能源與大氣”類的最低能源消耗先決條件，一項工程可以採取三種方法來顯示其符合要求。下列哪一項不是可接受的方法？

A. 符合 ASHRAE 50% 先進節能設計指南規定

B. 符合 ASHARE 標準 62.1-2010 規定

C. 符合先進建築核心能效指南規定

D. 全建築能耗模擬

(　　) 3. 為了滿足評估體系中“能源與大氣”類的最低能源消耗先決條件，方法之一是滿足先進建築核心能效指南要求。然而一些建築類型不適用這一方法，下列哪些類型不適用？（選三項）

A. 醫療機構

B. 實驗室

C. 倉庫

D. 零售店

E. 資料中心

(　　) 4. 建築整體能源計量是評估體系中“能源與大氣”類的先決條件之一。坐落在辦公園區的一棟辦公建築的冷卻水為集中供應，由園區管理公司經營與管理。該建築向管理公司支付一筆固定的冷卻水費用，其費用已包括在租賃合約中。建築裡沒有安裝水錶來記錄實際用水消耗量。下列敘述哪一項是正確的？

A. 在這一案例裡，對冷卻水用水量的監控不是強制要求
B. 每一個服務點都應該安裝水錶，並且每月記錄一次
C. 每一個服務點都應該安裝水錶，並且每季度記錄一次
D. 建築整體能源計量僅適用於與電力消耗

(　　) 5. 一棟建築裡安裝了小型暖通空調設備，設備中含有 0.4 磅（181 克）氯氟化氫冷媒。下列哪一項敘述正確？

A. 這一空調設備可以在建築內保留
B. 氯氟化氫冷媒的年排放量應少於 5%
C. 需要作出承諾淘汰氯氟化氫冷媒，制定嚴格的時間表，在 LEED 工程完工後五年內兌現承諾
D. 冷媒應該換成天然成分

(　　) 6. 對一項工程進行增強功能驗證的機構所需要具備的資格與對工程進行一般功能驗證的機構所需要具備的不同。下列哪一家機構不符合進行增強功能驗證的機構的要求？（選兩項）

A. 工程施工團隊公司的雇員
B. 業主的雇員
C. 設計團隊的無相關利益分包商
D. 工程設計團隊公司的雇員
E. 獨立顧問

(　　) 7. 關於進行增強功能驗證，下列哪一項敘述錯誤？（選兩項）

A. 專案完工八個月後進行回訪檢查
B. 驗證月度測試
C. 制定持續功能驗證計畫
D. 驗證施工文件中包括系統手冊要求
E. 驗證系統手冊更新和交付

(　　) 8. 在一項大型翻新工程中，應該在什麼時候替換掉氯氟化氫冷媒或將其換新以獲得評估體系中“增強冷媒管理”得分項目？

A. 入住一年後

B. 工程結束後一年

C. 入住三年內

D. 工程結束前

(　　) 9. 下列哪一種冷媒對全球變暖的危害最小？

A. 氨

B. 氫氟烴 -134a

C. 氫氯氟碳化物 -22

D. 甲烷

(　　) 10. 在應用全建築能耗模擬之後，一項新的零售店工程設計方案的建築性能評分與基準能耗相比顯示出了 18% 的改進。在評估體系的能源效率優化得分項目中這一工程能獲得多少分？

A. 2 分

B. 6 分

C. 7 分

D. 9 分

(　　) 11. 在應用全建築能耗模擬之後，一項新的醫療建築工程與基準相比，在建築性能評分方面顯示出了 18% 的改進。在評估體系的優化能耗性能加分項中這一工程能獲得多少分？

A. 2 分

B. 6 分

C. 7 分

D. 9 分

(　　) 12. 在進行基本功能驗證時，需要準備和及時更新現有的設施要求、施工和維護計畫。下列哪一項不是必須包含在計畫中的？

A. 設置建築中的照明水準

B. 建築入住時間表

C. 暖通空調系統預設溫度

D. 設備維護團隊培訓計畫

(　　) 13. 對於一項小規模工程（20,000平方英尺或1860平方公尺以下），下列哪一方可以獲得額外資格以成為專案的功能驗證機構？

A. 受聘於業主符合要求的雇員

B. 獨立顧問

C. 不負責該項工程設計或施工的施工公司的雇員

D. 施工團隊中符合要求的成員

(　　) 14. 為了符合評估體系中"能源與大氣"類先決條件基本功能驗證一項，下列哪一個系統必須被包含在業主專案要求中？

A. 交流和資料系統

B. 逃生系統

C. 火災保護和警報系統

D. 建築外殼結構

(　　) 15. 工程設計團隊打算在早期設計階段採用全建築能耗模擬來估算並改進能源性能，透過這一方法他們希望在能源效率優化得分項目獲得加分。下列哪些敘述不正確？（選兩項）

A. 在整個設計過程中，不斷為建築模型增加細節以反映出可能影響其他系統能源效率的設計變化

B. 工程團隊必須對不同的節能措施進行分析

C. 可再生能源系統不能在此得分項目中得分

D. 對比設計模型與基準模型在能源使用密度之間的差異，而非成本節約之間的差異

E. 在設計早期階段分析不同的暖通空調系統的能效

( ) 16. 評估體系中“進階能源計量”得分項目要求為整棟建築使用的能源來源都要安裝計量表。下列哪一項關於“進階能源計量”的要求不正確？（選兩項）

A. 資料收集系統必須使用區域網路、建築自動化系統、無線網路或類似的通信基礎設施

B. 電錶需要同時記錄消耗量和需求量

C. 系統必須能夠存儲至少 24 個月的所有讀數

D. 計量表必須永久安裝，以每小時或更短時間的間隔記錄，並把資料傳送給一個遠端系統

E. 需要為整棟建築年能耗 20% 及以上的能源終端安裝計量表

( ) 17. 一項工程參與了一個已有的能源需求回應計畫，下列哪一項關於能源需求回應的要求是錯誤的？

A. 在一個能源需求回應事件中，建築商或住戶需要手動關掉終端系統

B. 這一能源需求回應系統應該能夠在尖峰時期減少至少 10% 的電力需求

C. 註冊參與至少一年的能源需求相應計畫

D. 設計一套帶有即時、自動控制計算程式的能源需求回應系統

( ) 18. 一項新建建築專案計畫參加社區性可再生能源發電方案，並希望在該體系中的“可再生能源生產”得分項目獲得三分。下列哪一項敘述不正確？（選兩項）

A. 評分是基於使用可再生能源系統生產的可用能源與該建築全年能耗的比值，這一比例應不低於 10%

B. 得多少分是基於能源購買協議中註明的購買量

C. 評分是基於使用可再生能源系統生產可用能源的成本與該建築全年能耗成本的之百分比，這一比例應不低於 5%

D. 這一系統應該位於此建築專案所申報的系統使用區域

E. 這項工程應該簽署一份不少於十年的能源購買協定

(　) 19. 下列哪一項不是實現“增強冷媒管理”得分項的正確方法？

A. 不使用任何冷媒

B. 避免使用冷媒消耗量大的設備，如多個小型製冷系統

C. 只使用天然冷媒，對臭氧層潛在損害係數為 0

D. 在入住五年內淘汰氟氯碳冷媒

(　) 20. 一項工程簽署了一份綠色電力契約來抵消碳排放量，下列哪些敘述不正確？（選兩項）

A. 綠色電力應該經過綠色能源或相同資格的機構認定

B. 抵消量必須來自美國國內的溫室氣體排放縮減計畫

C. 綠色電力應該在 2005 年 1 月 1 日開始上線，至少持續五年

D. 綠色電力可以用來抵消專案年度能耗的所有能源類型

(　) 21. 工程設計團隊計畫在中庭設計天窗以向建築中引入自然光。天窗還包括一層光電層以提供建築的電力需求。下列哪一項能夠說明工程獲得評估體系中“綠色電力和碳抵消”得分項目分數？

A. 工程中使用的節能策略

B. 專案安裝的光電發電系統

C. 購買應該綠色電力認證的電能

D. 天窗設計

(　) 22. 一棟新的辦公建築正處在先期設計階段，設計團隊想要使用全建築能耗建模工具來幫助形成設計解決方案。下列哪一項敘述正確？

A. 建築能耗比較能夠追蹤記錄建築未來將使用的能耗

B. 採用能耗建模技術比採用滿足合規路徑更容易

C. 全建築能耗模擬有利於“整合過程”的實現

D. 要獲得評估體系中“最小能耗”先決條件，必須採用全建築能耗模擬

(　　) 23. 評估體系中“能源和大氣”的先決條件基本功能驗證的目標是說明建築中的設備高效運轉以滿足設計目的和業主需求。下列哪些設備不包含在基本功能驗證先決條件中？（選兩項）

A. 家用熱水管道系統

B. 建築外殼結構

C. 可再生能源系統

D. 火災保護系統

E. 暖通空調和製冷設備及其控制

(　　) 24. 在專案時間表上，制訂設計任務書的合適時間是何時？

A. 從方案設計階段

B. 在先期設計階段

C. 在方案設計階段末尾

D. 在創建功能驗證報告的同時

(　　) 25. 下述提供了每個終端用途年度所消耗的能量占總能耗的比例，根據能源與大氣：進階能源計量，下列必須要計量的是：

- 照明　　24%
- 空間供暖　16%
- 熱水供應　 8%
- 空間製冷　19%

A. 照明、空間供暖、熱水供應

B. 照明、熱水供應、空間製冷

C. 空間供暖、熱水供應、空間製冷

D. 照明、空間供暖、空間製冷

(　　) 26. 檢查業主專案要求、設計基礎要求及設計文件非常重要，因為這樣可以保證設計基礎要求反映了業主專案要求，同時為了保證設計文件反映了設計基礎要求和業主專案要求。根據“能源與大氣”的先決條件基本功能驗證條款，檢查應該在不晚於什麼時間內進行？

A. 施工之前
B. 先期設計階段
C. 設計階段末尾
D. 設計階段中期

(　　) 27. 在功能驗證啟動會上，功能驗證機構必須與專案各方討論除了下列哪個之外的專案要求？

A. 系統操作員培訓計畫
B. 團隊會議
C. 功能性能測試
D. 施工檢查清單

(　　) 28. 根據“能源和大氣”先決條件基本功能驗證條款，運行前檢查是功能驗證中最重要的一個步驟。下列哪一項不包含在運行前檢查中？

A. 檢查施工清單
B. 實地參觀
C. 現場觀察
D. 制訂功能測試流程

(　　) 29. 功能驗證機構在工程現場進行功能測試，這項工程有 30 個同樣規格的空氣處理裝置。如果功能驗證機構決定對這些空氣處理裝置進行抽查，為了符合“能源和大氣”先決條件基本功能驗證條款，最少有多少個需要被抽查？

A. 1
B. 3
C. 5
D. 10

(　　) 30. 在功能驗證實踐中，在設計檢查時功能驗證機構可能會在設計文件中發現問題。問題日誌可以用來把這些問題反映給設計團隊。下列哪一項資訊不包括在問題日誌中？

A. 描述問題，但不明確指出相關的圖紙編號或頁碼

B. 問題評論

C. 問題應對

D. 檢查日期

(　　) 31. 一項 LEED 工程已經簽署協定承諾與美國綠色建築委員會共用五年的能耗資料。然而在經過認證後三年，該工程被賣給了新業主。這一協議該如何處置？

A. 這一協議可以終止

B. 這一協議與業主綁定在一起，應該由業主的其他工程彌補協定中剩下的兩年

C. 原業主應該與新業主簽訂資料共用協定，該工程可以在剩餘兩年內繼續與美國綠色建築委員會共用這些資料

D. 這一協定與工程綁定在一起，應該繼續執行直到五年期滿

(　　) 32. 對於"能源與大氣"的先決條件之一建築整體能源計量條款，下列哪一種能源不要求被計量？

A. 專案場地內的光電發電

B. 生物燃料

C. 天然氣

D. 地區熱水供應

(　　) 33. 一項工程與區域熱水供應源相連，該公司在建築中安裝了讀數表來監督該建築的熱水消耗量。然而這個讀數表安裝在上游系統，工程團隊幾乎無法讀取資料。工程團隊應該採取哪些措施來使其符合"能源與大氣"的先決條件之一建築整體能源計量條款？

A. 在公司安裝的讀數表的上游系統，私自安裝一個讀數表監督公司安裝的讀數表是否準確

B. 要求公司把讀數表轉移到工程現場

C. 根據住戶數量合理估計熱水用量

D. 透過能源公司發來的帳單追蹤熱水用量

( ) 34. 未在業主專案要求（OPR）中指明的是下列哪幾項？（選兩項）

A. 工程的預算

B. 業主對能耗和永續性的總體目標

C. 系統設計所遵循的規範和標準

D. 用來預測能耗的能耗類比軟體

E. 運行和維護要求

( ) 35. 一個資料中心使用不斷電供應系統進行電力轉換，那麼適合安裝電錶的位置在哪裡？

A. 不斷電供應系統系統的上游

B. 沒有限制

C. 供電公司安裝的電錶的上游

D. 不斷電供應系統系統的下游

( ) 36. 對於一項重大翻新工程，原建築沒有建築整體能源計量表。翻新之後，該建築將會和當地的熱水供應網路相連接已實現熱水供應，還會使用天然氣代替燃煤。這棟建築怎樣才能滿足“能源與大氣”的先決條件之一建築整體能源計量條款？

A. 只為熱水和天然氣安裝讀數表

B. 只為熱水供應安裝讀數表

C. 這棟建築必須為所有能耗安裝讀數表，包括以前沒有度量的

D. 只為天然氣供應安裝讀數表

(　　) 37. 氟氯碳是破壞平流層臭氧的主要殺手之一，下列哪一項不是臭氧層被破壞的直接後果之一？

A. 海洋食物鏈被破壞

B. 上呼吸道疾病

C. 皮膚癌

D. 糧食產量下降

(　　) 38. 下列哪些系統不需要滿足"能源與大氣"的先決條件之一：基本冷媒管理條款？（選三項）

A. 包含 0.4 磅（181 克）冷媒的熱泵系統

B. 普通冰箱

C. 包含 0.5 磅（225 克）冷媒的小型空調系統

D. 家用小型製冷水系統

(　　) 39. 根據《蒙特婁協定》，氟氯碳什麼時候應該在非工業國家淘汰？

A. 2010

B. 2000

C. 2005

D. 1995

(　　) 40. 下列哪一項不是冷媒廢棄處置的最佳實踐？

A. 對技術員、循環利用和回收的設備建立規格要求，禁止向未經過認證的技術員出售冷媒

B. 把含有氟氯碳的部件和電子垃圾送往相同的垃圾處理管道

C. 要求檢修或處置空調和製冷設備的工人向美國環保局（或其他有權管理美國之外的工程的機構）確認他們已經安裝迴圈利用或回收設備

D. 禁止個人在處置暖通空調系統時有意向大氣中排放氟氯碳

(　　) 41. 對於一個區域能源系統，除了使用不含氟氯碳的上游系統，另一個選擇是簽署淘汰氟氯碳承諾書。從 LEED 工程完工算起，允許淘汰氟氯碳的最大年限是多少？

A. 1 年

B. 3 年

C. 5 年

D. 7 年

(　　) 42. 對於一個區域能源系統，除了使用不含氟氯碳的上游系統，另一個選擇是簽署淘汰氟氯碳承諾書。在淘汰期內，以氟氯碳為基礎的冷媒的年排放量應被控制在多少？

A. 10%

B. 7%

C. 1%

D. 5%

(　　) 43. 一個工程團隊決定採用能耗監測途徑來取得“增強功能驗證”得分項目。該工程有機會獲得多少分？

A. 2 分

B. 3 分

C. 4 分

D. 至少 4 分

(　　) 44. 一個工程團隊決定採用能耗監測途徑來取得“增強功能驗證”得分項目。下列功能驗證計畫中的哪一項內容不符合“增強功能驗證”得分項目要求？

A. 培訓以預防失誤

B. 監測點和度量值的可接受門檻

C. 入住第一年進行分析的頻率至少是半年一次

D. 發現和修正系統運行中有缺失的行動計畫

(　　) 45. 在基本功能驗證過程中，設計團隊必須在承包商提交的功能驗證設備和系統被批准之前制定設計基礎要求。目的是記錄為滿足業主專案要求而做出的設計決策背後的想法和假設。設計基礎要求中應該包含下列哪些內容？（選兩項）

A. 系統設計中遵循的標準與規範

B. 員工培訓要求

C. 業主的整體目標

D. 能耗標準和假設

E. 工程預算

(　　) 46. 下列哪一項工程不太適合進行建築外殼結構功能驗證？

A. 以外殼結構熱傳導為主要暖通空調負荷的建築

B. 位於極寒氣候的建築

C. 希望透過主動節能措施來實現高能效的建築

D. 受到室外污染空氣入滲危害的建築

(　　) 47. 開發系統操作人員培訓計畫是獲得“能源與大氣”中加強功能驗證得分項目的要求之一。下列哪一項培訓要求是不正確的？

A. 進行追蹤以確保所有應該接受培訓的人員都接受了培訓

B. 決定設備製造商提供的培訓是否可以接受

C. 明確每一個系統所要求的培訓水準

D. 列出需要操作培訓的系統，但不需要明確接受培訓的人員姓名和職位

(　　) 48. 在工程完工十個月後檢查建築運行是加強功能驗證的必要步驟。下列哪些是應檢查項目？（選三項）

A. 檢查承包商遞交的文件

B. 驗證培訓

C. 檢查還未完成的功能驗證事項

D. 與住戶面談

E. 建築自動化系統、系統分表或整體建築監測儀錶所體現的建築營運趨勢

(　　) 49. 美國採暖製冷與空調工程師學會指南 0-2005 概述的系統操作人員培訓計畫不包括下列哪一項？

A. 應急指令和程式

B. 維修程式

C. 設備丟棄程式

D. 故障診斷程式

(　　) 50. 一項進行加強功能驗證的工程應該有一個持續功能驗證的計畫。計畫應該包含下列哪些項目？（選三項）

A. 確認營運人員的培訓計畫能夠使得他們解決所有系統錯誤

B. 建築營運計畫的持續記錄和更新

C. 空白的功能測試表

D. 所安裝設備的再功能驗證時間表

E. 與營運和維護人員面談

(　　) 51. 基於監測的功能驗證，能夠透過下列哪些項目來完成？（選三項）

A. 可攜帶讀數表

B. 即時分析

C. 運行狀態跟蹤記錄

D. 年度能耗帳單

E. 系統分項計量

(　　) 52. 在基於監測的功能驗證過程中，誰負責對建築中的讀數表的資料和自動控制系統資料進行即時分析？（選兩項）

A. 現場能耗經理

B. 能耗監測服務提供者

C. 總包商

D. 系統設計師

(　　) 53. 下列哪些是建築外殼結構功能驗證中常用的測試設備？（選兩項）

A. 紅外線攝影機

B. 攜帶型流量計

C. 煙霧顯示器

D. 風速計

(　　) 54. 下列哪些是符合“能源與大氣”中加強功能驗證得分項目的建築外殼結構測試專案？（選兩項）

A. 空氣入滲

B. 水平衡測試

C. 聲音入滲

D. 日光眩光控制

(　　) 55. 一棟十層高具有幕牆的建築是否適合進行鼓風機門測試以確保外殼結構的氣密性？

A. 取決於天氣狀況

B. 適合

C. 取決於測試成本

D. 不適合

(　　) 56. 在基本功能驗證過程中，功能驗證機構將參與系統功能性能測試。下列哪一項不是測試中必須的？

A. 感測器檢查

B. 設備檢查

C. 功能驗證機構親自進行運行模式測試

D. 肉眼檢查和觀察

(　　) 57. 對大型結構建築進行建築外殼結構氣密性測試的最佳方法是什麼？（選兩項）

A. 煙霧顯示試驗

B. 鼓風機門試驗

C. 熱成像

D. 基地模擬

(　　) 58. 一所學校（幼稚園至高中階段）希望獲得“能源與大氣”中的能源效率優化得分項目，當這項工程符合美國採暖製冷與空調工程師學會針對學校建築的 50% 進階能源設計指南的哪一部分才能獲得分數？（選兩項）

A. 建築外殼結構，不透明牆體

B. 能耗系統，暖通空調

C. 建築外殼結構，玻璃

D. 能耗系統，熱水器

(　　) 59. 希望獲得“能源與大氣”中的進階能源測量得分項目，安裝能耗讀數表的要求是什麼？（選兩項）

A. 計量整個建築使用的能量來源

B. 計量所有占建築全年能耗量 15% 或以上的終端使用者

C. 計量所有占建築全年能耗量 10% 或以上的終端使用者

D. 計量所有的單個插座

(　　) 60. 下列哪些設計策略有利於一項核心和外殼工程獲得“能源與大氣”中的進階能源計量得分項目？（選兩項）

A. 為未使用的承租戶空間安裝讀數表，這樣承租戶可以獨立計量自己空間裡使用的所有能耗

B. 讀數表不需要永久安裝，但至少以半個小時或更短時間的時間間隔記錄讀數

C. 資料不必具備遠端存取功能

D. 為所有的能源的使用安裝足夠的讀數表，每一層至少為一種能量安裝一個讀數表

(　　) 61. 下列關於“能源與大氣”中的進階能源計量得分項目的敘述何者正確？

A. 專案場地內的可再生能源和非可再生能源都應該被計量
B. 計量專案場地內的可再生能源發電不是強制的
C. 專案場地內外的可再生能源發電都應該被計量
D. 計量專案場地的非可再生能源發電不是強制的

(　　) 62. 一項工程施工現場有一台化石燃料發電機，它提供專案所需的5% 的年用電量。下列哪一項敘述符合“能源與大氣”中的高階能源計量得分項目？

A. 用於基地內發電的非可再生能源不需要計量
B. 只有產生的電力需要被計量
C. 投入和產出都要計量
D. 只有投入的化石燃料消耗量需要被計量

(　　) 63. 一項工程要獲得“能源與大氣”中的能源需求回應得分項目，在一個能源需求回應事件中需要降低的尖峰時期電力需求至少是多少？

A. 10%
B. 3%
C. 5%
D. 8%

(　　) 64. 能源需求回應計畫可採取哪些策略以吸引建築工程參與？（選兩項）

A. 將“能源與大氣”綠色電力和碳補償得分項目的要求降低10%
B. 按電力需求分段定價
C. 在“能源與大氣”中的需求回應得分項目中獲得三分
D. 獎勵那些在電力公司發出警示後改變用電習慣的用電戶

(　　) 65. 需求回應計畫能帶來什麼好處？（選兩項）

A. 削弱智慧電網的應用

B. 避免修建額外的發電站

C. 平衡可再生能源的貢獻

D. 鼓勵建設更多的可再生能源發電站

(　　) 66. 對於一個位於目前無需求回應計畫的地區的工程，下列哪一項是錯誤的？

A. 該工程可以安裝間隔記錄的讀數表和通信設施，使得建築自動化系統可以接受外部價格或控制信號

B. 該工程可以把需求回應過程加入功能驗證機構的工作範圍內

C. 該工程不能獲得“能源與大氣”中的需求回應得分項目

D. 該工程可以提供基礎設施以利用未來的需求回應計畫

(　　) 67. “能源與大氣”類的先決條件之一是最低能源表現。一項工程計畫進行全建築能耗模擬來支持設計。與基準建築能耗相比，一項新的施工工程需要作出多少改進？

A. 3%

B. 4%

C. 5%

D. 2%

(　　) 68. 半自動能源需求回應控制，與全自動能源需求回應控制的區別在於？

A. 能源需求回應通知被發送到專案

B. 有預程式設計的需求回應措施

C. 手動啟動預程式設計的需求回應措施

D. 操作人員人工決定哪些負載應被去掉

(　　) 69. “能源與大氣”類的先決條件之一是最低能源效率。一項工程計畫進行全建築能耗模擬來支持設計。與基準建築性能評分相比，一項重大翻新工程需要作出多少改進？

A. 5%

B. 3%

C. 2%

D. 4%

(　　) 70. 在 LEED 中，哪些是功能驗證工作的主要參考標準？（選兩項）

A. 美國採暖製冷與空調工程師學會（ASHRAE）90.1-2010

B. 英國註冊建築設備工程師協會（CIBSE）AM10-2005

C. 美國採暖製冷與空調工程師學會（ASHRAE）指南 0-2005

D. 美國採暖製冷與空調工程師學會（ASHRAE）指南 1.1-2007

E. 英國註冊建築設備工程師協會指南（CIBSE）A-2006

(　　) 71. 如果一專案有逐步淘汰氯氟烴冷媒的計畫，專案團隊應完成以下哪項任務？

A. 對成本效益進行分析

B. 在逐步淘汰氯氟烴後，使用天然冷媒

C. 確保冷卻裝置的性能係數不小於 5

D. 控制含有氯氟烴冷媒的年漏出量

(　　) 72. 一專案建築選擇功能驗證機構（CxA）監督整個專案過程。為達到基本功能驗證先決條件，對以下哪項活動不作要求？

A. 製作功能驗證報告

B. 功能驗證機構進行設計審查

C. 進行業主專案要求審查

D. 入住後系統性能審查

(　　) 73. 為達到"能源與大氣"中的綠色電力及碳補償得分項目，以下哪項是非必要條件？

A. 購買可再生能源證書（RECs）

B. 購買綠色電力（Green-e）認證的能源

C. 在專案場地內安裝光電板

D. 購買由其他場地光電板生產的能源

(　　) 74. 一新辦公大樓正在申請 LEED V4 BD+C：核心與外殼認證，其應在使用能源模型時符合哪項標準？

A. 美國採暖製冷與空調工程師協會（ASHRAE）90.1 - 2010

B. 美國採暖製冷與空調工程師協會（ASHRAE）52.2 - 2010

C. 美國採暖製冷與空調工程師協會（ASHRAE）62.1 - 2010

D. 美國採暖製冷與空調工程師協會（ASHRAE）55 - 2010

(　　) 75. 若某 LEED 專案使用以氯氟烴（CFC）為冷媒的冰箱，其淘汰計畫需在幾年內執行（假設 CFC 淘汰專案是可以回收成本的）？

A. 10

B. 4

C. 5

D. 3

答案：

1	2	3	4	5	6	7	8	9	10
E	B	ABC	B	A	AD	AB	D	A	C
11	12	13	14	15	16	17	18	19	20
D	D	D	D	CD	CE	A	AC	D	BD
21	22	23	24	25	26	27	28	29	30
C	C	BD	A	D	D	A	D	D	A
31	32	33	34	35	36	37	38	39	40
A	A	D	CD	A	C	B	ABD	A	B
41	42	43	44	45	46	47	48	49	50
C	D	D	C	AD	C	D	CDE	C	BCD
51	52	53	54	55	56	57	58	59	60
BCE	AB	AC	AD	B	C	CD	AC	AC	AD
61	62	63	64	65	66	67	68	69	70
A	C	A	BD	BC	C	C	C	B	CD
71	72	73	74	75					
D	D	C	A	C					

CHAPTER

材料與資源

（MATERIAL AND RESOURCES）

建築中實體觸摸得到的為材料本身，秉持著搖籃到搖籃的精神，不僅材料能夠有效的利用循環再生，選擇材料時也更應選擇對人體無害的健康建材，此章節說明建築材料的各種規範與標準。

7-1 學習目標

- 再利用
  - 建築再利用（例如：歷史建築再利用、翻新被遺棄或荒廢的建築）
  - 材料再利用（例如：結構構件－地板、屋頂平臺、外殼結構材料－表面、框架、永久安裝的室內元素－牆壁、門、地板覆蓋材料、天花板系統）及以公共交通為導向的開發（例如：使用火車、巴士、多模態介面）
- 生命週期影響
  - 生命週期評估（例如：量化影響、整棟建築生命週期評估、環保產品聲明（EPD）中使用的環保）
- 屬性、產品類別規則（PCR）、設計的靈活性
  - 材料屬性（例如：基於生物、木製品、回收成分含量、本地、擴大生產商責任（EPR）、耐用性）
  - 人與生態健康影響（例如：原材料採購和開採實踐、材料成分報告）
- 廢棄物
  - 建造與拆除廢棄物管理（例如：廢棄物減量、廢棄物轉化目標、可回收或再利用無害的建造和拆除廢棄物、廢棄物管理計畫）
  - 營運與持續維護（例如：廢棄物減量、存貯和收集可回收的材料－混合的紙張、瓦楞紙板、玻璃、塑膠、金屬、電池和含汞燈的安全存貯區域）
- 材料的環境問題（例如：材料來自哪裡、如何使用 / 遺棄、可能流向 / 影響哪裡）

7-2 學習重點

MR 先決條件：可回收物存儲和收集（STORAGE AND COLLECTION OF RECYCLABLES）

必要項目

BD&C

該先決條件適用於

- 新建建築 New Construction
- 核心與外殼 Core & Shell
- 學校 School
- 零售 Retail
- 資料中心 Data centers
- 倉儲和配送中心 Warehouses and Distribution Centers
- 旅館接待 Hospitality
- 醫療保健 Healthcare

目的

減少由建築住戶產生並被運送到和棄置於掩埋場的廢棄物。

要求

新建建築、核心與外殼、學校、零售、資料中心、倉儲和配送中心、旅館接待、醫療保健

提供專門的區域，可以讓廢棄物清運商和建築住戶收集和停車整棟建築的可回收材料。收集和停車區域可位於不同的地點。可回收材料必須包括混合紙、硬紙板、玻璃、塑膠和金屬。採取適當的措施安全地收集、停車和處理電池、含汞燈和電子垃圾中的兩種。

零售新建建築專案

使用一致的度量方法，進行廢棄物流研究以確定零售專案中數量最多（按照重量或體積）的 5 種可回收廢棄物流。根據廢棄物流研究，列出將要為

其提供收集和停車位的數量最多的 4 種廢棄物流。如果沒有關於專案廢棄物流的資訊，請使用類似營運的資料來進行預測。已有類似規模和功能的商店的零售商可以使用其他商店的歷史資訊。

提供專門的區域，可以讓廢棄物清運商和建築住戶分離、收集和停車至少由廢棄物研究所確定的數量最多的 4 種可回收廢棄物流的可回收材料。將收集和停車箱放在靠近可回收廢棄物來源的位置。如果數量最多的 4 種廢棄物流中包括電池、含汞燈或電子垃圾，請採取適當的措施以安全收集、停車和處理。

MR 先決條件：營建和拆建廢棄物管理計畫（CONSTRUCTION AND DEMOLITION WAST E MANAGEMENT PLANNING）

必要項目

BD&C

該先決條件適用於

- 新建建築 New Construction
- 核心與外殼 Core & Shell
- 學校 School
- 零售 Retail
- 資料中心 Data centers
- 倉儲和配送中心 Warehouses and Distribution Centers
- 旅館接待 Hospitality
- 醫療保健 Healthcare

目的

回收、再利用材料，減少在填埋場和焚化設施中處理的營建和拆建廢棄物。

要求

新建建築、核心與外殼、學校、零售、資料中心、倉儲和配送中心、旅館接待、醫療保健

制訂和執行營建和拆建廢棄物管理計畫：

- 確定至少 5 種將要進行轉化的材料（建築和非建築材料），建立專案的廢棄物轉化目標。預估這些材料占整體專案廢棄物的百分比。
- 指定是否要分離或混合材料，並說明為專案所規劃的轉化策略。說明材料將要被送往何處，以及回收設施如何處理這些材料。

提供最終報告，詳細說明產生的所有主要的廢棄物流，包括處理和轉化率。

替代日常封蓋物（ADC）不能作為可轉化而免於掩埋的材料。場地清理產生的碎片不被視作可進行廢棄物轉化的營建、拆建或改造廢棄物。

MR 先決條件：PBT 來源減量－汞（PBT SOURCE REDUCTION － MERCURY）

必要項目

BD&C

該先決條件適用於：醫療保健

目的

透過產品替代、獲取和回收減少含汞產品和設備以及汞釋放。

要求

醫療保健

作為專案回收收集系統的一部分，需要完成以下項目：

- 需要收集的含汞產品和設備的類型
- 管理回收計畫中處理這些產品和設備所依據的標準
- 收集到的汞的處置方法

適用的含汞產品和設備包括但不限於燈（例如，直線和環形螢光燈、整體鎮流和非整體鎮流緊湊型螢光燈和 HID）和牙科廢棄物（例如，汞合金廢料、椅邊繫帶和分離器廢棄物）。

在提供牙醫服務的設施中，指定並安裝符合或超過 ISO-11143 標準的汞合金分離裝置。

符合下面概括的《2010 FGI 醫療保健設施的設計和施工指南》，第 A1.3-4b 節“汞去除”中的汞去除相關要求。

- 4.2.1.1. 新建建築：醫療保健設施不能使用含汞設備，包括自動調溫器、開關裝置和其他建築系統來源。燈排除在外。
- 4.2.1.2. 改造：醫療保健設施必須制定適當的計畫，以逐步停用含汞產品並將當前含汞燈升級為高效、低汞或無汞燈。

在專案中切勿選用或安裝預熱、T-9、T-10 或 T-12 螢光或汞蒸氣高強度放電（HID）燈。在任何室內空間中切勿選用探頭啟動型金屬鹵化物 HID 燈。

選用並安裝耗電量低於 5 瓦特的不含汞照明出口標誌。

螢光和高壓鈉燈必須符合表 1 中的指標。

表 1　燈中的最高汞含量

燈	最高含量
T-8 螢光燈，八英尺	10 mg 汞
T-8 螢光燈，四英尺	3.5 mg 汞
T-8 螢光燈，U 形彎管	6 mg 汞
T-5 螢光燈，直形	2.5 mg 汞
T-5 螢光燈，圓形	9 mg 汞
緊湊型螢光燈，非整體鎮流	3.5 mg 汞
緊湊型螢光燈，整體鎮流	3.5 mg 汞，符合能源之星（ENERGY STAR）的要求
高壓鈉燈，最高 400 瓦	10 mg 汞
高壓鈉燈，高於 400 瓦	32 mg 汞

mg = 毫克

MR 得分項目：降低建築生命週期中的影響（BUILDING LIFE-CYCLE IMPACT REDUCTION）

建築設計與施工 BD&C 2-6 分

該得分項目適用於

- 新建建築 New Construction（2-5 分）
- 核心與外殼 Core & Shell（2-6 分）
- 學校 School（2-5 分）
- 零售 Retail（2-5 分）
- 資料中心 Data centers（2-5 分）
- 倉儲和配送中心 Warehouses and Distribution Centers（2-5 分）
- 旅館接待 Hospitality（2-5 分）
- 醫療保健 Healthcare（2-51 分）

目的

鼓勵適應性再利用；優化產品和材料在環境方面的表現。

要求

新建建築、核心與外殼、學校、零售、資料中心、倉儲和配送中心、旅館接待、醫療保健

透過再利用現有的建築資源或在生命週期評估中顯示材料的減量使用，表明在專案初始決策中降低了專案對環境的影響，並達到下列選項之一。

選項 1 歷史建築再利用（BD&C 為 5 分，核心與外殼為 6 分）

維護歷史建築或歷史街區內特色建築的原有建築結構、外殼結構和室內非結構構件。本分數要求建築或歷史街區必須被收錄在當地、州或國家史跡名錄中或符合收錄條件。切勿拆毀歷史建築或歷史街區內特色建築的任何部分，除非其結構被認定為不穩固或有危險。對於當地收錄的建築，任何拆除行為都必須得到當地歷史保護審核委員會批准。對於州史跡名冊或美國國家史跡名冊（美國以外的專案為當地對應的名冊）中收錄的建築，與

州歷史保護辦公室或國家公園管理局（美國以外的專案為當地對應的機構）簽署的計劃協定中必須包含相應的批准文件。

專案基地上的歷史建築或歷史街區內特色建築的任何改建（保護、恢復或翻修）都必須按照適用的當地或國家翻修標準進行。如果建築不需要接受歷史價值審核，則專案團隊中應包括一位具備美國聯邦歷史建築師資格（美國以外的專案為當地對應的資格）的保護專家；保護專家必須確認專案符合美國內政部 關於修復歷史建築的標準（美國以外的專案為當地對應的標準）。

選項 2 翻新被遺棄或荒廢的建築（BD&C 為 5 分，核心與外殼為 6 分）

對於符合當地遺棄標準或被視為荒廢的建築，保留和維修至少 50%（按表面積計算）的既有建築結構、外殼結構和室內結構構件。建築必須翻新為適合使用的狀態。在得分項目計算中，由於惡化或損壞，可排除最多 25% 的建築表面積。

選項 3 建築和材料再利用（BD&C 為 2–4 分，核心與外殼為 2-5 分）

按照表 1 中所列的表面積百分比再利用或回收基地外或基地內的建築材料。包括結構構件（例如：地板、屋面平臺）、外殼材料（例如：外表面、框架）和永久安裝的外部構件（例如：牆壁、門、地板覆蓋材料和天花板系統）。在計算中排除窗戶部份以及在專案中修復的任何危險材料。

有助於獲得此得分項目的材料可能對取得另一個 MR 得分項目：材料公告和優化（Material Disclosure and Opti mization）沒有幫助。

表 1　建築材料再利用的分數

已完成專案再利用表面積百分比	BD&C 分數	BD&C 分數（核心與外殼）
25%	2	2
50%	3	3
75%	4	5

選項 4 建築整體生命週期評估（3 分）

對於新建建築（建築或建築的部分），對專案的結構和外殼結構進行生命週期評估，證明其相比於基準建築在下面所列的六個影響分類的至少三個中減量達到 10%，且其中一個分類必須是全球變暖潛能值。在生命週期評估中所評估的任何影響分類與基準建築相比增量都不能超過 5%。

基準建築和擬建建築必須在 EA 先決條件：最低能源表現（Minimum Energy Performance）中所定義的規模、功能、坐向、營運效能方面具有可比性。基準和擬建建築的使用年限必須相同且至少達到 60 年，以充分考慮到維護和更換。使用相同的生命週期評估軟體工具和資料集來評估基準建築和擬建建築，並報告所列出的所有影響分類的內容。資料集必須符合 ISO 14044 的要求。

從下面的影響分類中選擇至少三項進行減量：

- 全球變暖潛能值（溫室氣體），單位為 CO2e
- 平流層臭氧層消耗，單位為 CFC-11/kg
- 土地和水資源酸化，單位為莫耳 H+ 或 SO2/kg
- 藻類污染，單位為氮 /kg 或磷 /kg
- 平流層臭氧形成，單位為 NOx/kg、O3/kg 或乙烯 /kg
- 非可再生能源消耗，單位為 MJ

僅限醫療保健專案

對於本得分項目中的所有選項，在建造庭院以增加自然採光的過程中拆除的材料在計算中可被算為保留再利用材料，只要新庭院符合 EQ 得分項目：自然採光與優良視野（Daylight and Quality Views）的要求。

MR 得分項目：建築產品的分析公告和優化－產品環境宣告
（BUILDING PR ODUCT DISCLOSURE AND OPTIMIZATION – ENVIRONMENTAL PRODUCT DECLARATIONS）

建築設計與施工 BD&C 1-2 分

該得分項目適用於

- 新建建築 New Construction（1-2 分）
- 核心與外殼 Core & Shell（1-2 分）
- 學校 School（1-2 分）
- 零售 Retail（1-2 分）
- 資料中心 Data centers（1-2 分）
- 倉儲和配送中心 Warehouses and Distribution Centers（1-2 分）
- 旅館接待 Hospitality（1-2 分）
- 醫療保健 Healthcare（1-2 分）

目的

鼓勵使用提供了生命週期資訊且能在生命週期內對環境、經濟和社會具有正面影響的產品和材料。對選購已被證明能改善生命週期環境影響之產品的專案團隊進行獎勵。

要求

新建建築、核心與外殼、學校、零售、資料中心、倉儲和配送中心、旅館接待、醫療保健

實現以下一個或多個選項，最多獲得 2 分。

選項 1 產品環境宣告（EPD）（1 分）

使用至少 20 種不同可永久安裝的產品，這些產品應採購自至少 5 個不同的符合以下某一種資訊披露標準的製造商。

- 特定產品聲明。
  - 具有公開的、經過嚴格審查的生命週期評估（符合至少是“從搖籃到大門”範圍的 ISO 14 044）的產品在進行得分項目計算時按產品成本的四分之一（¼）計入。
- 符合 ISO 14025、14040、14044 和 EN 15804 或 ISO 21930 且至少是“從搖籃到大門”範圍的“產品環境宣告”（EPD）。
  - 行業範圍內的（通用）EPD－具有協力廠商認證（III 類）（包括製造商被該 EPD 計畫操作者明確視為參與者的外部驗證）的產品在得分項目計算中按產品成本的一半（½）計入。
  - 特定產品的 III 類 EPD－具有協力廠商認證（III 類）（包括製造商被 EPD 計畫操作者明確視為參與者的外部驗證）的產品在得分項目計算中按整個產品價值計入。
- 經 USGBC 批准的計畫－符合其他經 USGBC 批准的產品環境宣告框架的產品。

選項 2 多屬性優化（1 分）

對於占到專案中永久安裝的產品總價值 50%（按成本）的產品，使用符合以下條件之一的產品。產品價值計入方法如下：

- 對於經過協力廠商認證的產品（在以下至少三個對環境影響類別中的數值低於行業平均水準），在得分點計算中按成本的 100% 計入。
  - 全球變暖潛能值（溫室氣體），單位為 CO2e
  - 平流層臭氧層消耗，單位為 CFC-11/kg
  - 土地和水資源酸化，單位為莫耳 H+ 或 SO2/kg
  - 藻類污染，單位為氮 /kg 或磷 /kg
  - 平流層臭氧形成，單位為 NOx/kg、O3/kg 或乙烯 /kg；以及非可再生能源消耗，單位為 MJ
- 經 USGBC 批准的計畫－符合其他經 USGBC 批准的多屬性的產品。

在得分項目計算中，從專案基地 100 英里（160 公里）範圍內獲得（開採、製造、購買）的產品將按照基本計算成本的 200% 計入。

結構和外殼結構材料不得超過符合本分數要求的建築產品總價值的 30%。

MR 得分項目：建築產品的分析公告和優化－原材料的來源和採購

（BUILDING PRODUCT DISCLOSURE AND OPTIMIZATION － SOURCING OF RAW MATERIALS）

建築設計與施工 BD&C 1-2 分

該得分項目適用於

- 新建建築 New Construction（1-2 分）
- 核心與外殼 Core & Shell（1-2 分）
- 學校 School（1-2 分）
- 零售 Retail（1-2 分）
- 資料中心 Data centers（1-2 分）
- 倉儲和配送中心 Warehouses and Distribution Centers（1-2 分）
- 旅館接待 Hospitality（1-2 分）
- 醫療保健 Healthcare（1-2 分）

目的

鼓勵使用提供了生命週期資訊且在生命週期內對環境、經濟和社會具有正面影響的產品和材料。獎勵選用被證明以負責的方式開採或採購產品的專案團隊。

要求

新建建築、核心與外殼、學校、零售、資料中心、倉儲和配送中心、旅館接待、醫療保健

選項 1 原材料來源和開採報告（1 分）

使用至少 20 種不同可永久安裝的產品，這些產品來自至少 5 個不同的製造商，這些製造商均有來自其原材料供應商的公開發佈的報告，包括原材料供應商開採位置、對長期土地使用生態責任的承諾、對減少開採或製造過程中環境危害的承諾，以及對自願滿足涉及負責任採購準則的適用標準或計畫的承諾。

- 採購自具有自我聲明報告的製造商的產品，在得分項目計算中將按照該產品成本的二分之一來計算。
- 具有經過協力廠商認證的企業永續性報告（CSR）（包括與製造商的產品和產品供應鏈相關的開採操作和活動的環境影響）的產品在得分項目計算時將按照整個產品價值來計入。可接受的 CSR 框架包括：
  - 全球報告倡議（GRI）永續性報告
  - 跨國企業的經濟合作與開發組織（OECD）指南
  - 聯合國全球影響：進度溝通
  - ISO 26000：2010 社會責任指南
  - USGBC 批准的計畫：其他符合 CSR 標準的經過 USGBC 批准的計畫。

選項 2 領先開採實踐（1 分）

對於至少占到專案中永久安裝的建築產品總價值 25%（按成本）的產品，使用至少符合以下負責任的開採條件之一的產品。

- 擴大生產商責任：從參與或直接負責擴大生產商責任計畫的製造商（生產商）那裡採購的產品。符合擴大生產商責任標準的產品在得分項目計算時將按照成本的 50% 來計入。
- 生物基材料：生物基產品必須符合“永續農業網路”（Sustainable Agriculture Network）的“永續農業標準”（Sustainable Agriculture

Standard）。生物基原材料必須使用 ASTM 測試方法 D6866 進行測試，並且在收集時要符合出口國和進口國的法律要求。不包括獸皮產品，如皮革及其他動物皮料。符合生物基材料標準的產品在得分項目計算時將按照成本的 100% 來計入。

- 木製品：木製品必須通過森林管理委員會（Forest Stewardship Council）或 USGBC 認可的當地等效標準的認證。符合木製品標準的產品在得分項目計算時將按照成本的 100% 來計入。
  - 材料再利用：再利用包括回收利用、翻新或再利用的產品。符合材料再利用標準的產品在得分項目計算中將按照成本的 100% 來計入。
  - 回收物質含量：回收物質含量是消費後回收物質含量加上消費前回收物質含量一半的總和（基於成本）。符合回收物質含量標準的產品在得分項目計算中將按照成本的 100% 來計入。
- 經 USGBC 認證的計畫。其他經 USGBC 認證且滿足領先開採標準的計畫。

在得分項目計算中，從專案基地 100 英里（160 公里）範圍內取得（開採、製造、購買）的產品將按照基本計算成本的 200% 計入。在得分項目計算中，符合多個負責任開採標準的單個產品的基本計算成本不允許超過實際總成本的 100%（在乘以本地建材倍數之前），並且不允許重複計入符合多個負責任開採標準的單個產品元件。任何情況下，產品被計入的成本都不允許超過其實際總成本的 200%。

結構和外殼結構材料不得超過符合本分數要求的建築產品總價值的 30%。

MR 得分項目：建築產品的分析公告和優化－材料成分

（BUILDING PRODUCT DISCLO SURE AND OPTIMIZATION － MATERIAL INGREDIENTS）

建築設計與施工 BD&C 1-2 分

該得分項目適用於

- 新建建築 New Construction（1-2 分）
- 核心與外殼 Core & Shell（1-2 分）
- 學校 School（1-2 分）
- 零售 Retail（1-2 分）
- 資料中心 Data centers（1-2 分）
- 倉儲和配送中心 Warehouses and Distribution Centers（1-2 分）
- 旅館接待 Hospitality（1-2 分）
- 醫療保健 Healthcare（1-2 分）

目的

鼓勵使用提供了生命週期資訊且在生命週期內對環境、經濟和社會具有正面影響的產品和材料。獎勵專案經過驗證團隊，因其選用了以可接受的方法列出其化學成分的產品，以及選用經驗證最大程度減少了有害物質的使用和產生的產品。獎勵原材料製造商，因其所生產的產品被證明在生命週期內改善了對環境的影響。

要求

新建建築、核心與外殼、學校、零售、資料中心、倉儲和配送中心、旅館接待、醫療保健

選項 1 材料成分報告（1 分）

使用至少 20 種不同的永久安裝的產品，這些產品來自至少 5 個不同的製造商，而這些製造商使用以下任一計畫來公佈產品中的化學物質（含量占產品總量 0.1%（1000 ppm）以上）清單。

- 製造商清單。製造商按照這些原則公佈了完整的產品成分清單：
    - 包含由名稱和“化學文摘服務登記編號（CASRN）”所標識的所有成分的公開清單。
    - 被定義為商業秘密或智慧財產權的材料可以不公開名稱或 CASRN，但必須披露 GreenScreen v1.2 中規定的作用、數量和 GreenScreen 基準。
- 健康產品聲明。終端使用產品具有公開的、完整的健康產品聲明，其中根據“健康產品聲明公開標準”完整披露了已知的危險。
- 從搖籃到搖籃。終端使用產品已經通過了“從搖籃到搖籃”v2 基本等級或“從搖籃到搖籃”v3 銅級認證。
- 經 USGBC 認證的計畫。其他經過 USGBC 認證且符合材料成分報告標準的計畫。

選項 2 材料成分優化（1 分）選用通過以下途徑記錄材料成分優化的產品（他們的價值占專案永久安裝的產品總價值 25%（按成本）以 上）。

- GreenScreen v1.2 基準。完全列出化學成分（達 100 ppm）且沒有基準 1 危害的產品：
    - 如果有任何成分通過 GreenScreen List Translator 的評估，則按照原成本的 100% 將這些產品納入計算。
    - 如果所有成分都通過了完整的 GreenScreen 評估，則按照原成本的 150% 將這些產品納入計算。
- 經過“從搖籃到搖籃”的認證。終端用途產品經過“從搖籃到搖籃”的認證。產品成本計入方法如下：
    - “從搖籃到搖籃”v2 金級：原成本的 100%
    - “從搖籃到搖籃”v2 鉑金級：原成本的 150%
    - “從搖籃到搖籃”v3 銀級：原成本的 100%
    - “從搖籃到搖籃”v3 金級或鉑金級：原成本的 150%

- 國際替代合規路徑－REACH 優化：不包含 REACH 標準中的高關注度物質的終端使用產品和材料。如果產品不包含 REACH 授權或候選列表中所列出的成分，則按照原成本的 100% 納入計算。
- 經 USGBC 認證的計畫：符合經 USGGBC 批准的建築產品優化標準的產品。

選項 3 產品製造商供應鏈優化（1 分）對於合計價值至少占專案永久安裝的產品總價值 25% 的各種產品，應滿足以下要求：

- 採購自參與安全、健康、危險和風險計畫（經過驗證且可靠）的產品製造商，這些計畫記錄了用於製造建築產品或建築材料的原料中至少 99%（按重量）的成分。
- 採購本身對其供應鏈進行獨立協力廠商驗證的產品製造商，且應取得驗證資料。
- 有現成的作業流程（SOP），使得在供應鏈上根據所提供的危害、接觸和使用等資訊來公開表示化學成分並對它們排定優先順序，以確定哪些部分需要更詳細的評估。
- 有現成的作業流程來確定、記錄和說明有關化學成分的健康、安全和環境特性等資訊。
- 有現成的作業流程來執行措施以管理化學成分的健康、安全及環境危害和風險。
- 有現成的作業流程，使得在設計和改進化學成分時對健康、安全和環境等影響進行優化。
- 有現成的作業流程來溝通、接收和評估供應鏈上化學成分的安全和管理等資訊。
- 有關化學成分的安全和管理資訊在供應鏈上的所有階段都公開提供。符合選項 3 標準的產品在得分項目計算時將按照成本的 100% 來計入。

對於選項 2 和 3 的得分項目計算，從專案基地 100 英里（160 公里）範圍內獲得（開採、製造、購買）的產品將按照基本計算成本的 200% 計入。對於得分項目計算，符合選項 2 或 3 的單個產品的價值可以合併以達到 25% 的門檻，但是符合選項 2 和 3 的產品只能計入一次。結構和外殼結構材料不得超過符合本分數要求的建築產品總價值的 30%。

MR 得分項目：PBT 來源減量－汞（PBT SOURCE REDUCTION － MERCURY）

建築設計與施工 BD&C 1 分

該得分項目適用於：醫療保健

目的

減少與建築材料生命週期相關的持久、生物累積和有毒（PBT）化學物質的排放。

要求：醫療保健

選用並安裝表 1 中所列的汞含量低（MR 先決條件：PBT 來源減量－汞 [PBT Source Reduction － Mercur y]）、壽命長的螢光燈。

表 1　低汞含量燈的壽命等級標準

燈		最高含量	燈壽命（小時）
T-8	螢光燈，八英尺	10 mg 汞	標準輸出－使用瞬間啟動鎮流器時額定值為 24,000 小時（3 小時啟動） 高輸出－使用瞬間啟動鎮流器或程式啟動鎮流器時額定值為 18,000 小時（3 小時啟動）
T-8	螢光燈，四英尺	3.5 mg 汞	標準輸出和高輸出－使用瞬間啟動鎮流器時額定值為 30,000 小 時，使用程式啟動鎮流器時額定值為 36,000 小時（3 小時啟動）
T-8	螢光燈，二英尺和三英尺	3.5 mg 汞	使用瞬間啟動鎮流器或程式啟動鎮流器時額定值為 24,000 小時（3 小時啟動）

燈		最高含量	燈壽命（小時）
T-8	螢光燈，U 形彎管	6 mg 汞	使用瞬間啟動鎮流器時額定值為 18,000 小時，使用程式啟動鎮流器時額定值為 24,000 小時（3 小時啟動）
T-5	螢光燈，直形	2.5 mg 汞	標準輸出和高輸出－使用程式啟動鎮流器時額定值為 25,000 小時
T-5	螢光燈，圓形	9 mg 汞	標準輸出和高輸出－使用程式啟動鎮流器時額定值為 25,000 小時
緊湊型螢光燈，非整體鎮流		3.5 mg 汞	額定值為 12,000 小時
緊湊型螢光燈，整體鎮流，明露燈泡		3.5 mg 汞，符合能源之星（ENERGY STAR）的要求；	明露燈泡－額定值為 10,000 小時包含球形、反射型、A-19s 等型號－8,000 小時
高壓鈉燈，最高 400 瓦		10 mg 汞	使用非回收類型，或更換為 LED 燈或感應燈
高壓鈉燈，高於 400 瓦		32 mg 汞	使用非回收類型，或更換為 LED 燈或感應燈

切勿選用或安裝環形螢光燈或探頭啟動型金屬鹵化物燈。

MR 得分項目：PBT 來源減量－鉛、鎘和銅 （PBT SOURCE REDUCTION － LEAD, CADMI UM, AND COPPER）

建築設計與施工 BD&C 2 分

該得分項目適用於：醫療保健

目的

減少與建築材料生命週期相關的持久、生物累積和有毒（PBT）化學物質的排放。

要求：醫療保健

按照以下說明為使用鉛和鎘製造的材料指定替代品。

鉛

- 對於供人使用的水，指定並使用符合加州 AB1953 標準的焊料和焊劑連接水管，該標準規定焊料的含鉛量不超過 0.2%，焊劑在接液表面的加權平均含鉛量不超過 0.25%。《安全飲用水法（S DWA）》定義的“無鉛”標籤不能為此得分項目提供充分的篩選依據，因為 SDWA 將“無鉛”定義為焊料和焊劑含鉛量不超過 0.2%。
- 對於供人使用的水，指定並使用符合加州 AB1953 法律規定的接液表面加權平均含鉛量不超過 0.25% 的管道、管道配件、水管配件和水龍頭。
- 指定並使用無鉛屋面和擋雨板。
- 指定並使用含鉛量低於 300 ppm 的電線和電纜。
- 規定不使用含鉛的室內和室外塗料。
- 對於改造專案，確保按照 2002 年度國家電氣規程的要求拆除並適當處理含鉛穩定劑的斷開電線。

用於輻射遮罩的鉛和用於 MRI 遮罩的銅除外。

鎘

- 規定不使用有意添加鎘的室內和室外塗料。

銅

- 對於銅管道器具，減少或杜絕與接頭相關的銅腐蝕來源：
  - 使用機械壓接的銅接頭系統；或
  - 規定所有焊料接頭符合 ASTM B828 2002，指定並使用符合 ASTM B813 2010 的焊劑。

MR 得分項目：傢俱和醫療設備（FURNITURE AND MEDICAL FURNISHINGS）

建築設計與施工 BD&C 1-2 分

該得分項目適用於：醫療保健

目的

改善與獨立傢俱和醫療設備相關的環境和人類健康效益。

要求：醫療保健

在使用的所有獨立傢俱和醫療設備中（例如，床墊、泡沫、面板布料、隔室帷幕、視窗覆蓋材料、其他織物），按照成本至少應有 30%（1 分）或 40%（2 分）符合下面三個選項之一的標準。

即使在基地以外製造，基礎建築計算中也應包括內建櫥櫃和內建木製品。如果產品符合該標準，則任何單件產品的資金價值都應包括在總合格價值中。

選項 1 最低化學物質含量

構成傢俱或醫療設備重量至少 5% 的所有部分，包括織物、飾面和染料，所含的下列五類化學物質中至少有四類的含量低於 100 ppm：

- 尿素甲醛
- 重金屬，包括汞、鎘、鉛和銻
- 飾面鍍層中的六價鉻符合“限制使用某些有害物質的歐盟指令”（EU RoHS）的要求
- 利用全氟化合物（PFC）進行的防退色污漬和粘附處理，包括全氟辛酸（PFOA）
- 其他抗微生物處理。

選項 2 化學物質含量測試和建模

傢俱或醫療設備的所有組成部分，包括織物、飾面和染料，所含的選項 1 中列出的五類化學物質或材料中至少有兩類的含量低於 100 ppm。

新傢俱和醫療設備部件必須根據 ANSI/BIFMA 標準方法 M7.1–2011 進行測試。使用濃度建模方法或排放因數方法符合 ANSI/BIFMA e3-2010 傢俱永續性標準，第 7.6.1 和 7.6.2 部分。在適當的情況下，使用 ANSI/BIFMA M7.1 中的開放式、私人辦公室或座位環境模式對測試結果建模。也接受 USGBC 認可的當地等效標準測試方法和污染物門檻。提交的傢俱文件必須指定用於確定符合的建模場景。

在進駐時使用已經超過一年的回收和再利用傢俱符合標準的要求，前提是滿足任何在基地內使用的塗料、塗層、粘著劑和密封膠的要求。

選項 3 產品的多屬性評估

使用符合以下至少一項要求的產品。產品每滿足一項要求便可以獲得相應的得分項目。任何產品環境要素聲明（EPD）的範圍必須至少是“從搖籃到大門”。

- 特定產品聲明。
  - 具有公開的、經過嚴格審查的生命週期評估（符合至少是“從搖籃到大門”範圍的 ISO 14 044）的產品在進行得分項目計算時按產品成本的四分之一（¼）計入。
- 符合 ISO 14025、14040、14044 和 EN 15804 或 ISO 21930 且至少是“從搖籃到大門”範圍的“產品環境宣告”（EPD）。
  - 行業範圍內的（通用）EPD －具有協力廠商認證（III 類）（包括製造商被該 EPD 計畫操作者明確視為參與者的外部驗證）的產品在得分項目計算中按產品成本的二分之一計入。
  - 特定產品的 III 類 EPD －具有協力廠商認證（III 類）（包括製造商被 EPD 計畫操作者明確視為參與者的外部驗證）的產品在得分項目計算中按整個產品價值計入。

- 材料再利用：使用回收、翻新或再利用的產品。
- 回收物質含量：使用含有回收成分的產品。回收物質含量是消費後回收物質含量加上消費前回收物質含量一半的總和。
- 擴大生產商責任：從參與或直接負責擴大生產商責任計畫的製造商（生產商）那裡採購的產品。
- 生物基材料：生物基產品必須符合“永續農業網路”（Sustainable Agriculture Network）的“永續農業標準”（Sustainable Agriculture Standard）。生物基原材料必須使用 ASTM 測試方法 D6866 進行測試，並且在收集時要符合出口國和進口國的法律要求。不包括獸皮產品，如皮革及其他動物皮料。
- 木製品：木製品必須通過森林管理委員會（Forest Stewardship Council）或 USGBC 認可的當地等效標準的認證。

按照來源位置評估符合上述標準的產品的價值（開採、製造和採購點必須位於下述距離之內）：

在得分項目計算中，從專案基地 100 英里（160 公里）範圍內獲得（開採、製造、購買）的產品將按照基本計算成本的 200% 計入。

MR 得分項目：靈活性設計（DESIGN FOR FLEXIBILITY）

建築設計與施工 BD&C 1分

該得分項目適用於：醫療保健

目的

透過靈活、便於未來改建以及延長元件服務壽命的設計，以節約建築施工和管理資源。

要求：醫療保健

透過採用下列策略中的至少三種，提高結構在使用壽命期間的建築靈活性和改建便利性。

- 使用間隙空間：設計分配區公用設施系統和設備，包括為進駐區服務的暖通空調、管道、電氣、訊息技術、醫用氣體和生命安全系統，並具備控制臨床空間中的多個區域的能力。
- 提供相當於部門總面積（DGA）至少 5% 的程式控制軟空間，例如行政區或儲存區。將軟空間定位於靠近預計將會擴建的臨床部門。確定將來軟空間搬遷後的安置策略。
- 提供相當於至少 5% DGA 的殼體空間。將殼體空間定位於無需搬遷即可進駐使用的位置。
- 確定專案的水準擴建能力，可擴建面積至少相當於既有建築（不包括住院部門，且在無需拆除－除非位於連接點－已進駐空間的前提下）的診斷和治療或其他臨床空間面積的 30%。允許改造用可拆卸隔牆建造的其他既有已使用空間。
- 設計將來在至少 75% 的屋面進行的垂直擴建，確保擴建期間既有營運和服務系統仍可達到或接近原有能力。
- 預留空間用於將來建造相當於原有地面停車容量 50% 的地上停車結構，並建有直通醫院主門廳或通道的入口。直接通向醫院主門廳或通道的垂直運輸路徑也可以滿足要求。
- 在 50% 的適用區域使用可拆卸隔牆。
- 至少 50% 的櫥櫃和訂製木製品使用可移動或模組式櫥櫃。根據成本估價師或承包商確定的櫥櫃和木工綜合成本進行計算。

MR 得分項目：營建和拆建廢棄物管理（CONSTRUCTION AND DEMOLITION WASTE MANAGEMENT）

建築設計與施工 BD&C 1-2 分

該得分項目適用於

- 新建建築 New Construction（1-2 分）
- 核心與外殼 Core & Shell（1-2 分）
- 學校 School（1-2 分）
- 零售 Retail（1-2 分）
- 資料中心 Data centers（1-2 分）
- 倉儲和配送中心 Warehouses and Distribution Centers（1-2 分）
- 旅館接待 Hospitality（1-2 分）
- 醫療保健 Healthcare（1-2 分）

目的

回收、再利用材料，減少在掩埋場和焚化設施中處理的營建和拆建廢棄物。

要求

新建建築、核心與外殼、學校、零售、資料中心、倉儲和配送中心、旅館接待、醫療保健

回收或再利用無害的營建和拆建材料。可以按照重量或體積來計算，但是要前後保持一致。

不包括挖出的土壤、場地清理產生的碎片和日常替代封蓋物（ADC）。在計算中包括轉換為燃料（生物燃料）的木材廢料；其他類型的“廢物到能量”在該得分項目中並不能當作為轉化。

但是，對於無法使用再利用和回收方法滿足得分項目要求的專案，如果遵守“歐盟廢棄物框架指令 2008/98/ EC”和“廢棄物焚燒指令 2000/76/ EC”，且“廢物到能量”設施符合適用的“歐盟標準化（CEN）EN 303 標準”，則“廢物到能量”系統可被視為廢棄物轉化。

選項 1 轉化（1-2 分）

途徑 1 轉化 50% 和三種材料流（1 分）

轉化至少 50% 的營建和拆建材料；轉化的材料至少必須包括三種材料流。

途徑 2 轉化 75% 和四種材料流（2 分）

轉化至少 75% 的營建和拆建材料；轉化的材料至少必須包括四種材料流。

選項 2 減少廢棄物材料總量（2 分）

在每平方英尺的建築面積中所產生的建築廢棄物不超過 2.5 磅（每平方公尺 12.2 千克廢棄物）。

(　　) 1.　在美國建設和拆除廢料約占固體廢棄物總數的 40%。以下哪個不是減少廢棄物的首選策略？

A. 源頭削減

B. 送往垃圾掩埋場

C. 廢棄物轉化為能源

D. 回收

(　　) 2.　永久性生物累積毒素（PBT）來源減量得分項目規定了建築材料中鉛的使用。哪一項有關鉛的敘述是不正確的？

A. 指定並使用無鉛屋面和防水板

B. 規定不在建築內部或外部使用含鉛油漆

C. 指定並使用含鉛量低於 500 ppm 的電線和電纜

D. 對於改造專案來說，確保清除和適當處置斷開的含鉛的電線

(　　) 3.　一醫療專案需要額外考慮傢俱醫療設備所使用的材料。一些化學成分應控制在 100 ppm 以內，但不包括以下哪項？

A. 添加抗菌處理

B. 重金屬，如汞、鎘、鉛和銻

C. 生物含量

D. 甲醛

(　　) 4.　廢棄物轉化是廢棄物管理的建議措施之一。對轉化率的計算，以下哪個敘述是錯誤的？

A. 替代日常封蓋物（ADC）可以視為廢棄物轉化

B. 確保所有材料的統計單位是一致的，以重量或體積計入

C. 可轉化的廢棄物包括回收的、重新利用的、重複使用的和捐贈的材料

D. 轉化率的衡量不僅需要滿足最低轉化比例同時需達到轉化材料管道的數量要求

模擬試題

(　　) 5. 一個專案正在申請建築廢棄物管理得分項目。下列哪個做法不符合要求？（選兩項）

A. 估計混合廢棄物中可轉化廢棄物的重量以判斷廢棄物轉化率

B. 目測估計廢棄物轉化率

C. 保留垃圾搬運公司開出的收據

D. 分開不同來源的廢棄物

E. 保持捐贈材料的收據

(　　) 6. 一項重大的改造專案計畫盡可能的再利用現有的建築結構。下列哪個結構不適合作為再利用材料？（選兩項）

A. 天窗

B. 天花板

C. 外牆

D. 內部結構牆

E. 有害材料

(　　) 7. 在對一個廢棄建築進行改造時，為獲得減少建築生命週期影響得分項目，需要維護的表面積的最低百分比是多少？

A. 75%

B. 25%

C. 50%

D. 35%

(　　) 8. 天花板製造商在其使用壽命末期會進行回收或再循環利用。這個過程指的是什麼？

A. 材料回收

B. 擴大生產商責任

C. 材料再利用

D. 搖籃到搖籃管理

(　　) 9. 為獲得減少建築生命週期影響得分項目，要求專案進行再利用和重用表面積的最低百分比是多少？

A. 20%

B. 15%

C. 25%

D. 10%

(　　) 10. 在對建築垃圾進行廢棄物分流時，建議至少有多少種材料應該被分流？

A. 5

B. 4

C. 3

D. 6

(　　) 11. 一個新建建築想要獲得“材料和資源”中的減少建築生命週期影響得分項目。那麼與參考建築相比，下列哪一個措施必須減少 10% ？

A. 土地和水源酸化

B. 全球變暖潛力值

C. 表層土壤退化

D. 平流層臭氧的形成

(　　) 12. 廢棄物存儲和回收先決條件規定一個新的建築應該為住戶提供專用區域以停車可回收材料。下列哪些不是可回收材料？（選兩項）

A. 食品廢棄物

B. 塑膠瓶

C. 金屬

D. 碎玻璃

E. 電池

(　　) 13. 一個專案的廢棄物儲存空間非常有限。最適合進行廢棄物再利用的方法是什麼呢？

A. 混合收集

B. 將所有廢棄物運往垃圾填埋場

C. 遺留在工地上讓人撿拾

D. 進行現場分離

(　　) 14. 有一個專案建在沒有回收利用設備的農村地區，除使用專案現場再利用和回收利用外，以下哪種廢棄物分流方法也是可以接受的？

A. 送往焚化爐

B. 垃圾填埋場

C. 傾倒入大海中

D. 遺留在工地上讓人撿拾

(　　) 15. 一專案擬從一個製造商處購買木地板、木地毯，並從另一個製造商購買浴室牆面磚。所有產品都具有特定產品的 III 類環保產品聲明。以上產品可在建築產品分析公告和優化－環保產品聲明得分項目中計算為多少種？

A. 3

B. 1

C. 1.5

D. ¾

(　　) 16. 一個專案想要獲得減少建築生命週期影響得分項目的 3 分，為滿足完工建築表面再利用率所需的百分比，可以使用以下哪種策略？

A. 選擇具有環保產品聲明（EPDs）的材料

B. 包括專案中使用的場地外產品和材料

C. 將治理作為專案一部分的危險品

D. 重複計算已獲得“材料與資源”中的建築產品建築建築分析公告和優化－購買原材料得分項目的材料

(　　) 17. 根據減少建築生命週期影響得分項目，一個建築的最小再利用面積是多少？

A. 0%

B. 20%

C. 30%

D. 50%

(　　) 18. 為獲得建築分析公告和優化－購買原材料得分項目，提供從專案永久安裝產品的供應商處獲得原材料的報告可被視為一種方法。那麼應該如何認定附帶製造商報告的產品價值呢？

A. 計入 ½ 產品價值

B. 計入 2 個完整產品價值

C. 計入 ¼ 產品價值

D. 計入整個產品價值

(　　) 19. 為獲得建築分析公告和優化－購買原材料得分項目，提供從專案永久安裝產品的供應商處獲得原材料的報告可被視為一種方法。協力廠商驗證企業實現永續發展報告（CSR）可以獲得該得分項目。下列哪一個不包含在企業社會責任中？

A. ISO 14040: 2006 環境管理 - 生命週期評估

B. 聯合國全球契約：進展溝通

C. 全球報告倡議（GRI）永續性報告

D. 經濟合作與發展組織（OECD）的跨國企業指導方針

(　　) 20. 對於一個總成本為 1 億的專案而言，其預設一般的建材成本約為多少？

A. 5000 萬

B. 2000 萬

C. 3000 萬

D. 4500 萬

(　　) 21. 一個材料如何在建築產品分析公告和優化－環保產品聲明得分項目中計入雙倍得分？

A. 進行生命週期評估的材料

B. 符合多種得分項目要求的材料

C. 獲得全行業（通用）環保產品聲明得分項目的材料

D. 有協力廠商對減少平流層臭氧層破壞影響的證明材料

(　　) 22. 一個專案決定翻新一個從專案場地外得到的天花板。如何能夠獲得 LEED 得分項目？

A. 材料只能用於獲得減少建築生命週期影響得分項目或建築產品分析公告和優化－原材料的來源和採購得分項目分數

B. 材料只能獲得減少建築生命週期影響得分項目

C. 材料可以獲得減少建築生命週期影響得分項目或建築產品分析公告和優化－原材料的來源和採購得分項目

D. 材料可以同時獲得減少建築生命週期影響得分項目及建築產品分析公告和優化－原材料的來源和採購得分項目

(　　) 23. 現場分離是一種有效的建築廢棄物管理策略。下列哪個不是現場分離的手段？

A. 捐贈

B. 現場再利用

C. 將混合垃圾送往垃圾處理機構

D. 現場粉碎混凝土以作為補充原材料

(　　) 24. 一個醫療保健專案想要獲得設計靈活性得分項目。如果設計團隊決定在規劃佈局中設置軟空間，軟空間各部分總面積（DGA）的最低百分比是多少？

A. 2%

B. 6%

C. 3%

D. 5%

(　　) 25. 一個醫療保健專案想要獲得設計靈活性得分項目。如果設計團隊決定在規劃佈局中提供延伸的殼形空間，殼形空間各部分總面積（DGA）的最低百分比是多少？

A. 2%

B. 6%

C. 3%

D. 5%

(　　) 26. 一個醫療保健專案想要獲得設計靈活性得分項目。在未來進行縱向擴張，應保留屋頂面積的最低百分比是多少？

A. 55%

B. 75%

C. 20%

D. 35%

(　　) 27. 一個醫療保健專案想要獲得設計靈活性得分項目。在未來進行縱向擴張，地上停車場面積的最低百分比是多少？

A. 50% 現有的地上停車場容量

B. 30% 現有的地上停車場容量

C. 75% 現有的地上停車場容量

D. 20% 現有的地上停車場容量

(　　) 28. 一個醫療保健專案想要獲得設計靈活性得分項目。以下哪個策略不是為未來的擴張設計的？

A. 在至少 50% 的木質框架和木質元件中使用可移動的或模組化的元件

B. 在 50% 的適用地區使用可拆卸的隔板

C. 確定診斷和治療或其他臨床空間能水準擴張不少於 10% 的現有樓面面積

D. 設計區域公用系統和設備給入住區提供服務，且有能力控制多個診區

(　　) 29. 一專案從附近拆遷工地購買了兩個木地板以進行再利用。每個地板的價格是 1,000 美元。然而經過討論後，專案團隊以一天內以現金支付的方式獲得了折扣優惠，即以每塊 800 美元的價格購得。根據減少建築生命週期影響得分項目，木地板的多少成本可被計為建築和材料再利用成本？

A. 1600 美元

B. 800 美元

C. 2000 美元

D. 1000 美元

(　　) 30. 一個專案使用了一些使用 100% 可回收材料製成的地板。這些材料都是在距專案場地 60 英里（96 公里）內的地方提取、製造和購買的。這些地板的總價為 1000 美元。根據建築分析公告和優化購買原材料得分項目，其價值是多少？

A. 1000 美元

B. 4000 美元

C. 2000 美元

D. 500 美元

(　　) 31. 在減少使用現地產生的廢棄物時，單位建築面積生成的建築廢棄物的限制是多少？

A. 3 磅每平方英尺（14.6 公斤廢棄物每平方公尺）

B. 2 磅每平方英尺（9.8 公斤廢棄物每平方公尺）

C. 1.5 磅每平方英尺（7.3 公斤廢棄物每平方公尺）

D. 2.5 磅每平方英尺（12.2 公斤廢棄物每平方公尺）

(　　) 32. 在材料與資源種類的計算中，並不須包括專案所使用的所有產品。下列哪兩個產品應該被排除在計算範圍外？

A. 自動扶梯

B. 滅火設備

C. 安裝成品

D. 櫥櫃和木質框架

E. 傢俱

( ) 33. 在對整棟建築進行生命週期評估時，一些材料應被排除在評估進程外。下列哪兩種材料應被排除在生命週期評估之外？

A. 管道設備

B. 屋頂構件

C. 承重牆構件

D. 停車位

E. 停車場構件

( ) 34. 一個新建的建築想要獲得“材料和資源”中的減少建築生命週期影響得分項目。設計團隊決定對建築進行全生命週期評估。下列哪方面不屬於全生命週期評估的內容？

A. 表層土壤退化

B. 全球變暖潛力值

C. 土地和水源酸化

D. 對流層臭氧的形成

( ) 35. 對於提高可循環物的轉化率，下面的哪種策略沒有幫助？

A. 為收集區提高便利的交通

B. 為廢棄物轉化提供明確的指示

C. 為不同的廢棄物提供遠離對方的垃圾迴圈回收箱

D. 分配一個中央收集區

( ) 36. 整棟建築的全生命週期評估分析了建築結構和外殼結構的所有生命週期階段的環境影響。評估中假定的建築壽命是多少？

A. 70 年

B. 80 年

C. 50 年

D. 60 年

(　　) 37. 原建築的所有者正搬往一個新的建築，遷至新地點的傢俱和設備有助於其獲得建築分析公告和優化－原材料的來源和採購得分項目，因為對舊傢俱的再利用可以減少購買新傢俱需要。這些可再利用的傢俱應該在新建築專案註冊之前多久購買才有助於在該得分項目得分？

A. 半年

B. 3 年

C. 2 年

D. 1 年

(　　) 38. 從源頭減少廢棄物是減少施工期間產生廢棄物的有效方法。下列哪一個方法沒有從來源減量廢棄物？

A. 使用預鑄樓板

B. 減少包裝

C. 使用模組化的建築單位

D. 就地再利用

(　　) 39. 一個新建的建築想要獲得材料和資源方面的減少建築生命週期影響得分項目。設計團隊決定對建築進行生命週期評估（LCA）。那麼進行生命週期評估（LCA）的範圍區間是什麼呢？

A. 從墳墓到墳墓

B. 從搖籃到墳墓

C. 從墳墓到搖籃

D. 從搖籃到搖籃

(　　) 40. 在計算材料建築產品分析公告和優化－材料成分得分項目的成本時，結構和外殼結構的成本限額是多少？

A. 30%

B. 40%

C. 50%

D. 60%

(　　) 41. 如果專案想要在施工過程中使用森林管理委員會（FSC）認證過的木材，以下哪項不需要通過監管鏈（CoC）認證？

A. 木工

B. 現場安裝人員

C. 終端使用者

D. 木材供應商

(　　) 42. 專案應該設立收集廢物的基礎設施，對於專案垃圾回收公司來說，以下哪個不是建議的廢棄物回收頻率？

A. 根據日曆時間表進行

B. 安裝感應器監測垃圾量，只在垃圾箱滿的情況下來收集

C. 只在建築維修團隊要求的情況下進行

D. 商議針對特定廢棄物的回收模式

(　　) 43. 一些廢棄物需要進行特殊處理或回收。以下哪兩種廢棄物可能需要額外的預防措施？

A. 食物殘渣

B. 紙

C. 電子廢棄物

D. 含汞燈

E. 玻璃

(　　) 44. 由於承承租戶室內裝修很可能尚未完成，核心與外殼專案需要估計承承租戶的垃圾回收需求。以下哪種估計方法在這種情況下是不適當的？

A. 基於專案組過去的設計經驗

B. 按承承租戶地面面積 5% 估計

C. 基於同區域相似建築的歷史資料

D. 基於同區域相似建築的案例

模擬試題

(　　) 45. 再利用專案場地內外的建築材料是減少建築生命週期影響的有效方式。如果一新建築想要在減少建築生命週期影響得分項目上拿到 4 分，被重複利用的綜合表面積應該達到多少百分比？

A. 50%

B. 95%

C. 25%

D. 75%

(　　) 46. 為了按照建築產品分析公告及優化得分項目要求選擇產品和建材，沒有經驗的設計團隊可能不清楚或混淆產品資訊和建築材料。以下哪種行為能幫助設計團隊達到要求？

A. 選擇距專案地 100 英里（160 公里）內的本地產品

B. 使用承包商曾用於其他專案的產品

C. 舉辦內容具體的 LEED 施工前會議，詳細核實得分項目要求

D. 選擇聲譽良好的製造商

(　　) 47. 有一設計團隊計畫對一歷史建築進行翻修。根據減少建築生命週期影響得分項目要求，至少應對建築多少表面區域進行再利用？

A. 30% 表面區域

B. 無最小值要求

C. 20% 表面區域

D. 10% 表面區域

(　　) 48. 根據減少建築生命週期影響得分項目要求，在翻修廢棄建築時應對部分建築進行再利用。以下哪部分不適合進行再利用？

A. 不牢固的外部結構牆體

B. 結構樓板

C. 屋頂板

D. 內部結構牆體

(　　) 49. 根據建築產品分析公告及優化－原材料採購得分項目規定，產品報告應該符合特定要求。以下哪種報告不符合要求？

A. 產品安裝期間未完成、但將在專案完工前出具的報告

B. 在 LEED 註冊當年有效的報告

C. 覆蓋產品安裝時期的有效報告

D. LEED 註冊日期一年之內發佈的報告

(　　) 50. 有一專案準備轉化廢棄物，以減少送往垃圾掩埋場的數量。如果該專案共有 100 磅廢棄物，最小轉化量是多少？幾類廢棄物需要轉化？

A. 75 磅和 5 種廢棄物

B. 50 磅和 5 種廢棄物

C. 75 磅和 3 種廢棄物

D. 50 磅和 3 種廢棄物

(　　) 51. 根據建築產品分析公告及優化 - 環境產品聲明得分項目規定，對永久安裝的產品有最小量要求。以下哪類產品可被視為相同類型的產品？（選兩項）

A. 僅有外觀差異的兩把靠背椅

B. 同一生產線下的寫字椅和靠背椅

C. 不同顏色的油漆

D. 光澤度不同的油漆

E. 絨毛高度不同的地毯

(　　) 52. 環境產品聲明（EPDs）是將環境影響與產品或系統的原料提取、能源利用、化工組成、廢棄物產生和排放聯繫起來的規範方法。以下哪項關於在 LEED 專案中應用 EPD 的說法不正確？（選兩項）

A. ISO 14044 是美國綠色建築委員會批准的環境產品聲明架構

B. 具有 EPD 或其他美國綠色建築委員會批准的環境產品聲明的永久安置產品至少應來自 3 個製造商

C. 符合 ISO 14044 的生命週期評估應保證至少是從搖籃到墳墓的分析期限

D. 至少應有 10 種不同類別的永久安置產品需具有 EPD 或其他美國綠色建築委員會批准的環境產品聲明

E. 獲批的 EPD 應屬於第三類型

( ) 53. LEED 支援使用當地材料，並且在部分材料與資源評估專案上有額外加分。LEED 對當地材料的定義是什麼 ？

A. 80 英里（130 公里）內

B. 180 英里（290 公里）內

C. 50 英里（80 公里）內

D. 100 英里（160 公里）內

( ) 54. 建築產品分析公告及優化－材料成分得分項目要求對使用的材料做出成分報告。以下哪項說法不正確？

A. 至少應報告占比 1% 以上的化學成分清單

B. 至少應報告來自 5 個不同製造商的永久安置產品的材料成分

C. 可不報告屬於商業秘密或智慧財產權的材料

D. 至少應報告 20 種不同的永久安置產品的材料成分

( ) 55. 以下哪項關於減少永久性生物累積毒素（PBT）原料 - 汞得分項目的說法不正確？

A. 推薦安裝環形螢光燈

B. 安裝的螢光燈應有較長的壽命

C. 專案應安裝低汞螢光燈

D. PBT 指與建築材料生命週期有關的具有持久性、生物累積性的有毒化學物質

( ) 56. LEED 鼓勵再循環 / 再利用建築及拆遷廢墟，以減少垃圾數量。以下哪項不屬於拆遷廢墟？（選三項）

A. 混凝土

B. 泥土

C. 樹椿

D. 玻璃

E. 岩石

(　　) 57. 綠色標籤（Green Seal）針對何種產品？

A. 油漆

B. 地毯

C. 地毯坐墊

D. 木材

(　　) 58. 位於大城市中心的一辦公大樓正在進行翻修。所安裝的門由專案場地內原有的門翻新再利用。此項措施可能有助於獲得以下哪項得分項目？（選兩項）

A. “永續基地”中的施工期間的污染活動防治先決條件

B. “材料與資源”中的可回收物品的儲存和收集先決條件

C. “材料與資源”中的建築廢棄物管理得分項目

D. “材料與資源”中的減少建築生命週期影響得分項目

(　　) 59. 將建築階段廢棄的木材製作成桌子能幫助得到以下哪兩個 LEED 得分項目（桌子會在本專案中使用）？

A. “材料與資源”得分項目：減少 PBT 來源

B. “材料與資源”得分項目：降低建築生命週期影響

C. “材料與資源”得分項目：靈活性設計

D. “材料與資源”得分項目：建築和拆除廢棄物管理

(　　) 60. 有一坐落於台北市大安區的辦公大樓執行了住戶廢棄物回收計畫。對此建築的運行和維護公司而言，此專案有什麼優點？

A. 減少能源消耗

B. 減少垃圾填埋和相關費用

C. 減少原材料的開採

D. 降低周轉率

答案：

1	2	3	4	5	6	7	8	9	10
B	C	C	A	AB	AE	C	B	C	A
11	12	13	14	15	16	17	18	19	20
B	AE	A	A	A	B	A	A	A	D
21	22	23	24	25	26	27	28	29	30
B	C	C	D	D	B	A	C	A	C
31	32	33	34	35	36	37	38	39	40
D	AB	AD	A	C	D	C	D	B	A
41	42	43	44	45	46	47	48	49	50
C	C	CD	B	D	C	B	A	A	D
51	52	53	54	55	56	57	58	59	60
AC	BD	D	A	A	BCE	A	CD	BD	B

CHAPTER

8

室內環境品質

（ENVIRONMENTAL QUALITY）

空氣是我們每天都會吸收的，卻沒有太多人重視，本章節探討了空氣品質、光、聲、熱對人體的影響，據國外調查人一生有 90% 的時間都待在室內，與我們息息相關的室內空間怎麼能不重視呢？因此創造一個對居住者更安全且健康的環境是設計者不可妥協的責任。

8-1 學習目標

- 室內環境品質：
  - 通風等級（例如：自然通風和機械通風的比較、新鮮空氣、地區氣候條件）
  - 菸害控制（例如：禁菸、環境菸害轉移）
  - 室內空氣品質管制和改善（例如：來源控制、過濾和稀釋、施工室內空氣品質、空氣測試、持續監控）
  - 低逸散性材料（例如：產品類別（油漆和塗料、粘著劑和密封膠、地板等）、揮發性有機化合物（VOC）排放和含量、評估環境聲明）
- 照明：電氣照明品質（例如：平衡（顏色、效率）、表面反射、燈具類型）
- 自然採光（例如：建築品質和坐向、眩光、人體健康影響、照度）
- 聲環境表現（例如：室內和室外噪音、背景雜音、活動空間和非活動空間的比較）
- 住戶舒適度、健康和滿意度：系統可控性（例如：熱環境、照明）
- 熱舒適設計（例如：提高住戶生產效率和舒適度的策略、住戶滿意度的價值）
- 視野品質（例如：與室外環境的聯繫、直接看到室外）

8-2 學習重點

EQ 先決條件：最低室內空氣品質表現（MINIMUM INDOOR AIR QUALITY PERFORMANCE）

必要項目

BD&C

該先決條件適用於

- 新建建築 New Construction
- 核心與外殼 Core & Shell
- 學校 School
- 零售 Retail
- 資料中心 Data centers
- 倉儲和配送中心 Warehouses and Distribution Centers
- 旅館接待 Hospitality
- 醫療保健 Healthcare

目的

建立室內空氣品質（IAQ）最低標準，有助於改善建築住戶的舒適和健康。

要求

新建建築、核心與外殼、學校、零售、資料中心、倉儲和配送中心、旅館接待。

通風採用機械通風的空間

選項 1 ASHRAE 標準 62.1–2010

對於採用機械通風（以及混合模式的通風方式啟用機械通風時）的空間，使用 ASHRAE 62.1–2010 或本地對應標準（以更嚴格者為準）確定機械通風系統的最小新鮮空氣量。

符合 ASHRAE 標準 62.1–2010，第 4–7 部分室內空氣品質達標的通風（帶勘誤表）或本地對應標準（以更嚴格者為準）的最低要求。

選項 2 CEN 標準 EN 15251–2007 和 EN 13779–2007

美國以外的專案需滿足歐洲標準化委員會（CEN）的最小新鮮空氣量要求，這些要求在標準 EN 15251–2007 附錄 B 中（用於設計和評估與室內空氣品質、熱環境、照明和聲學效果相關的建築能源性能的室內環境輸入參數）；並滿足 CEN 標準 EN 13779–2007 的要求（非住宅建築中的通風，通風和房間空調系統性能要求，第 7.3 節－熱環境，7.6 節－聲學效果環境，A.16 和 A.17 除外）。

採用自然通風的空間

對於採用自然通風（以及混合模式的通風方式禁用機械通風時）的空間，使用 ASHRAE 標準 62.1–2010 或本地對應標準（取最高標準）中的自然通風程式確定最小新鮮空氣開口和空間配置要求。按照英國皇家註冊設備工程師協會（CIBSE）應用手冊 AM10（2005 年 3 月），非住宅建築自然通風中的流程圖，確定自然通風對擬建專案是一種有效的策略，並滿足 ASHRAE 標準 62.1–2010 中第 4 部分或本地對應標準（取最高標準）的要求。

所有空間

不得使用 ASHRAE 標準 62.1–2010 中定義的室內空氣品質程式來滿足該先決條件。

監測採用機械通風的空間

對於採用機械通風（以及混合模式的通風方式啟用機械通風時）的空間，按照以下方式監測室外新鮮空氣量：

- 對於變風量系統，提供能夠測量最小新鮮空氣量的直接新鮮空氣測量設備。該設備必須以上述通風要求中定義的最小新鮮空氣設計流速 +/–10% 的精度測量最小新鮮空氣流量。如果新鮮空氣量相比新鮮空氣設定值變化達 15% 以上，則必須發出警報。
- 對於定風量系統，將新鮮空氣平衡至 ASHRAE 標準 62.1–2010（帶勘誤表）定義的最小新鮮空氣設計流速 或更大的值。在送風風扇上安裝電流感測器、氣流開關或類似的監測設備。

採用自然通風的空間

對於採用自然通風（以及混合模式的通風方式禁用機械通風時）的空間，須符合以下至少一種策略。

- 提供能夠測量排氣氣流的直接排氣氣流測量設備。該設備必須以最低排氣氣流設計速度 +/–10% 的精度測量排氣氣流。如果氣流值相比排氣氣流設定值變化 15% 以上，則必須發出警報。

- 在用於滿足最低開口要求的所有自然通風開口處提供自動指示設備。在使用期間如果有任何一個開口關閉，則必須發出警報。
- 在每個密集區域中監測二氧化碳（CO_2）濃度。CO_2 監測儀必須距地面 3 到 6 英尺（900 到 1800 毫米），並且必須位於密集區域中。CO_2 監測儀必須有聲音或視覺指示器，或者在感應到 CO_2 濃度超過設定值 10% 以上時向建築自動化系統發出警報。使用 ASHRAE 62.1–2010 附錄 C 中的方法計算合適的 CO_2 設定值。

僅限核心與外殼專案

在核心與外殼（Core & Shell）施工期間安裝的機械通風系統必須能夠達到預計的通風等級，並根據預計未來承租戶的要求進行監測。

僅限住宅專案

除了上述要求之外，如果專案建築包含住宅單元，每個居住單元都必須符合下面的所有要求。

- 不允許使用密閉的燃燒設備（例如：原木裝飾燃燒器）。
- 每個住宅單元的每一層都必須安裝一氧化碳監測器。
- 所有室內壁爐和柴爐都必須有固態玻璃外殼或關閉時密封的門。
- 任何非密閉燃燒或電動通風的室內壁爐和柴爐都必須通過燃燒性可能性測試，以確保燃燒設備區的降壓低於 5 Pa。
- 涉及燃燒的空間和水加熱設備必須採用密閉燃燒（例如，密封供氣和排氣管）或電動通風排氣的設計和安裝方式，或位於獨立的公共設施建築或露天設施中。
- 對於氡高風險區域 EPA 氡區域 1（美國以外的專案為當地相應的標準）中的專案，在地面以上一至四層設計和建造的任何居住單元應採用防氡施工技術。採用《EPA 建築氡排除》；NFPA 5000 第 49 章；國際住宅規範附錄 F；CABO 附錄 F；ASTM E1465 或當地相應標準（取最高標準）中描述的技術。

醫療保健

滿足以下通風和監測要求。

通風

採用機械通風的空間

對於採用機械通風（以及混合模式的通風方式啟用機械通風時）的空間，使用 ASHRAE 標準 170–2008 第 7 節“2010 FGI 醫療保健設施的設計和施工指南”（表 2.1–2）的要求或當地的對應標準（取最高標準）中的通風率來確定機械通風系統的最小新鮮空氣量。對於 170 或 FGI 指南中未包括的任何區域，遵照 ASHRAE 62.1 或當地的對應標準（取最高標準），並符合 ASHRAE 標準 170–2008 第 6–8 節“醫療保健設施的通風”。美國以外的專案採用 USGBC 批准的同等標準。

採用自然通風的空間

對於採用自然通風的空間（以及混合模式的通風方式禁用機械通風時），使用 ASHRAE 標準 62.1–2010 或本地對應標準（取最高標準）中的自然通風要求來確定最小新鮮空氣開口和空間配置要求。按照英國皇家註冊設備工程師協會（CIBSE）應用手冊 AM10 2005 年 3 月“非住宅建築自然通風”中所示的流程圖確保自然通風成為擬建專案一種有效的策略。

監測採用機械通風的空間

對於採用機械通風的空間（以及混合模式的通風方式啟用機械通風時），提供能夠測量最小新鮮空氣量的直接新鮮空氣測量設備。該設備必須以上述通風要求中定義的最小新鮮空氣設計流速 +/–10% 的精度測量最小新鮮空氣流量。如果新鮮空氣量相比新鮮空氣設定值變化達 15% 以上，則必須發出警報提醒工作人員。

採用自然通風的空間

對於採用自然通風（以及混合模式的通風方式禁用機械通風時）的空間，須符合以下至少一種策略。

- 提供能夠測量排氣氣流的排氣氣流直接測量設備，精度為最低排氣氣流設計速度的 +/–10%。如果氣流值相比排氣氣流設定值變化達 15% 以上，則必須發出警報。
- 用於滿足最低開口要求的所有自然通風開口處提供自動指示設備。在使用期間如果有任何一個開口關閉，則必須發出警報。
- 在每個密集區域中監測二氧化碳（CO_2）濃度。CO_2 監測儀必須距地面 3 到 6 英尺（900 到 1,800 毫米）。CO_2 監測儀必須有聲音或視覺指示器，或者在感應到 CO_2 濃度超過設定值 10% 以上時向建築自動化系統發出警報。使用 ASHRAE 62.1–2010，附錄 C 中的方法計算合適的 CO_2 設定值。

EQ 先決條件：菸害控制（ENVIRONMENTAL TOBACCO SMOKE CONTROL）

必要項目

BD&C

該先決條件適用於

- 新建建築 New Construction
- 核心與外殼 Core & Shell
- 學校 School
- 零售 Retail
- 資料中心 Data centers
- 倉儲和配送中心 Warehouses and Distribution Centers
- 旅館接待 Hospitality
- 醫療保健 Healthcare

目的

防止或儘量減少讓建築住戶、室內表面和通風空氣配送系統接觸環境菸害。

要求

新建建築、核心與外殼、零售、資料中心、倉儲和配送中心、旅館接待、醫療保健在建築內部禁菸。

禁止在建築外吸菸，但指定的吸菸區除外，這些吸菸區與所有入口、新鮮空氣進氣口和活動窗的距離至少為 25 英尺（7.5 米）。還要禁止在商務用途空間的用地界線以外區域吸菸。

如果因為法規而導致無法執行在 25 英尺（7.5 米）內禁止吸菸的要求，請提供這些法規文件。必須在距所有建築入口 10 英尺（3 米）的距離內設置標誌，標示禁菸政策。

僅限住宅專案

選項 1 禁菸

住宅內完全禁菸。

選項 2 吸菸區的通風空間劃分在建築的所有公共區域內部禁菸。必須在建築出租或租賃協定或合約或者公寓大廈管理規約中規定禁菸，並將這些條款付諸實施。

禁止在建築外吸菸，但指定的吸菸區除外。這些吸菸區與所有入口、新鮮空氣進氣口和活動窗的距離至少為 25 英尺（7.5 米）。禁菸政策還適用於商務用途用地線界以外的空間。

如果因為法規而導致無法執行在 25 英尺（7.5 米）內禁止吸菸的要求，請提供這些法規文件。必須在距所有建築入口 10 英尺（3 米）的距離內設置標誌，標示禁菸政策的標誌。

必須對每個單元進行通風空間劃分，以防止單元之間的空氣滲透。

- 在所有外門和活動窗上，以及住宅單元中安裝密封條，以儘量減少菸氣從室外的滲透。
- 用密封條封住住宅單元中通往公共走廊的所有門。
- 密封住宅單元牆壁、天花板和地板中的滲透處，以及單元相鄰垂直暗管（包括公用事業公司的暗管、垃圾滑槽、信箱和電梯井），以

儘量減少各個住宅單元之間不受控制的菸及其他室內空氣污染物的傳遞通道。

- 證明在封閉區域（即公寓的所有封閉表面，包括外牆、承重牆、地板和天花板）氣壓達到 50 Pa 時最大滲透速率為每平方英尺每分鐘 0.23 立方英尺（每平方公尺每秒鐘 1.17 升）。

學校

在基地內禁菸。

必須在用地界線處設置標誌，標示禁菸政策，如無菸校園。

EQ 先決條件：最低聲環境表現（MINIMUM ACOUSTIC PERFORMANCE）

必要項目

BD&C

該先決條件適用於：學校

目的

透過有效的聲學效果設計，提供有助於師生之間以及學生之間進行交流的教室。

要求：學校暖通空調背景雜音

使教室和其他核心學習空間中的供暖、通風和空調（HVAC）系統的最大背景雜音等級限制為 40 dBA。遵照 ANSI 標準 S12.60–2010 第 1 部分，附錄 A.1；2011 暖通空調應用 ASHRAE 手冊第 48 章“噪音與振動控制”AHRI 標準 885–2008，美國以外的專案採用當地對應的標準中為機械系統噪音控制所推薦的方法和最佳實踐做法。

室外噪音

對於高噪音基地（在校期間尖峰時段 Leq 超過 60 dBA），採取聲學處理和其他措施，以盡可能地減少室外來源的雜訊干擾，並控制教室與其他核

心學習空間之間的聲音傳播。與任何重要噪音來源(例如，飛機航空區域、公路、鐵路、工業)距離至少半英里(800 米)的專案除外。

混響時間

遵守下面的混響時間要求。

教室和核心學習空間 < 20,000 立方英尺(566 立方米)設計教育和其他核心學習空間，使其包括充足的吸音飾面，以達到 ANSI 標準 S12.60–2010 第 1 部分，“學校的聲學效果品質標準、設計要求和指南”(Acoustical Performance Criteria, Design Requireme nts and Guidelines for Schools)或美國以外的專案採用當地對應的標準中所規定的混響時間要求。

選項 1 確認每個房間的吸音牆板、天花板飾面和其他吸音飾面的總表面積不低於房間的天花板總面積(不包括燈具、散流器和格柵)。材料的 NRC 必須至少為 0.70 才能包含在計算中。

選項 2 透過 ANSI 標準 S12.60-2010 中所述的計算，確定房間被設計為符合該標準規定的混響時間要求。

教室和核心學習空間 ≥ 20,000 立方英尺(566 立方米)

符合 NRC-CNRC 施工技術更新第 51 號“語音室聲學效果設計”(2002)或美國以外的專案採用當地對應的標準中所述的對教室和核心學習空間的建議混響時間。

例外情況

應當考慮由於工作範圍受限或為了遵守歷史保護要求而存在的例外情況。

EQ 得分項目：增強室內空氣品質策略（ENHANCED INDOOR AIR QUALITY STRATEGIES）

建築設計與施工 BD&C 1-2 分

該得分項目適用於

- 新建建築 New Construction（1-2 分）
- 核心與外殼 Core & Shell（1-2 分）
- 學校 School（1-2 分）
- 零售 Retail（1-2 分）
- 資料中心 Data centers（1-2 分）
- 倉儲和配送中心 Warehouses and Distribution Centers（1-2 分）
- 旅館接待 Hospitality（1-2 分）
- 醫療保健 Healthcare （1-2 分）

目的

透過提高室內空氣品質改善住戶的舒適、健康和生產效率。

要求

新建建築、核心與外殼、學校、零售、資料中心、倉儲和配送中心、旅館接待、醫療保健

選項 1 增強 IAQ 策略（1 分）

符合以下要求（如適用）。

採用機械通風的空間：

- A. 入口通道系統
- B. 防止室內交叉污染
- C. 過濾

採用自然通風的空間：

- A. 入口通道系統
- D. 自然通風設計計算

混合模式的通風方式：

- A. 入口通道系統
- B. 防止室內交叉污染
- C. 過濾
- D. 自然通風設計計算
- E. 混合模式設計計算

A. 入口通道系統

在主要行進方向上安裝至少 10 英尺（3 米）長的永久入口通道系統，在常用外部入口處捕捉進入建築的灰塵和顆粒物。可接受的入口通道系統包括永久安裝的格柵、鞋篩、允許清洗底部的開槽系統、活動地墊，以及其他任何作為具有同等或更高性能的入口通道系統生產的材料。每週維護一次。

僅限倉儲和配送中心專案

入口通道系統無需在所有通往載貨區或車庫的室外門口設置，但必須在這些空間和鄰近辦公區之間設置。

僅限醫療保健專案

除了入口通道系統，在高密度人流的建築入口處還應提供增壓入口通道前庭。

B. 防止室內交叉污染

使用 EQ 先決條件：最低室內空氣品質表現（Minimum Indoor Air Quality Performance）中確定的排氣率或者最少為每平方英尺 0.50 cfm（每平方公尺 2.54 l/s），對可能存在或使用危險氣體或化學物質的空間（如車庫、家務和洗衣區、影印和列印室）進行充分排氣，從而在房間門關閉後相對於相鄰空間形成負壓。對於每個此類空間，請提供自動關門和樓層間隔板，或者硬頂天花板。

C. 過濾

每個為使用空間提供新鮮空氣的通風系統，都必須使用滿足以下過濾介質要求之一的顆粒篩檢程式或空氣清潔設備：

- 最低效率報告值（MERV）為 13 或更高，符合 ASHRAE 標準 52.2–2007
- F7 或更高類別，由 CEN 標準 EN 779–2002、“一般通風用空氣粒子篩檢程式”、“過濾性 能確定”定義。

在施工完成和使用之前更換所有空氣濾網。

僅限資料中心專案

只有常用空間通風系統需要滿足以上過濾介質要求。

D. 自然通風設計計算

表明使用空間的系統設計採用了英國皇家註冊設備工程師協會（CIBSE）應用手冊 AM10（2005 年 3 月），“非住宅建築自然通風”第 2.4 節中合適的策略。

E. 混合模式設計計算

表明使用空間的系統設計符合 CIBSE 應用手冊 13–2000，混合模式通風的要求。

選項 2 其他增強 IAQ 策略（1 分）符合以下要求。

採用機械通風的空間（選擇一項）：

- A. 防止室外污染
- B. 提高換氣量
- C. 二氧化碳監測
- D. 其他來源控制和監測

採用自然通風的空間（選擇一項）：

- A. 防止室外污染
- D. 其他來源控制和監測
- E. 自然通風逐個房間計算

混合模式的通風方式（選擇一項）：

- A. 防止室外污染
- B. 提高換氣量
- D. 其他來源控制和監測
- E. 自然通風逐個房間計算

A. 防止室外污染

設計專案以儘量減少和控制污染物進入建築。透過計算流體動力學建模、高斯分佈分析、風洞建模或追蹤氣體建模的結果確保室外進氣口的新鮮空氣污染物濃度低於表 1 中列出的門檻（美國以外的專案為本地對應值，以更嚴格者為準）。

表 1 室外進氣口污染物的最大濃度

污染物	最大濃度	標準
受“國家環境空氣品質標準”（NAAQS）管制的污染物	允許的年平均值 或 如果沒有年標準值，則為 8 小時或 24 小時平均值 或 連續 3 個月的平均值	“國家環境空氣品質標準”（NAAQS）

B. 提高換氣量

至少將所有使用空間的呼吸區域新鮮空氣通風率增加到高於 EQ 先決條件：最低室內空氣品質表現（Minimu m Indoor Air Quality Performance）所定的最低速率值的 30%。

C. 二氧化碳監測

監測所有人員密集使用空間的 CO_2 濃度。CO_2 監測儀必須距地面 3 到 6 英尺（900 到 1800 毫米）。CO_2 監測儀必須有聲音或視覺指示器，或者在感應到 CO_2 濃度超過設定值 10% 以上時向建築自動化系統發出警報。使用 ASHRAE 62.1–2010 附錄 C 中的方法計算合適的 CO_2 設定值。

D. 其他來源控制和監測。

對於可能出現空氣污染的空間，評估除 CO_2 之外的其他空氣污染物潛在來源。制定和實施材料處理計劃，以減少污染物釋放的可能性。安裝帶有監測特定污染物的感應器的監測系統。只要出現不常見或不安全的情況，必須發出警報。

E. 自然通風逐個房間計算

按照 CIBSE AM10 第 4 部分“設計計算”，來預測每個房間的氣流能夠提供有效的自然通風。

EQ 得分項目：低逸散材料（LOW-EMITTING MATERIALS）

建築設計與施工 BD&C 1-3 分

該得分項目適用於

- 新建建築 New Construction（1-3 分）
- 核心與外殼 Core & Shell（1-3 分）
- 學校 School （1-3 分）
- 零售 Retail（1-3 分）
- 資料中心 Data centers（1-3 分）
- 倉儲和配送中心 Warehouses and Distribution Centers（1-3 分）
- 旅館接待 Hospitality（1-3 分）
- 醫療保健 Healthcare（1-3 分）

目的

減少能影響空氣品質、人體健康、生產效率和環境的化學污染物的濃度。

要求

新建建築、核心與外殼、學校、零售、資料中心、倉儲和配送中心、旅館接待、醫療保健

該得分項目包括對產品製造和專案團隊的要求。它涵蓋了排放到室內空氣中的揮發性有機化合物（VOC）、材料的 VOC 含量，以及確定室內 VOC 逸散的測試方法。不同的材料必須符合該得分項目規定的不同要求。建築室內和室外分為 7 個類別，每個都有不同的標準門檻。建築室內被定義為在建築防水層之內的所有部分。建築室外被定義為在建築主要和輔助防水系統之外（包括自身）的所有部分，如防水膜以及隔絕空氣和水 的隔絕材料。

選項 1 產品類別計算

實現表 2 中所列產品類別數量的逸散和含量標準的合規門檻等級。

表 1　t 類材料含量標準

類別	種類	標準
1	室內油漆、塗料	體積 90 %
2	室內黏著劑	體積 90 %
3	地板	100 %
4	合成木材	100 %
5	隔熱材料	100 %
6	傢俱	90 %，依價格計算
7	設備器具（醫療專用）	體積 90 %

表 2　產品標準類別數量的分數

符合類別	分數
不帶傢俱的新建建築、核心與外殼、零售、資料中心、倉儲和配送中心、旅館接待項目	
2　室內黏膠類	1
4　合成木材	2
5　隔熱材料	3
帶有傢俱的新建建築、核心與外殼、零售、資料中心、倉儲和配送中心、旅館接待項目	
3　地板	1
5　隔熱材料	2
6　傢俱	3
不帶傢俱的學校、醫療保健	
3　地板	1
5　隔熱材料	2
6　傢俱	3
帶有傢俱的學校、醫療保健	
4　合成木材	1
6　傢俱	2
7　設備器具（醫療專用）	3

選項 2 預算計算方法：如果類別中的某些產品不符合標準，專案團隊可以使用預算計算方法（表 3）。

表 3　預算計算方法下對應的百分比分數

總百分比	分數
≥ 50% 且 <70%	1
≥ 70% 且 <90%	2
≥ 90%	3

預算方法將建築室內分為 6 種元件：

- 地板
- 天花板
- 牆壁
- 隔熱與隔音層
- 傢俱
- 僅限醫療保健和學校專案：室外使用產品

如果屬於專案工作範圍之內，則在計算中包括傢俱。牆壁、天花板和地板被定義為建築室內產品；元件的每一層，包括塗料、塗層、粘著劑和密封膠都必須進行標準評估。

根據等式 1 確定符合規定材料的總百分比。

等式 1 符合規定的總百分比

$$\text{不帶傢俱的專案的符合規定總百分比} = \frac{\text{（符合規定牆壁的百分比 + 符合規定天花板的百分比 + 符合規定地板的百分比 + 符合規定保溫層的百分比）}}{4}$$

$$\text{帶有傢俱的專案的符合規定總百分比} = \frac{(\text{符合規定牆壁的百分比} + \text{符合規定天花板的百分比} + \text{符合規定地板的百分比} + \text{符合規定保溫層的百分比}) + (\text{符合規定傢俱的百分比})}{5}$$

等式 2 符合規定的系統百分比

$$\text{地板、牆壁、天花板、保溫層符合規定百分比} = \frac{(\text{第一層符合規定的表面積} + \text{第二層符合規定的表面積} + \text{第三層符合規定的表面積} + \cdots)}{(\text{第一層的總表面積} + \text{第二層的總表面積} + \text{第三層的總表面積} + \cdots)} \times 100\%$$

等式 3 傢俱系統符合規定者使用以下 ANSI/BIFMA 評估法評估

$$\text{傢俱符合規定百分比} = \frac{0.5 \times \text{符合 ANSI/BIFMA e3-2011} + \text{符合 ANSI/BIFMA e3-2001}}{\text{傢俱總成本}} \times 100\%$$

根據製造商的申請文件計算元件層的表面積。

如果 90% 的元件符合標準，系統將被認定為 100% 符合標準。如果少於 50% 的元件符合標準，元件將被認定為完全不符合標準。

逸散和含量要求

為了表明符合性，產品或元件表面必須滿足以下所有要求（如適用）。

固有的非逸散源：作為本身不會揮發 VOC 的產品（石材、陶瓷、粉末塗層金屬、鍍或電鍍的金屬、玻璃、混凝土、粘土磚和未拋光的或未經處理的實木地板）如果本身不帶有有機表面塗層、粘合劑或密封膠，則無需任何 VOC 逸散測試即可被認為是符合標準。

常規逸散評估：建築產品必須按照加州公共健康部（CDPH）標準方法 V1.1-2010，使用適用的暴露環境模式進行測試並確認符合標準。預設環境模式是單個私人辦公室環境。製造商或協力廠商認證必須聲明用於確定符合性的暴露環境模式。施作產品的符合性聲明必須說明單位表面區域的用量（重量）。

製造商滿足上述要求的符合性聲明還必須說明按照 CDPH 標準方法 v1.1 測得的 14 天（336 小時）後的總 VOC 範圍：

- 0.5 mg/m³ 或更少
- 在 0.5 和 5.0 mg/m³ 之間
- 5.0 mg/m³ 或更多

美國以外的專案可以使用根據（1）CDPH 標準方法（2010）或（2）德國 AgBB 測試與評估方案（2010）測試並符合要求的產品。使用（1）CDPH 標準方法（2010），（2）德國 AgBB 測試和評估方案（2010），（3）ISO 16000-3: 2010、ISO 16000-6: 2011、ISO 16000-9: 2006、ISO 16000-11:2006 與 AgBB 或法國有關 VOC 逸散等級標籤相關的法規相結合，或（4）DIBt 測試方法（2010）來測試產品。如果使用的測試方法沒有指定產品群組的測試細節，而 CDPH 標準方法已經提供了這些細節，則使用 CDPH 標準方法中的規範。而美國專案必須遵循 CDPH 標準方法。

施作產品的其他 VOC 含量要求。除了滿足一般的 VOC 排放要求（上述），為了安裝人員和其他接觸這些產品的工人安全著想，基地內施作產品不得具有過高的 VOC 含量。為了表明符合性，產品或元件必須滿足以下要求（如適用）。VOC 含量的公告必須由製造商完成。任何測試都必須遵循適用標準法規中指定的測試方法。

- 所有在基地內的施作塗料和塗層都必須滿足美國加州空氣資源委員會（CARB）2007，"建築塗層的建議控制措施"（SCM），或 2011 年 6 月 3 日生效的"南海岸空氣品質管制地區"（South Coas t Air Quality Management District（SQAQMD））規則 1113 中適用的 VOC 限制。
- 所有在基地內的濕作粘著劑和密封膠都必須滿足 2005 年 7 月 1 日生效的 SCAQMD 規則 1168"粘著劑和密封膠使用"中適用的化學品含量要求（由規則 1168 中指定的方法分析）。SCAQMD 規則

1168 的條款不適用於受州或聯邦消費品 VOC 法規約束的粘著劑和密封膠。

- 對於美國以外的專案，所有在基地內的施作塗料、塗層、粘著劑和密封膠必須滿足上述法規的技術要求，或符合適用的國家 VOC 控制法規，如歐洲 Decopaint 指令（2004/42/EC）、加拿大建築塗層 VOC 濃度限值，或香港空氣污染控制（VOC）法規。
- 如果適用法規要求減去豁免檢測化合物，那麼任何有意添加的重量大於總重量 1% 的豁免檢測化合物含量均必須披露。
- 如果產品無法按上述指定方法進行合理測試，那麼 VOC 含量的測試必須符合 ASTM D2369-10；ISO 11890，第 1 部分；ASTM D6886-03 或 ISO 11890-2。
- 對於北美的專案，不得有意將二氯甲烷和全氯乙烯添加到塗料、塗層、粘著劑或密封膠中。

複合木材評估：美國加州空氣資源委員會（CARB）旨在降低複合木材產品中甲醛逸散的“毒空氣污染物控 制措施法規”中定義的複合木材必須被證明甲醛逸散量較低，符合美國加州空氣資源委員會 ATCM 對超低甲醛排放（ULEF）樹脂或不添加甲醛樹脂的甲醛要求。

在進駐時使用已經超過一年的回收和再利用建築木製品符合標準的要求，前提是滿足任何在基地內使用的塗料、塗層、粘著劑和密封膠的要求。

傢俱評估：新的傢俱和陳設必須根據 ANSI/BIFMA 標準方法 M7.1–2011 進行測試。使用濃度建模方法或逸散因數方法符合 ANSI/BIFMA e3-2011 傢俱永續性標準，第 7.6.1 和 7.6.2 部分。在適當的情況下，使用 ANSI/BIFMA M7.1 中的開放式、私人辦公室或座位環境模式對測試結果建模。也接受 USGBC 認可的當地等效標準測試方法和污染物門檻。對於教室傢俱，使用 CDPH 標準方法 v1.1 中的標準學校教室模型。提交的傢俱文件必須指定用於確定符合標準的建模場景。

在進駐時使用已經超過一年的回收和再利用傢俱符合標準的要求，前提是滿足任何在基地內使用的塗料、塗層、粘著劑和密封膠的要求。

僅限醫療保健、學校專案

附加保溫層要求。卷材保溫層產品不含任何添加的甲醛，包括尿素甲醛、苯酚甲醛和尿素苯酚甲醛。

室外使用產品。所有在基地內使用的粘合劑、密封膠、塗層、屋面和防水材料都必須滿足美國加州空氣資源委員會（CARB）2007 建築塗層的建議控制措施（SCM），或 2005 年 7 月 1 日生效的“南海岸空氣質量管理地區”（South Coast Air Quality Management District（SQAQMD））規則 1168 中適用的 VOC 限制。受州或聯邦消費品 VOC 法規限制的小包裝粘合劑和密封膠除外。

北美以外的專案可採用所在地區的 VOC 含量要求，或遵從適用於水媒塗層的歐洲 Decopaint 指令（2004/ 42/EC，須使用最新版本）第 II 階段，按照 ISO 11890 第 1 和 2 部分進行分析，而不採用 CARB 和 SC AQMD 法規標準。

禁止使用以下兩種材料並將其計入符合規定的總百分比：用於屋面的瀝青，以及用於停車場和其他鋪砌表面的煤焦油密封劑。

EQ 得分項目：施工期室內空氣品質管制計畫（CONSTRUCTION INDOOR AIR QUALITY MANAGEMENT PLAN）

建築設計與施工 BD&C 1 分

該得分項目適用於

- 新建建築 New Construction（1 分）
- 核心與外殼 Core & Shell（1 分）
- 學校 School（1 分）
- 零售 Retail（1 分）
- 資料中心 Data centers（1 分）
- 倉儲和配送中心 Warehouses and Distribution Centers（1 分）
- 旅館接待 Hospitality（1 分）
- 醫療保健 Healthcare（1 分）

目的

儘量減少與施工和改造相關的室內空氣品質問題，改善施工工人和建築用戶的健康。

要求

新建建築、核心與外殼、學校、零售、資料中心、倉儲和配送中心、旅館接待、醫療保健

在建築的施工和進駐前階段制定和實施室內空氣品質（IAQ）管理計畫。該計畫必須符合以下所有內容。

在施工期間，須滿足美國鈑金與空氣調節承包商協會（SMACNA）《施工過程中使用建築的 IAQ 指南》（IAQ Guidelines For Occupied Buildings Under Construction），2007 年第 2 版，ANSI/SMACNA 0 08-2008，第 3 章中建議的所有適用控制措施。

防止在基地內保存和安裝的吸濕性材料受潮損壞。

施工期間不要使用永久安裝的空氣處理設備，除非有由 ASHRAE 52.2–2007，（或由 CEN 標準 E N 779–2002，“一般通風用空氣粒子篩檢程式”，“過濾性能確定”定義的 F5 或更高值的等效過濾介質等級）確定的最低效率報告值（MERV）為 8 的過濾介質安裝在每個回風口以及回風或送風管道入口，使空氣完全通過過濾介質。在進駐之前將所有過濾介質更換為最終設計的過濾介質，並根據製造商的建議安裝。

施工期間，禁止在建築中以及距建築入口 25 英尺（7.5 米）的範圍內吸菸。

醫療保健專案

潮氣：制定並實施潮氣控制計畫，以防止基地中停車和安裝的吸濕材料被潮氣損壞。立即從基地清除並適當處置任何懷疑有微生物生長的材料，並更換為未受損的新材料。另外，還應包括防止建築被潮氣侵蝕和預防住戶暴露於黴菌孢子的策略。

微粒：施工期間不要使用永久安裝的空氣處理設備，除非有由 ASHRAE 52.2–2007，（或由 CEN 標準 EN 779–2002，“一般通風用空氣粒子篩檢程式”，“過濾性能確定”定義的 F5 或更高值的等效過濾介質等級）確定的最低效率報告值（MERV）為 8 的過濾介質安裝在每個回風口以及回風或送風管道入口，使空氣完全通過過濾介質。在進駐之前將所有過濾介質更換為最終設計的過濾介質，並根據製造商的建議安裝。

VOC：計畫施工程式以盡可能地減少吸收性材料暴露於 VOC 逸散環境中。在存儲或安裝可能會累積污染物並隨時間釋放的“乾”材料之前完成上漆和密封。燃料、溶劑和其他 VOC 源應與吸收性材料分開存儲。

戶外釋放：對於涉及防水、修復瀝青屋面、密封停車區或其他產生高 VOC 釋放的戶外活動的改造專案，制定適當的計畫以管理煙霧並避免逸散到進駐空間。遵從 NIOSH 的“屋面塗布熱瀝青期間的瀝青煙霧暴露”（Asphalt Fume Exposures during the Application of Hot Asphalt to Roofs）（出版物 2003–112）中建立的程式。

菸草：施工期間，禁止在建築中以及距建築入口 25 英尺（7.5 米）的範圍內吸菸。

噪音與振動：根據英國標準（BS 5228）制定適當的計畫，透過進行低噪音輻射設計或符合英國標準中的性能要求的低分貝水準，減少施工設備和其他非道路發動機所產生的噪音輻射和振動。在聲級長時間超過 85 dB 的區域，施工人員必須佩戴聽力保護裝置。

傳染控制：對於已使用設施的改建和擴建，或新建建築的分階段進駐，按照“FGI 2010 醫療保健設施的設計和施工指南”（FGI 2010 Guidelines for Design and Construction of Health Care Facilities）以及聯合標準委員會（Joint Commission on Standards）的要求，組建綜合傳染控制團隊，其中包括業主、設計人員和承包商以評估傳染控制風險並記錄特定專案計畫中需要採取的預防措施。使用美國醫療保健工程協會（American Society of Healthcare Engineering）和美國疾病防控中心（CDC）發佈的傳染控制風險 評估標準作為指南，以評估施工活動的風險並選擇相應的解決程式。

EQ 得分項目：室內空氣品質評估（INDOOR AIR QUALITY ASSESSMENT）

建築設計與施工 BD&C 1-2 分

該得分項目適用於

- 新建建築 New Construction（1-2 分）
- 學校 School（1-2 分）
- 零售 Retail（1-2 分）
- 資料中心 Data centers（1-2 分）
- 倉儲和配送中心 Warehouses and Distribution Centers（1-2 分）
- 旅館接待 Hospitality（1-2 分）
- 醫療保健 Healthcare（1-2 分）

目的

在施工後以及進駐期間，在建築物中形成更好的室內空氣品質。

要求

新建建築、學校、零售、資料中心、倉儲和配送中心、旅館接待、醫療保健

在以下兩個選項中選擇一個在施工結束、建築完全被清潔之後實施。所有室內面層構件，如木製品、門、塗料、地毯、吸音板和可移動的陳設（如工作站、隔牆）都必須安裝，且主要的 VOC 剩餘工作清單內的項目都必須完成。兩個選項無法合併。

選項 1 大量換氣（吹洗）（1 分）

途徑 1 進駐前

安裝新的過濾介質並按照每平方英尺建築面積總共提供 14,000 立方英尺新鮮空氣（每平方公尺提供 4,267,140 升新鮮空氣）的標準對建築進行大量換氣（吹洗），同時保持至少 60° F（15° C）且不超過 80° F（27° C）的內部溫度和不超過 60% 的相對濕度。

途徑 2 進駐期間

如果需要在大量換氣（吹洗）完成之前進駐，則只能在按照每平方英尺建築面積至少提供 3,500 立方英尺新鮮空氣（每平方米提供 1,066 升新鮮空氣）的標準提供了新鮮空氣之後進駐，同時保持至少 60° F（15° C）且不超過 80° F（27° C）的內部溫度和不超過 60% 的相對濕度。

空間被使用之後，必須按照最少每平方英尺每分鐘（cfm）0.30 立方英尺（每平方公尺每秒鐘 1.5 升）新鮮空氣的標準，或者由 EQ 先決條件：最低室內空氣品質表現（Minimum Indoor Air Quality Performance）規定的最少設計新鮮空氣量（以較大的值為準）進行通風。在每天進行大量換氣（吹洗）時，至少需要在進駐前 3 小時開始通風，並且在使用期間持續通風。必須維持這些狀態，直到按照每平方英尺 14000 立方英尺（每平方公尺 4270 升新鮮空氣）的標準向使用空間中注入新鮮空氣之後為止。

選項 2 空氣測試（2 分）

施工結束後進駐之前，在進駐常規的通風條件下，使用與表 1 所列方法一致的方案對所有使用空間進行基準 IAQ 測試。使用現行版本的 ASTM 標準方法、EPA 綱要方法或 ISO 方法。進行甲醛和揮發性有機化合物化學分析測試的實驗室，使用的測試方法必須經過 ISO/IEC 17025 的認證。零售專案可以在進駐 14 天之內進行測試。

證明污染物不超過表 1 中列出的濃度等級。

表 1　最大濃度等級，按照污染物和測試方法

污染物	最大濃度	最大濃度（僅醫療保健）	ASTM 和 U.S. EPA 方法	ISO 方法
甲醛	27 ppb	16.3 ppb	ASTM D5197；EPA TO-11 或 EPA 綱要方法 IP-6	ISO 16000-3
微粒（所有建築為 PM10；EPA 不達標區域的建築為 PM2.5，或本地對應建築）	PM10：每立方米 50 微克 PM2.5：每立方米 15 微克	每立方米 20 微克	EPA 綱要方法 IP -10	ISO 7708

污染物	最大濃度	最大濃度（僅醫療保健）	ASTM 和 U.S. EPA 方法	ISO 方法
臭氧（對於 EPA 不達標區域的建築）	0.075 ppm	0.075 ppm	ASTM D5149 - 02	ISO 13964
揮發性有機化合物總量（TVOC）	每立方米 500 微克	每立方米 200 微克	EPA TO-1、TO-15、TO-17 或 EPA 綱要方法 IP-1	ISO 16000-6
CDPH 標準方法 v 1.1，表 4-1 中列出的目標化學品，甲醛除外	CDPH 標準方法 v 1.1–2010，允許的濃度，表 4-1	CDPH 標準方法 v 1.1–2010，允許的濃度，表 4-1	ASTM D5197；EPA TO-1，TO-15，TO -17	ISO 16000-3，160 00-6
一氧化碳（CO）	9 ppm；不超過室外等級 2 ppm	9 ppm；不超過室外等級 2 ppm	EPA 綱要方法 IP -3	ISO 4224

ppb = 十億分之一；ppm = 百萬分之一；μg/cm = 每立方米微克

在進駐前的正常使用時間段內進行所有測試，且建築通風系統要在正常的日常啟動時間啟動，並且以使用模式下的最低新鮮空氣量運行。

對於濃度超出限值的每個採樣點，採取糾正措施並在相同的採樣點上重新測試不符合標準的污染物。重複操作，直到滿足所有要求。

EQ 得分項目：熱舒適（THERMAL COMFORT）

建築設計與施工 BD&C 1 分

該得分項目適用於

- 新建建築 New Construction（1 分）
- 學校 School（1 分）
- 零售 Retail（1 分）
- 資料中心 Data centers（1 分）
- 倉儲和配送中心 Warehouses and Distribution Centers（1 分）
- 旅館接待 Hospitality（1 分）
- 醫療保健 Healthcare（1 分）

目的

提供優質的熱舒適，改善住戶的生產效率、舒適性和健康。

要求

滿足熱舒適設計和熱舒適控制的要求。

熱舒適設計

新建建築、學校、零售、資料中心、旅館接待、醫療保健

選項 1 ASHRAE 標準 55-2010

設計供暖、通風和空調（HVAC）系統和建築外殼結構，以符合 ASHRAE 標準 55–2010，“人員使用的熱舒適狀況”，或本地對應標準的要求。

對於游泳池來說，證明專案符合 ASHRAE 暖通空調應用手冊（ASHRAE HVAC Applications Handbook），2011 版第 5 章，“集會場所，典型的游泳館設計條件”的要求。

選項 2 ISO 和 CEN 標準設計暖通空調系統和建築外殼結構，以符合適用標準的要求：

- ISO 7730:2005“熱環境的人體工程學”，使用 PMV 和 PPD 指數的計算和本地熱舒適指標分析確定及解釋熱舒適性。
- CEN 標準 EN 15251:2007，與室內空氣品質、熱環境、照明和聲學效果相關的“用於設計和評估建築能源性能的室內環境輸入參數”，第 A2 部分

僅限資料中心專案

對於正常進駐空間，滿足以上要求。

倉儲和配送中心專案

符合上述建築辦公室部分的要求。

在建築的散裝儲存、分類和分配區域中的正常進駐區域，包括一個或多個以下備選設計：

- 輻射地板
- 循環風扇
- 被動系統，例如夜間空氣、熱通風或氣流
- 位置固定安裝的主動冷卻（冷媒或蒸發式系統）或加熱系統
- 固定的接線風扇，產生氣流以使住戶感到舒適
- 其他同等熱舒適策略

熱舒適控制

新建建築、學校、零售、資料中心、倉儲和配送中心、旅館接待

至少為 50% 的個人使用空間提供獨立的熱舒適控制裝置。為所有的公共人員空間提供群體熱舒適控制裝置。

熱舒適控制裝置可以讓獨立空間或公共多人員空間的住戶在他們所處的環境中調節其中至少一項：氣溫、輻射溫度、氣流速度和濕度。

僅限旅館接待專案

假定客房能夠提供充分的熱舒適控制，因此不包含在得分項目計算中。

僅限零售專案

在辦公室和管理區域至少 50% 的個人使用空間中滿足上述要求。

醫療保健專案

至少為每個病房以及 50% 的其餘個人使用空間提供獨立的熱舒適控制裝置。為所有的公共多人員空間提供群體熱舒適控制裝置。

熱舒適控制裝置可以讓獨立空間或公共多人員空間的住戶在他們所處的環境中調節其中至少一項：氣溫、輻射溫度、氣流速度和濕度。

EQ 得分項目：室內照明（INTERIOR LIGHTING）

建築設計與施工 BD&C 1-2 分

該得分項目適用於

- 新建建築 New Construction（1-2 分）
- 學校 School（1-2 分）
- 零售 Retail（1-2 分）
- 資料中心 Data centers（1-2 分）
- 倉儲和配送中心 Warehouses and Distribution Centers（1-2 分）
- 旅館接待 Hospitality（1-2 分）
- 醫療保健 Healthcare（1-2 分）

目的

提供高品質照明，改善住戶的生產效率、舒適性和健康。

要求

新建建築、學校、資料中心、倉儲和配送中心、旅館接待

選擇以下兩個選項之一或全部。

選項 1 照明控制（1 分）

為至少 90% 的個人使用空間提供獨立照明控制，可以讓住戶調節照明以適合他們各自的任務和偏好，並且具有至少三種照明等級或場景（開、關、中等）。中等是最大照明等級的 30% 到 70%（不包括自然採光的 影響）。

所有公共人員空間都要滿足以下全部要求。

- 提供多區控制系統，可以讓住戶調節照明以滿足群體需求和偏好，並且具有至少三種照明等級或場景（開、關、中等）。
- 投影牆的照明必須單獨控制。

- 開關或手動控制必須與受控的光源位於同一個空間中。操作控制裝置的人必須能夠直接看到受控的光源。

僅限旅館接待專案

假定客房能夠提供充分的照明控制，因此不包含在得分項目計算中。

選項 2 照明品質（1 分）

從以下策略中選擇 4 項。

A. 在所有常用空間中，使用從最低點開始 45 到 90 度的範圍內照度不足 2,500 cd/m2 的照明燈具。例外情況包括正確對準牆壁的壁燈、間接上照燈具（前提是沒有從上方的常用空間向下看這些燈具的視野），以及其他特定燈具（例如可調節的燈具）。

B. 在整個專案中使用 CRI 為 80 或更大值的光源。例外情況包括專門用來實現效果、基地照明或其他特殊用途提供彩色燈光的燈具。

C. 在至少 75% 的全部相關照明負荷中，使用額定壽命（LED 光源為 L70）至少為 24000 小時（如適用，每次啟動後使用 3 小時）的光源。

D. 在所有常用空間中，對 25% 以下的全部相關照明負荷使用直射光吸頂燈。

E. 在至少 90% 的常用建築面積中，面積權重平均表面反射率滿足或超過以下門檻：天花板為 85%、牆壁為 60%，地板為 25%。

F. 如果傢俱包括在專案範圍內，選擇傢俱表層以使面積權重平均表面反射率滿足或超過以下門檻：工作表面為 45%，可移動的隔牆為 50%。

G. 在至少 75% 的常用建築面積中，牆壁表面平均照度（不包括開窗）與工作平面（或表面，如果有具體說明）平均照度的比值不超過 1:10。還必須滿足策略 E、策略 F，或證明牆壁的面積權重表面反射率至少為 60%。

H. 在至少 75% 的常用建築面積中，天花板平均照度（不包括開窗）與工作表面照度的比值不超過 1:10。還必須滿足策略 E、策略 F，或證明天花板的面積權重表面反射率至少為 85%。

零售新建建築專案

在辦公室和管理區域至少 90% 的個人使用空間中，提供單獨的照明控制裝置。

在銷售區域中，提供可以將環境亮度降低至中等程度（最大照度等級的 30% 到 70%，不包括自然採光影響）的控制裝置。

醫療保健專案

至少為工作人員區域內 90% 的個人使用空間提供獨立的照明控制裝置。

對於至少 90% 的患者所在位置，提供可從患者床位隨時操控的照明裝置。在多患者空間，控制裝置必須為獨立的照明控制裝置。在專用房間中，還提供可從患者床位操控的外部窗簾、百葉窗或帷幕控制裝置。例外情況包括住院特級護理、兒科和精神病科病房。

對於所有公共多人員空間，提供多區控制系統，可以讓住戶調節照明以滿足群體需求和偏好，並且具有至少三種照明等級或場景（開、關、中等）。中等是最大照明等級的 30% 到 70%（不包括自然採光的影響）。

EQ 得分項目：自然採光（DAYLIGHT）

建築設計與施工 BD&C 1-3 分

該得分項目適用於

- 新建建築 New Construction（1-3 分）
- 核心與外殼 Core & Shell（1-3 分）
- 學校 School（1-3 分）
- 零售 Retail（1-3 分）
- 資料中心 Data centers（1-3 分）
- 倉儲和配送中心 Warehouses and Distribution Centers（1-3 分）
- 旅館接待 Hospitality（1-3 分）
- 醫療保健 Healthcare（1-3 分）

目的

將建築住戶與室外相關聯，加強晝夜節律，並透過將自然光引入空間來減少電力照明的使用。

要求

新建建築、核心與外殼、學校、零售、資料中心、倉儲和配送中心、旅館接待、醫療保健

在所有常用空間中提供手動或自動眩光控制設備。

選擇以下三個選項之一。

選項 1 模擬：空間全自然光照明和年度日光照射（2-3 分，醫療保健為 1-2 分）

透過電腦類比來證明實現每年至少 55%、75% 或 90% 的空間全自然光照明 300/50%（sDA300/50%）。使用常規空間建築面積。醫療保健專案應使用 EQ 得分項目：優良視野（Quality Views）所確定的周邊區域。根據表 1 獲得分數。

表 1　自然採光建築面積：空間全自然光照明的分數

新建建築、核心與外殼、學校、零售、資料中心、倉儲和配送中心、旅館接待		醫療保健項目	
sDA（用於常規使用空間建築面積）	分數	sDA（用於周邊建築面積）	分數
55%	2	75%	1
75%	3	90%	2

透過每年的電腦類比證明實現了年度日光照射 1000 和 250（ASE1000,250）不超過 10%。按照 sDA300/50% 模擬使用有自然採光的常用空間面積。

sDA 和 ASE 計算網格不應超過 2 英尺（600 毫米）見方，並且在高於完工樓地面 30 英寸（76 毫米）的工作面高度上橫跨常用空間區域（除非另有規定）。使用基於最近氣象站的典型氣象年資料，或者類似數據的每小時日照分析。包括任何永久室內阻礙物。可移動傢俱可排除在外。

僅限核心與外殼專案

如果空間中的飾面未完工，使用下面的預設表面反射率：天花板 80%，地面 20%，牆壁 50%。假定除核心之外的整個樓層地面都將作為常用空間。

選項 2 模擬：照度計算（1-2 分）

透過電腦建模證明表 2 中所指定的建築面積在春分（且為晴天）當天的照度等級在上午 9 點和下午 3 點之間將為 300 lux 到 3,000 lux。使用常規空間建築面積。醫療保健專案應使用 EQ 得分項目：優良視野（Quality Views）所確定的周邊區域。

表 2　自然採光建築面積：照度計算的分數

新建建築、核心與外殼、學校、零售、資料中心、倉儲和配送中心、旅館接待		醫療保健	
常用空間面積的百分比	分數	周邊建築面積的百分比	分數
75%	1	75%	1
90%	2	90%	2

在晴天按照以下方式計算太陽（直射部分）和天空（漫反射部分）的照度強度：

- 使用最近氣象站的典型氣象年資料，或者類似資料。
- 分別在 9 月 21 日和 3 月 21 日前後 15 天中選擇一天，作為最晴朗的天空情況。
- 使用所選 2 天的每小時值的平均值。

模型中不包括百葉窗或窗簾。包括任何永久室內阻礙物。可移動傢俱和隔斷可排除在外。

僅限核心與外殼專案

如果空間中的飾面未完工，則採用以下默認表面反射率：天花板 80%，地面 20%，牆壁 50%。

假定除核心之外的整個樓地面都將作為常用空間。

選項 3 測量（2-3 分，醫療保健為 1-2 分）

使使表 3 中所指定的建築面積實現 300 lux 到 3,000 lux 的照度等級。

表 3　自然採光建築面積：測量的分數

新建建築、核心與外殼、學校、零售、資料中心、倉儲和配送中心、旅館接待		醫療保健專案	
常用空間面積的百分比	分數	周邊建築面積的百分比	分數
75	2	75	1
90	3	90	2

在安放好傢俱、器具和設備之後，即可按照以下方式測量照度等級：

- 在上午 9 點和下午 3 點之間的任意一個小時期間，在合適的工作面高度上測量。
- 在任意月份進行一次測量。並按照表 4 的規定進行第二次測量。

- 對於大於 150 平方英尺（14 平方公尺）的空間，在最多 10 英尺（3 米）見方的方格中進行測量。
- 對於小於等於 150 平方英尺（14 平方公尺）的空間，在最多 3 英尺（900 毫米）見方的方格中進行測量。

表 4　照度測量時間

如果第一次測量的時間為 ...	則進行第二次測量的時間為 ...
一月	五月 - 九月
二月	六月 - 十月
三月	六月 - 七月，十一月 - 十二月
四月	八月 - 十二月
五月	九月 - 次年一月
六月	十月 - 次年二月
七月	十一月 - 次年三月
八月	十二月 - 次年四月
九月	十二月 - 次年一月，五月 - 六月
十月	二月 - 六月
十一月	三月 - 七月
十二月	四月 - 八月

EQ 得分項目：優良視野（QUALITY VIEWS）

建築設計與施工 BD&C 1-2 分

該得分項目適用於

- 新建建築 New Construction（1 分）
- 核心與外殼 Core & Shell（1 分）
- 學校 School（1 分）
- 零售 Retail（1 分）
- 資料中心 Data centers（1 分）

- 倉儲和配送中心 Warehouses and Distribution Centers（1 分）
- 旅館接待 Hospitality（1 分）
- 醫療保健 Healthcare（1 分）

目的

透過提供優良視野，讓建築住戶與室外自然環境相關聯。

要求

新建建築、核心與外殼、學校、零售、資料中心、旅館接待

為全部常用空間建築面積的 75% 提供觀景窗，從而能夠直接看到室外。相關區域的觀景窗必須提供清楚的室外視野，不會受到各種陶瓷玻璃、纖維、壓花玻璃，或添加的色彩（扭曲色彩平衡）的阻擋。

此外，全部常用空間建築面積的 75% 都必須擁有以下 4 種視野中的至少 2 種：

- 多條視線從不同方向（至少 90 度夾角）看到觀景窗
- 視野包括其中至少 2 種：（1）植物、動物或天空；（2）移動景觀；以及（3）距離玻璃外部至少 25 英尺（7.5 米）的物體
- 不受阻礙的視野位於觀景窗頂部高度三倍的距離之內
- 按照“窗戶與辦公室：辦公室工作人員的績效和室內環境的研究”（Windows and Offices: A Stud y of Office Worker Performance and the Indoor Environment）的定義，視野係數為 3 或更大 的視野

將永久室內阻礙物包括在計算中，可移動傢俱和隔斷可排除在外，可看到室內中庭的視野最多可占達標所需面積的 30%。

倉儲和配送中心專案

對於建築的辦公區，滿足以上要求。

對於建築中的大量貯存、分類和配送區，使 25% 的常用空間建築面積滿足以上要求。

醫療保健專案

對於住院部門（IPU），符合上面的要求（1 分）。

對於其他區域，設計建築平面，使得周邊 15 英尺（4.5 米）之內的建築面積超過周邊面積要求（表 1），並符合上述的周邊面積要求（1 分）。

表 1　符合要求的最小周邊面積（按樓板面積）

樓板面積		周邊面積	
（平方英尺）	（平方米）	（平方英尺）	（平方米）
最高 15,000	最高 1,400	7,348	682
20,000	1,800	8,785	816
25,000	2,300	10,087	937
30,000	2,800	11,292	1,049
35,000	3,300	12,425	1,154
40,000	3,700	13,500	1,254
45,000	4,200	14,528	1,349
50,000 和更大	4,600 和更大	15,516	1,441

EQ 得分項目：聲環境表現（ACOUSTIC PERFORMANCE）

建築設計與施工 BD&C 1-2 分

該得分項目適用於

- 新建建築 New Construction（1 分）
- 學校 School（1 分）
- 資料中心 Data centers（1 分）
- 倉儲和配送中心 Warehouses and Distribution Centers（1 分）
- 旅館接待 Hospitality（1 分）
- 醫療保健 Healthcare（1 分）

目的

透過有效的聲學效果設計，提供改善用戶健康、生產效率和溝通的工作空間和教室。

要求

新建建築、資料中心、倉儲和配送中心、旅館接待

所有使用空間都須滿足以下關於暖通空調背景雜音、隔音、混響時間以及擴音和遮蔽的要求。

暖通空調背景雜音

按照 2011 ASHRAE 手冊“暖通空調應用”第 48 章表 1；AHRI 標準 885-2008，表 15；或本地對應標準，讓供暖、通風和空調（HVAC）系統獲得最大背景雜音。計算或測量聲音強度。

在測量中，使用符合 ANSI S1.4 1 類（精確）或 2 類（一般用途）聲音測量儀器，或本地對應標準的聲級表。

符合 ASHRAE 2011 應用手冊表 6；或本地對應標準中所列聲音傳播路徑的暖通空調噪音等級設計標準。

聲音傳播

滿足表 1 中所列複合聲音傳播等級（STCC），或本地建築法規（以更嚴格者為準）。

表 1　相鄰空間最大複合聲音傳播等級

相鄰組合		STCC
住宅（在多戶住宅中）、飯店或汽車旅館房間	住宅、飯店或汽車旅館房間	55
住宅、飯店或汽車旅館房間	公用走廊，樓梯	50
住宅、飯店或汽車旅館房間	零售	60
零售	零售	50
標準辦公室	標準辦公室	45

相鄰組合		STCC
行政辦公室	行政辦公室	50
會議室	會議室	50
辦公室，會議室	走廊，樓梯	50
機械設備間	使用空間	60

混響時間

滿足表 2 中的混響時間要求（源自商業建築[1] 能效測量方案表 9.1）。

表 2　混響時間要求

房間類型	應用	T60（秒），500Hz、1000Hz 和
單層公寓和共管式公寓	—	＜ 0.6
飯店 / 汽車旅館	單個房間或套間	＜ 0.6
	會議室或宴會廳	＜ 0.8
辦公大樓	行政或私人辦公室	＜ 0.6
	會議室	＜ 0.6
	電話會議室	＜ 0.6
	沒有隔音的開放辦公室	＜ 0.8
	有隔音的開放式辦公室	0.8
法庭	不擴音的講話	＜ 0.7
	擴音的講話	＜ 1.0
藝術表演空間	戲劇院、音樂會和獨奏廳	因應用而不同
實驗室	在盡可能少地進行語言溝通的情況下測試或研究	＜ 1.0
	經常使用電話和進行語言溝通	＜ 0.6
教堂、清真寺、猶太教堂	有重要音樂節目的集會	因應用而不同
圖書館	—	＜ 1.0

3　源自 ASHRAE（2007d）、ASA（2008）、ANSI（2002）和 CEN（2007）

房間類型	應用	T60（秒），500Hz、1000Hz 和
室內體育場，體育館	體育館和游泳館	< 2.0
	帶擴音效果且可容納很多人的空間	< 1.5
教室	—	< 0.6

擴音和遮蔽系統

擴音

對於所有可容納超過 50 人的大型會議室和禮堂，評估是否需要擴音和影音播放功能。

如果需要，擴音系統必須滿足以下條件：

- 在覆蓋範圍內具有代表性的點上實現至少 0.60 的聲音傳輸指數（STI）或者至少 0.77 的普通清晰度範圍（CIS）等級，以提供可接受的清晰度。
- 最低音量為 70 dBA。
- 對於整個空間，在 2000 Hz 倍頻帶上使音量覆蓋範圍保持在 +/–3 dB 範圍內。

遮蔽系統

對於使用遮蔽系統的專案，設計音量不得超過 48 dBA。確保揚聲器覆蓋範圍提供 +/–2 dBA 的一致性，且能夠有效遮蔽音量。

學校

暖通空調背景雜音

使教室和其他核心學習空間中的供暖、通風和空調（HVAC）系統的最大背景雜音等級限制為 35 dBA。遵照 ANSI 標準 S12.60–2010 第 1 部分，附錄 A.1；2011 HVAC 應用 ASHRAE 手冊第 48 章“聲音與振動”；AHRI 標準 885–2008；或當地對應的標準中為機械系統噪音控制所推薦的方法和最佳實踐。

聲音傳播

教室和其他核心學習空間設計達到 ANSI S12.60–2010 第 1 部分或當地對應的標準中的聲音傳播等級（STC）要求。外部窗戶的 STC 等級至少必須達到 35，除非戶外和室內噪音等級可以被驗證適當採用較低的 STC 等級。

醫療保健專案

設施設計達到或超過上述聲音與振動標準，該標準改編自“2010 FGI 醫療保健設施的設計和施工指南”（“2010 FGI 指南”，2010 FGI Guidelines for Design and Construction of Health Care Facilities）及其所基於的參考文件“醫療保健設施的聲音與振動設計指南”（“2010 SV 指南”，Sound and Vibra tion Design Guidelines for Health Care Facilities）。

選項 1 談話隱私、隔音和背景雜音（1 分）

談話隱私和隔音裝置設計要達到談話隱私、音響舒適度和最低噪音源煩擾的要求。考慮聲源和接收位置的聲級、接收位置的背景聲音以及住戶的聲音隱私和音響舒適度需要。談話隱私定義為“…使聲音無法被人無意中聽到的技術”（ANSI T1.523-2001）。

設施設計達到表 1.2-3“密閉房間之間的最低隔音性能設計標準”和表 1.2-4“密閉房間和開敞式空間的談話隱私”部分（位於 2010 FGI 指南和 2010 SV 指南中）列出的標準。根據需要計算或測量典型鄰近區域的隔音和談話隱私指標，以確認符合 2010 FGI 指南第 1.2-6.1.5 節和第 1.2-6.1.6 節以及 2010 SV 指南中的標準。

背景雜音

考慮所有建築機械、電氣、管道系統、空氣配送系統和專案建築設計施工團隊認知範圍內的其他設施噪音源所產生的背景雜音等級。

設施設計中典型內部房間和空間符合 2010 FGI 指南的表 1.2-2“最小 - 最大噪音設計標準”。

計算和測量在每種類型的典型房間和空間中的音量，確認符合上述表中的標準（使用符合 ANSI S1.4 的 1 類（精密）或 2 類（通用）聲音測量儀錶要求的音量計）。對於 1.2-2 中未列出的空間，請參閱 ASHRAE 2011 手冊第 48 章，“聲音與振動控制”中的表 1。

選項 2 聲學裝飾和基地外部噪音（1 分）

符合聲學裝飾和基地外部噪音的要求。

聲學裝飾

確定材料、產品系統的安裝細節和其他設計功能，使其符合 2010 FGI 指南中表 1.2-1，“設計房間的聲音吸收係數”（包括附錄中的相關部分）。計算或測量建築中每種類型的典型使用房間的平均聲音吸收係數，以確認符合要求。

應盡可能地降低道路交通、飛機低空飛行、鐵路、基地內直升機場、維護測試期間使用的緊急發電機、戶外設施機電設備和建築服務設備等產生的基地外部噪音對建築用戶的影響。另外，還應根據需要盡可能地降低所有設施機電設備和活動對周圍社區的影響，以達到（1）當地適用的法規或（2）2010 FGI 指南的表 1.2-1、表 1.2-1 和 2010 SV 指南的表 1.3-1 的要求（取最高標準）。符合 2010 FGI 指南關於以下噪音來源的要求：

- 直升機場，A1.3-3.6.2.2；
- 發電機，2.1-8.3.3.1；
- 機械設備，2.1-8.2.1.1；
- 建築服務，A2.2-5.3

測量和分析資料以確定設施基地的外部噪音分類（A、B、C 或 D）。請參閱 2010 FGI 指南“醫療保健設施基地按外部環境噪音進行的分類”（Categorization of Health Care Facility Sites by Exterior Ambient Sound）中表 A1.2a 和 2010 SV 指南的表 1.3-1。

根據 2010 FGI 指南“醫療保健設施基地按外部環境噪音進行的分類”（Categorization of Health Care Facility Sites by Exterior Ambient Sound）設計建築外殼結構複合 STC 等級，並使其符合要求。對於室外基地暴露分類 B、C 或 D，計算或測量室外建築外殼結構的典型構件的隔音性能，以確定典型立面部分的複合聲音傳播（STCc）等級。測量應符合現行版本的 ASTM E966“建築立面和立面構件的空氣中隔音效果現場測量的標準指南”（Standard Guide for Field Measurements of Airborne Sound Insulation of Building Façades and Façade Elements）。

( ) 1. 下列哪一項不是優良室內環境品質的好處？

A. 建築價值增加

B. 病態建築綜合症

C. 曠工率降低

D. 生產效率提高

( ) 2. 對教室來說，控制回聲的時間對創造有效交流的環境很重要。對於一個小於 20,000 立方英尺（566 平方公尺）的房間，推薦的天花板降噪係數是多少？

A. 0.6

B. 0.4

C. 0.7

D. 0.5

( ) 3. 一個小於 20,000 立方英尺（566 平方公尺）的教室，有複雜的不規則形狀，下列設計策略哪一項不適合該建築？

A. 單獨考慮降噪係數可能對這一房間不夠

B. 回聲時間應該在 800Hz 下進行測試

C. 這個房間的降噪設計應該符合美國國家標準化組織標準 S12.60–2010

D. 每一個房間的回聲時間都應該符合設計標準中允許的最大時長

( ) 4. 一個機械通風的辦公建築的設計團隊考慮設計一個影印室。為維持良好的室內空氣品質，防止室內交叉污染，下列哪一項措施不合適？

A. 這個房間應該安裝手動關閉門

B. 這個房間應該設置足夠的排風量

C. 這個房間相對於其他房間，應該處於負壓狀態

D. 這個房間應該設置分區，與其他房間隔離開來

(　　) 5. 對於一個經常使用的辦公室，其機械通風系統的設計要求不包括下列哪一項？

A. 安裝的顆粒過濾或空氣清潔裝置的最低效率報告值（MERV）應該為 13

B. 安裝的顆粒過濾或空氣清潔裝置應該在 F7 級或以上

C. 每一個抽取室內外空氣的通風系統都應該帶有顆粒過濾或空氣清潔裝置

D. 施工時採用的過濾設備也可以繼續在入住後使用

(　　) 6. 一項工程希望在“環境品質”中的加強室內空氣品質策略得分項目中獲得兩分。下列哪一項不是額外的加強室內空氣品質策略？

A. 加強通風

B. 二氧化碳監測

C. 外部污染預防

D. 安裝永久入口系統

(　　) 7. 額外的加強室內空氣品質策略之一是防止外部污染。下列哪一種方法不推薦？

A. 把室外空氣進氣口的位置遠離裝卸碼頭和道路

B. 室外空氣進氣口的位置可以靠近屋頂排氣口，但需要在不同的方向

C. 研究顯示把室外空氣進氣口設在建築一側三分之一高度以上可以防止室外污染

D. 考慮把室外空氣進氣口的位置遠離污染源

(　　) 8. 一項工程希望在“環境品質”類得分項目“加強室內空氣品質策略”中獲得兩分。設計團隊決定在機械通風系統施工中採用加強的室外通風率。在“環境品質”類先決條件最低室內空氣品質要求中，室外空氣通風率應該高於最小通風率多少？

A. 30%

B. 10%

C. 40%

D. 20%

(　　) 9. 安裝永久入口系統是"加強室內空氣品質"的策略之一。下列哪一項入口系統不符合 LEED 要求？

A. 開放槽系統，允許從下方開始進行清潔

B. 地席

C. 格柵

D. 一般的建築地毯

(　　) 10. 如果一棟新建建築（不包括醫療和學校工程）要得到"低排放材料"得分項目，下列哪一項不需要達到排放和內容標準？

A. 室內膠粘劑和密封劑

B. 室內油漆和塗料

C. 複合木材

D. 應用在外部的產品

(　　) 11. 一棟新建建築（尚未安裝傢俱）希望在"低排放材料"得分項目獲得三分，工程中用到的多少種材料需要滿足排放和內容要求？

A. 4

B. 5

C. 6

D. 3

(　　) 12. 下列哪一項不屬於非常用空間？

A. 機械和電氣室

B. 資料中心區域

C. 樓梯通道

D. 房間裡的壁櫥（不包括步入式衣櫥）

(　　) 13. 一棟新建建築（已安裝傢俱）希望在“低排放材料”得分項目獲得三分，工程中有多少種材料需要滿足排放和內容要求？

A. 4

B. 6

C. 3

D. 5

(　　) 14. 一棟醫療保健建築（尚未安裝傢俱）希望在“低排放材料”得分項目獲得三分，工程中有多少種材料需要滿足排放和內容要求？

A. 3

B. 6

C. 5

D. 4

(　　) 15. 一棟醫療保健建築（已安裝傢俱）希望在“低排放材料”得分項目獲得三分，工程中有多少種材料需要滿足排放和內容要求？

A. 5

B. 4

C. 7

D. 6

(　　) 16. 下列哪一項不是揮發性有機化合物的固有非排放源？

A. 以有機物為基礎的塗層的木地板

B. 鍍金屬

C. 未經處理的木地板

D. 陶瓷

(　　) 17. 施工室內空氣品質管制計畫得分項目要求在施工期間永久性安裝的空氣處理設備不應該運行，除非過濾介質能滿足最低的效率報告值。最低的效率報告值（MERV）是多少？

A. 13

B. 3

C. 10

D. 8

(　　) 18. 下列哪一項關於施工室內空氣品質管制計畫得分項目要求的措施不正確？

A. 在施工期間禁止在建築內和入口附近 15 英尺（4.5 米）內吸菸

B. 保護停車在現場和已安裝的所有吸水性材料防止濕氣滲透

C. 施工期間，要滿足或超過鈑金與空氣調節承包商協會（SMACNA）針對在用建築的指南中所有適用的推薦控制標準

D. 在施工期間禁止運行永久性安裝的空氣處理設備，除非過濾介質滿足最低的效率報告值（MERV 8）

(　　) 19. 獲得“室內空氣品質評估”得分項目的方法之一是用室外空氣大量換氣（吹洗）整個建築。所需的空氣量是多少？

A. 每平方英尺提供 14000 立方英尺室外空氣（每平方公尺面積每秒需要 4,267 升空氣）

B. 每平方英尺提供 3500 立方英尺室外空氣（每平方公尺面積每秒需要 1,066 升空氣）

C. 每平方英尺提供 7200 立方英尺室外空氣（每平方公尺面積每秒需要 2,194 升空氣）

D. 每平方英尺提供 1400 立方英尺室外空氣（每平方公尺面積每秒需要 426 升空氣）

( ) 20. 獲得“室內空氣品質評估”得分項目的方法之一是用室外空氣吹洗整個建築。下列哪一項敘述不正確？

A. 在入住之前需要完成大量換氣（吹洗）通風

B. 在大量換氣（吹洗）通風期間，室內溫度應該被保持在華氏 60-80 度之間（攝氏 15-27 度）

C. 在大量換氣（吹洗）通風期間，室內環境應該被保持在相對濕度不超過 60%

D. 在大量換氣（吹洗）通風之前，需要安裝新的濾網

( ) 21. 獲得“室內空氣品質評估”得分項目的方法之一是進行空氣測試。對於一項新的辦公建築，根據美國材料實驗協會（ASTM）D5197 標準，最大的甲醛濃度水準是多少？

A. 20 ppb

B. 27 ppb

C. 9 ppb

D. 16.3 ppb

( ) 22. 獲得“室內空氣品質評估”得分項目的方法之一是進行空氣測試。對於一項新的醫療工程，根據美國環保署彙編方法（EAP Compendium Method）IP-10 標準，最大的顆粒物濃度水準是多少？

A. 每立方米 20 微克

B. 每立方米 9 微克

C. 每立方米 50 微克

D. 每立方米 15 微克

( ) 23. 下列哪些屬於個人居住空間？（選兩項）

A. 游泳館

B. 接待台

C. 飯店大堂

D. 飯店前臺

E. 飯店客房

(　　) 24. 獲得“室內空氣品質評估”得分項目的方法之一是進行空氣測試。對於一項新的醫療工程，根據美國環保署彙編方法（EAP Compendium Method）IP-1 標準，最大的總揮發性有機物濃度水準是多少？

A. 每立方米 200 微克

B. 每立方米 700 微克

C. 每立方米 20 微克

D. 每立方米 500 微克

(　　) 25. 獲得“室內空氣品質評估”得分項目的方法之一是進行空氣測試。對於一項新的零售建築工程，根據美國環保署彙編方法（EAP Compendium Method）IP-1 標準，最大的總揮發性有機物濃度水準是多少？

A. 每立方米 700 微克

B. 每立方米 20 微克

C. 每立方米 500 微克

D. 每立方米 200 微克

(　　) 26. 為了滿足“熱舒適度”得分項目的要求，為住戶提供熱度控制非常重要。至少多少單人空間空間應該具備熱舒適度控制？

A. 10%

B. 50%

C. 70%

D. 20%

(　　) 27. 為了滿足“熱舒適度”得分項目的要求，為住戶提供熱舒適度控制端非常重要。下列關於熱舒適度控制的敘述哪一項是不正確的？

A. 允許住戶調節濕度的熱舒適度控制

B. 所有的單人空間空間都應該有熱舒適度控制

C. 所有的多住戶空間都應該有群體熱舒適控制裝置

D. 允許住戶調節輻射溫度的熱舒適度控制

(　　) 28. 影響熱舒適度控制的主要因素有 6 個。下列哪一項不是其中之一？

A. 空氣速度

B. 濕度

C. 勒克斯（lux）

D. 代謝速率

(　　) 29. 下列哪些不是符合“熱舒適度”得分項目的熱舒適度控制系統？（選兩項）

A. 吊扇

B. 插電式桌面風扇

C. 具有固定伸展台的落地窗

D. 有中央空調，住戶不能自行調節

E. 桌面加濕器

(　　) 30. 下列哪一項關於熱舒適度的敘述錯誤？

A. 住在自然通風空間裡的住戶對室內環境變化接受的範圍較窄

B. 預期舒適度投票（PMV）指數模型被廣泛應用于熱舒適度預測

C. 住在機械通風空間裡的住戶對室內環境變化接受的範圍較小

D. 在住戶可接觸範圍內的可開啟式窗戶能夠幫助增加熱舒適度

(　　) 31. 為了獲得“室內採光”得分項目，單人空間中至少須有多少百分比應該配備個人採光控制？

A. 30%

B. 70%

C. 90%

D. 50%

(　　) 32. 為了獲得“室內採光”得分項目，創造一個採光良好的室內環境很重要。下列哪一種採光設計不能幫助專案得分？（選兩項）

A. 在常用空間內至少有 25% 的全部相連的照明負載使用直射頂燈

B. 使用的燈具亮度在距垂直面 45 度到 90 度之間且小於 2500cd/m2

C. 使用的光源顯色指數（CRI）為 80 或更高

D. 至少 75% 全部相連的照明負載使用的光源壽命須至少為 12,000 小時

E. 對於至少 90% 的常用空間，需要滿足或超過下列按面積加權平均的表面反射率要求：天花板為 85%，牆壁為 60%，地板為 25%

(　　) 33. 下列哪一種針對醫療保健建築的室內採光設計不是 LEED 推薦的？

A. 為至少 90% 的病床提供病人可以從床上控制的採光控制

B. 為工作人員區至少 90% 的單人空間提供個人採光控制

C. 在多床位的病人空間，多區域控制系統可以替代個人採光控制

D. 為多人共用的多床位空間提供多區域控制系統使得住戶可以調節光線以滿足集體的需要

(　　) 34. 針對通風設計和評估，LEED 採用的標準是什麼？（選兩項）

A. 英國註冊建築設備工程師協會（CIBSE）AM13 -2000

B. 英國註冊建築設備工程師協會（CIBSE）AM10 -2005

C. 美國採暖製冷與空調工程師學會（ASHRAE）62.1-2010

D. 美國採暖製冷與空調工程師學會（ASHRAE）90.1-2010

E. 美國採暖製冷與空調工程師學會（ASHRAE）55-2004

(　　) 35. 一棟辦公建築工程希望獲得“室內採光”得分項目選項一。下列哪一種採光設計不能被接受？

A. 傳統的僅提供開 / 關控制的開關設計不可接受

B. 在共用的多住戶空間中，展示牆或投影牆的採光應該被單獨控制

C. 至少 90% 的單人空間空間應該有個人採光控制

D. 採光控制至少要分兩個亮度

(　　) 36. 在住戶空間中使用自然光時，控制眩光非常重要。下列哪一種裝置不是眩光控制裝置？（選兩項）

A. 固定的外遮陽

B. 室內百葉窗

C. 窗簾

D. 可移動的外部百葉窗

E. 深色玻璃

(　　) 37. 分析室內自然光分佈的方法之一是使用電腦模型技術進行自然光類比。下列哪一項模擬工作的要求不正確？

A. 在常用空間模擬直射太陽光照是不必要的

B. 模擬技術應該預測常用空間一整年內的太陽光分佈

C. 自然光模擬計畫應該能夠得出空間自然採光百分比（sDA ratios）

D. 要能夠模擬每小時的照度

(　　) 38. 分析室內自然光水準的方法之一是進行典型時間點的自然光亮度模擬。最佳自然光亮度水準的範圍是什麼？

A. 200-2000 Lux

B. 300-2000 Lux

C. 300-3000 Lux

D. 400-3000 Lux

(　　) 39. 為了確定建築內的自然光分佈，設計團隊進行了空間自然採光百分比模擬（sDA）。在此之後，還必須進行年度陽光曝露模擬（ASE）。在每一個分析區域允許的最大年度陽光暴露值是多少？

A. 15%

B. 10%

C. 5%

D. 20%

(　　) 40. 為了滿足“自然光”得分項目要求，一棟辦公建築的工程團隊決定進行自然光亮度現場測量。自然光亮度測量時，傢俱等固定設備需已安裝完成，並且放在相應工作高度上測量。為了在這一得分項目中獲得兩分，在 300 Lux 到 3000 Lux 之間要求多少常用面積的亮度水準的百分比？

A. 75%

B. 90%

C. 50%

D. 35%

(　　) 41. 為了獲得“環境品質”章節中的良好視野得分項目，常用建築面積中的多少百分比應該能夠透過玻璃直接看到室外？

A. 30%

B. 75%

C. 50%

D. 70%

(　　) 42. 為了保證室內良好視野，常用空間內能夠直接看到室外的區域需要達到最小比例。此外，視野還必須符合一定的要求。下列哪一項不是對於看到室外的視野的要求？

A. 視角參數（view factor）為 3 或以上

B. 窗框上沿（距樓層地板）兩倍高度距離內擁有無障礙視野

C. 視野內至少能看到距窗外 25 英尺（7.5 米）的植物、動物、天空及其移動物體

D. 來自不同方向的視野，至少分開 90 度

(　　) 43. 下列哪一種設計策略不能促進室外視野？

A. 在天花板高度設置玻璃

B. 選擇儘量減少視覺障礙的室內設計和傢俱選擇

C. 在開放式辦公室空間，選擇矮小的隔牆

D. 使用能夠保證外部視野的眩光控制裝置

(　　) 44. 為了獲得"室內環境品質"類得分項目"聲學性能"，在設計一項飯店工程時兩個房間之間的聲音傳輸等級應該達到哪一標準？

A. 50

B. 45

C. 60

D. 55

(　　) 45. 在一個機械通風空間內，下列哪一項通風設計策略不符合"室內空氣品質"先決條件的要求？

A. 對於定風量系統，平衡新鮮空氣量控制在最低新鮮空氣量要求值上

B. 對於變風量系統，提供一個精確度為正負 10% 的新鮮空氣計量裝置

C. 對於變風量系統，當新鮮空氣量變化大於設定值 20% 時應該發出警報

D. 對於定風量系統，在送風機上應該安裝監測系統

(　　) 46. 在一項飯店工程設計中，為了達到“室內環境品質”類得分項目“聲學性能”要求，客房內的回聲時間要求是什麼？

A. 少於 0.7 秒

B. 少於 0.6 秒

C. 少於 0.8 秒

D. 少於 1.0 秒

(　　) 47. 與其他類型工程相比，醫療保健建築的室內空氣品質管制的要求是什麼？

A. 符合鈑金與空氣調節承包商協會（SMACNA）標準

B. 禁止在建築內和入口處外 15 英尺（4.5 米）內使用菸草製品

C. 環境控制管理計畫

D. 在施工期間運行的永久性安裝的空氣處理設備必須滿足過濾要求

(　　) 48. 在下列哪一項不是推薦的進行空氣測試或大量換氣（吹洗）通風的準備工作？

A. 使用帶有高效空氣篩檢程式的真空吸塵器打掃顆粒物

B. 在大量換氣（吹洗）通風之後應該進行暖通空調系統的測試和平衡工作

C. 保證所有業主提供的傢俱都已經安裝在住宅工程內

D. 完成所有會揮發有機化合物或其他污染物的清單事項

(　　) 49. 考慮一棟建築內兩個房間之間的聲音傳播，應該衡量哪些條件？（選兩項）

A. 相臨空間的類型

B. 室外聲音水準

C. 相臨空間的回聲時間

D. 佔用房間的類型

E. 所佔用的房間內的回聲時間

(　　) 50. 研究證明增加房間內的自然光有很多益處。下列哪一項不是好處之一？

A. 提高學生的表現

B. 增加揮發性有機化合物的排放

C. 提高工作空間的效率

D. 加強人體的晝夜節律

(　　) 51. 為了有效控制日光環境裡的眩光，下列哪一項是自動眩光控制裝置的必備設計？

A. 根據室外亮度自動控制

B. 人員感測器

C. 可手動控制

D. 根據室內工作面的亮度水準控制

(　　) 52. 一個建築工程團隊希望透過增加一條綠色清潔政策獲得創新得分項目，政策規定使用環保的清潔產品和設備。這棟建築將配備保潔房間和混合通風模式。下列關於該工程滿足"室內交叉污染"要求的敘述哪一項正確？

A. 該專案的綠色清潔政策滿足要求

B. 為了滿足要求，保潔房間將需要額外增加自動關閉門、分區和硬蓋天花板

C. 由於採用了混合通風模式，這項工程不滿足要求

D. 為了滿足要求，保持清潔房間將需要額外增加通往外界的永久開口

(　　) 53. 一個工程團隊考慮為機械通風系統設置新鮮空氣監測系統。哪裡需要安裝二氧化碳感測器？

A. 所有的戶外增加量

B. 無論人員密度空間高低，高於地板 3-6 英尺（900-1800 毫米）高度和距離牆壁或空調裝置 2 英尺（610 毫米）以外的空間

C. 所有的化學品儲存區域

D. 在無論人員密度高低的空間，高於地板 3-6 英尺（900-1800 毫米）高度

( ) 54. 經過計算，在一棟單層辦公建築內的多分區通風系統的初步設計不能提供足夠的空氣，不能滿足相關標準規定。該工程團隊應該採取下列哪一項修正措施？

A. 為特定分區增加通風量以滿足該分區要求

B. 增加房間回風量

C. 檢查整個分區內的平均風量是否足以滿足標準

D. 安裝一個過濾等級（MERV）更高的過濾系統，以滿足更多空氣的需要

( ) 55. 下列哪一項設計能夠提供多條視線看向窗外？

A. 帶有外部百葉窗的狹窄建築

B. 在建築周圍有私人辦公區的設計

C. 採用磨砂玻璃的建築

D. 可以提供多方向視野的玻璃幕牆覆蓋的開放辦公區

( ) 56. 在一個自然通風的空間裡，下列哪一項通風設計不能滿足“室內空氣品質性能”最低值的要求？

A. 在所有自然通風口安裝自動指示裝置，以滿足最小的通風口要求

B. 當排氣量比設定值浮動超過 15% 時發出警報

C. 提供能夠測量排氣量的測量裝置

D. 當檢測到的二氧化碳濃度超過了設定值 20% 以上，二氧化碳檢測器需要發出聲音或視覺指示，或向建築自動系統發出警報

(　　) 57. 如果建築不能滿足“低排放材料”得分項目要求，工程團隊應該採取哪項行動？

A. 把建築的通風量增加至少 30%

B. 選擇具有公開的健康產品證明的永久安裝的產品

C. 對不能滿足揮發性有機化合物要求的產品採用預算法

D. 對所有相關產品採用預算計算方法

(　　) 58. 在北方寒冷氣候的一個警察局的設計為自然通風。下列哪一項能夠幫助設計團隊在“加強室內空氣品質”得分項目獲得額外分數？

A. 增加所有房間呼吸區域的新鮮空氣量至少 30%

B. 計算每一個房間的自然通風設計

C. 設計房間的系統以滿足 CIBSE AM 10 要求

D. 安裝合格的入口系統

E. 二氧化碳監測

(　　) 59. 在一棟辦公建築中，哪些產品應該被包括在“低排放材料”的排放和內容標準門檻？（選兩項）

A. 製造商在室內木板上塗刷的油漆

B. 地毯墊

C. 隔音裝置

D. 建築外部使用的防水膜

(　　) 60. 一棟兩層的辦公室有 20,000 sf，安裝有 3 個屋頂冷凍空調系統。兩部空調服務所有樓層，第三部只在私人辦公區域使用。私人辦公區域的空氣品質測試顯示最大的濃度界限超過了“室內環境品質”得分項目評估中規定的臨界值。這個工程團隊應該怎麼做？

A. 採取修正措施，對私人辦公區域的不合規濃度進行重新測試

B. 私人辦公區域不要求進行單獨的室內空氣品質測試

C. 不申請該得分項目

D. 採取修正措施，對整個建築的不合規濃度進行重新測試

(　　) 61. 如果由於當地法規和公共人行道的存在，而使得在建築前入口的25英尺（7.5米）內不能禁止吸菸，為了滿足"室內環境品質"先決條件菸害控制，該工程團隊應該採取什麼措施？（選兩項）

A. 封住建築入口，這樣煙霧不會進入建築內部

B. 提供法規文件

C. 在公共人行道和建築入口之間修築隔屏

D. 在建築入口處 25 英尺（7.5 米）內沿人行道設置禁菸標誌

(　　) 62. 一棟學校建築設計了混合通風，為設計出能需要滿足空氣流的最低標準，工程團隊需要下列哪些針對所有房間和空間的資訊，除了______？

A. 通風區

B. 住戶類型

C. 基本佔用率

D. 設計住戶人數

(　　) 63. 一個工程團隊擬進行環境品質認證中的室內空氣品質評估，請問該測試必須在什麼樣的情況下進行？

A. 關閉了通風系統的週末

B. 入住該建築之後

C. 入住之前，但在正常工作時間段內，且於室外氣流速度最高時進行測試

D. 入住之前，但在正常工作時間段內，且於室外氣流速度最低時進行測試

(　　) 64. 若需計算通風率以確定美國採暖、製冷與空調工程師協會（ASHRAE）62.1-2010 所需新鮮空氣量時，應在哪種條件下進行計算？

A. 在氣流量最低或空氣溫度最高的加熱模式下
B. 當室內環境改變致使新鮮空氣量改變時
C. 每個空間都處於典型入住率的情況下
D. 當該系統為全新鮮空氣系統時

(　　) 65. 安裝人工照明裝置時，哪種光源近似於自然光？

A. 吊頂直射燈
B. 平均天花板亮度與工作區表面亮度比例不超過 1:10 的光源
C. 工作臺照明
D. 顯色指數大於 80 的光源

(　　) 66. 一個辦公室為開放辦公空間，若要滿足減少日照量的同時仍保證自然採光的條件，則方案設計應該考慮以下哪種因素？

A. 傢俱的選擇
B. 大於 42 英寸（1 米）的玻璃面板
C. 精心設計的外遮陽
D. 透明的內部隔斷

(　　) 67. 以下哪個關於自然通風環境中二氧化碳監測的安裝敘述是錯誤的？

A. 應根據美國採暖、製冷與空調工程師協會 62.1 -2010 來確定二氧化碳濃度設定值
B. 二氧化碳感測器應該安裝在回風管道
C. 每個感熱區都應安裝二氧化碳感測器
D. 二氧化碳感測器必須安裝於呼吸區

(　　) 68. 一個新建學校的工程進度落後，建築需要進行大量換氣（吹洗）通風，但是老師們正在教室作新學年的準備，必須從什麼時候開始進行大量換氣（吹洗）通風？

A. 每天老師離開後到第二天老師來到學校為止

B. 人員進入前 3 小時，並在工作時間持續

C. 每天從人員進入學校時開始到最後一個人離開為止

D. 人員進入前 24 小時

(　　) 69. 工程團隊如何減少住戶工作區表面照度和周圍天花板或牆面的照度的百分比？

A. 使用燈體壽命長的照明光源

B. 照度比小於 1:10 的設計

C. 反射率高的表面

D. 選擇顯色指數高於 80 的照明光源

(　　) 70. 如何在沒有完成預算計算的情況下進行低逸散性材料的環境品質評估？

A. 使用有充份披露資訊的產品

B. 不在專案場地內使用任何加工產品

C. 在至少兩個產品類別中指定所有或幾乎所有的達標產品

D. 透過使用 90% 的產品價格符合標準的產品

(　　) 71. 下列哪項不是”室內環境品質”章節的選項 1 對於全自然空間採光百分比（sDA）和年度日光照射（ASE）模擬的要求？

A. 在春分的上午 9 點（3 月 21 日或 9 月 21 日），秋分的下午 3 點

B. 全年當地時間 8 點和下午 6 點之間中多於 250 小時保證 1000lux 的陽光直射

C. 全年當地時間 8 點和下午 6 點之間中 50% 的時間光照為 300lux

D. 工作平面高度設為竣工樓面高度預設值的 30 英寸以上處

(　　) 72. 一開放的辦公室計畫在建築周邊設計 50 個個人工作空間。如果考慮為單人空間提供獨立照明控制，那麼設計團隊如何彌補因桌面照明而減少的室內平均照度水準？

A. 在設計中刪除所有室內反光板
B. 優化建築利用自然採光
C. 在設計中刪除所有室外反光板
D. 降低玻璃透光率

(　　) 73. 禮堂的工程設計包括使用地墊以改善室內空氣品質。此地墊需放置在以下位置以滿足得分項目要求，除哪項以外？

A. 連接大堂之間
B. 與外部開放空間相連的樓後部入口通道
C. 與停車區相連的建築入口通道
D. 地下車庫和建築之間的入口

(　　) 74. 在施工階段，一承包商使用揮發性有機化合物油漆塗了一面牆。那麼糾正錯誤或提交有關室內環境品質低逸散性材料評估資訊的途徑是什麼？

A. 在高揮發性有機化合物塗料上覆蓋低揮發性有機化合物塗料
B. 在所有計算中減去高揮發性有機化合物塗料
C. 在設計計算中減去高揮發性有機化合物塗料
D. 在基準和設計方案的揮發性有機化合物計算中都包括此高揮發性有機化合物

(　　) 75. “室內環境品質”中的菸味控制得分項目規定了禁止或減少曝露在以下環境中的菸草煙霧，除了：

A. 飲用水源
B. 空氣通風分配系統
C. 住戶之間
D. 室內表面

(　　) 76. 一個工程團隊正在對一座辦公大樓進行室內空氣品質檢測。建築物的一側是七個相同的辦公室。那麼這些辦公室所需測試條件的敘述哪一個是正確的？

A. 必須測試所有的七個辦公室

B. 必須測試至少四個辦公室

C. 不必對辦公室進行空氣品質測試

D. 只需對一個辦公室進行測試，如果測試失敗，則必須測試所有的七個辦公室

(　　) 77. 在工程現場勘查時，總承包商、施工人員和業主應核實空氣品質管制的哪些細節？（選兩項）

A. 建築內禁止吸菸

B. 密封吸收性材料

C. 將材料儲存在外面

D. 將材料儲存在設備間

(　　) 78. 以下哪個關於環境菸害控制先決條件的敘述是錯誤的？

A. 禁止在辦公區界址線外的商業空間吸菸

B. 除了在指定區域（距所有入口至少 25 英尺（7.5 米））外，禁止在建築外吸菸

C. 禁止在大樓內所有公共區域內吸菸

D. 必須在建築入口 20 英尺（6 米）處張貼禁菸標識

(　　) 79. 一個新的建設工程包括四層。每一層為 25,000 平方英尺（2,322 平方公尺）。工程團隊將在入住前進行一次大量換氣（吹洗）通風來得到室內環境品質：室內空氣品質評估得分項目。則入住前需要的最小新鮮空氣量為多少？

A. 140,000,000 立方英尺

B. 350,000,000 立方英尺

C. 35,000,000 立方英尺

D. 1,400,000,000 立方英尺

( ) 80. 一承包商正制定一個室內空氣品質管制計畫，並提供給改造工程的每一個分包商。改造期間部分建築仍然處於入住狀態。承包商應採取什麼措施來減少因施工造成的室內空氣品質問題？

A. 在下班時間進行高污染活動

B. 將所有入住空間的通風至少提高美國採暖、製冷與空調工程師協會 62.1 所需最低值的 30%

C. 每週至少清潔一次大樓前面的地墊

D. 在回氣及室外空氣安裝 MERV13 或更好等級的過濾裝置

( ) 81. 工程團隊正在設計一個機械通風的三層辦公大樓。業主強調為居住者提供健康的室內空間。新鮮空氣入口應該裝在什麼位置以控制並最小化空氣污染的進入？

A. 建築一側的三分之一建築高度處

B. 屋頂上

C. 空氣處理機旁邊

D. 地下

( ) 82. 若要滿足環境品質評估自然採光要求的大部分得分項目，則必須進行哪些類比工程？（選兩項）

A. 年度日光照射

B. 全年自然光照明

C. 自然光光適應性研究

D. 連續的光適應性研究

E. 亮度計算模擬

( ) 83. 視野因素是什麼？

A. 垂直表面上一點或在垂直平面上的照度計算

B. 單個工作站 90 度錐視野內的視野數量和品質

C. 可看到外景或中庭的外窗比例

D. 比所有直接相鄰點高至少每小時 1000lux 的照度水準

(　　) 84. 工程團隊正在討論學校工程的自然採光、視野、舒適熱環境及需要解決的隔音問題。以下哪個空間不是經常被佔用的？

A. 每天使用 1 小時的管理室

B. 每天使用 1 小時的物理實驗室

C. 每天使用 5 個小時的廚房

D. 每天使用 30 分鐘的學生儲物櫃區域

(　　) 85. 工程團隊正在討論提高一個外部空氣品質較差的市區建築的通風。該建築將使用機械通風。用什麼方法可以減少額外的能源消耗？

A. 增加氣流路徑

B. 提高室外空氣攝入量

C. 改變外部驅動壓力

D. 使用熱回收

(　　) 86. 一個在密集市區的高層工程難以實現哪種視野？

A. 視野因素或更高的視野

B. 運動的視野

C. 距外玻璃至少 25 英尺（7.5 米）的視野物件

D. 距離玻璃上沿 3 倍高度距離內的視野無阻擋

(　　) 87. 一座 30 層樓高的核心與外殼工程需要在設計的哪一部分使用流體動力學建模？

A. 提高通風

B. 最低室內空氣品質

C. 建築外殼功能驗證

D. 外部污染預防

(　) 88. 以下哪項設計策略將最有助於解決產生雜訊的暖通空調設備？

A. 在各房間的天花板上安裝吸音材料

B. 改變建築構型

C. 安裝一個隔音系統

D. 將設備放置在走廊或門廳上而非居住區

(　) 89. 哪個關於最低聲學性能先決條件的敘述是錯誤的？（選兩項）

A. 遵循美國國家標準協會（ANSI）S12.60 – 2010 機械系統雜訊控制推薦的方法及最佳實踐

B. 遵循美國採暖、製冷與空調工程師協會手冊第 48 章：噪音和振動控制（勘誤表）、暖通空調系統雜訊控制應用 2011 推薦的方法和最佳實踐

C. 在距任何重要噪音源 ¼ 英里（400 米）外的工程不需要進行減少外部噪音的措施

D. 這個先決條件適用於學校和醫療保健工程

E. 在集中學習空間暖通空調系統的最大的背景雜音為 40 dBA

答案：

1	2	3	4	5	6	7	8	9	10
B	C	B	A	D	D	B	A	D	D
11	12	13	14	15	16	17	18	19	20
B	C	B	B	C	A	D	B	A	A
21	22	23	24	25	26	27	28	29	30
B	A	BE	A	C	B	B	C	CD	A
31	32	33	34	35	36	37	38	39	40
C	AD	C	C	D	AE	A	C	B	A
41	42	43	44	45	46	47	48	49	50
B	B	A	D	C	B	C	B	AD	B
51	52	53	54	55	56	57	58	59	60
C	B	D	A	D	D	D	B	BC	A
61	62	63	64	65	66	67	68	69	70
BD	C	D	A	D	C	B	B	B	C
71	72	73	74	75	76	77	78	79	80
A	B	A	D	A	D	AB	D	D	A
81	82	83	84	85	86	87	88	89	
A	AB	B	D	D	B	D	D	CD	

CHAPTER

9

創新設計與

(INNOVATIVE DESIGN)

身為一個設計師或工程師，除了按照 USGBC 的指南中所提到的各種方法得分，還可以透過創新的手段取得創新得分。另外，團隊裡有 LEED-AP 參與其中也是可以得分的，對於綠建築專案來說，專業人士的參與是不可或缺的。

區域優先

(REGIONAL PRIORITY)

在不同的區域中，都有其特別需要加強的部分，因此制定了區域優先將比較需要加強的部分。透過地區號碼的查詢，找出開發區域特別需要加強的部分。

9-1 學習目標

- 本地設計（例如：本地綠色設計和適當的施工措施）
- 文化意識、影響和挑戰、歷史和傳統意識
- 建築的教育推廣和公共關係

9-2 學習重點

IN 得分項目：創新（INNOVATION）

建築設計與施工 BD&C 1-5 分

該得分項目適用於

- 新建建築 New Construction（1-5 分）
- 核心與外殼 Core & Shell（1-5 分）
- 學校 School（1-5 分）
- 零售 Retail（1-5 分）
- 資料中心 Data centers（1-5 分）
- 倉儲和配送中心 Warehouses and Distribution Centers（1-5 分）
- 旅館接待 Hospitality（1-5 分）
- 醫療保健 Healthcare（1-5 分）

目的

鼓勵專案實現優良表現或創新表現

要求

新建建築、核心與外殼、學校、零售、資料中心、倉儲和配送中心、旅館接待、醫療保健

專案團隊可使用創新、試點和優良表現策略的任意組合。

選項 1 創新（1 分）

使用 LEED 綠色建築評估體系中沒有涉及到的策略實現突出的環境表現。

確定以下內容：

- 提議的創新得分項目的目的
- 提議的符合性要求
- 要遞交用來證明滿足得分要求的文件
- 用於滿足要求的設計方法和策略

選項 2 試行得分（1 分）

從 USGBC 的 LEED 試行得分項目庫中獲得一個試行得分項目

選項 3 其他策略

- 創新（1-3 分）已在上面的選項 1 中定義
- 試行得分（1-3 分）滿足選項 2 的要求
- 模範（優良）表現（1-2 分）

從已有的 LEED v4 先決條件或得分項目（在 LEED v4 版參考指南中指明，允許有優良表現得分的）中實現優良表現。一般可透過實現雙倍得分項目要求或下一個增量百分比門檻來獲得優良表現分數。

IN 得分項目：LEED AP

建築設計與施工 BD&C 1 分

該得分項目適用於

- 新建建築 New Construction（1 分）
- 核心與外殼 Core & Shell（1 分）
- 學校 School（1 分）
- 零售 Retail（1 分）
- 資料中心 Data centers（1 分）
- 倉儲和配送中心 Warehouses and Distribution Centers（1 分）
- 旅館接待 Hospitality（1 分）
- 醫療保健 Healthcare（1 分）

目的

鼓勵 LEED 專案要求的團隊整合，以及簡化應用和認證過程。

要求

新建建築、核心與外殼、學校、零售、資料中心、倉儲和配送中心、旅館接待、醫療保健

專案團隊中至少有一個主要參與者必須是擁有適合該專案專長的 LEED AP。

RP 得分項目：區域優先（REGIONAL PRIORITY）

建築設計與施工 BD&C 4分

該得分項目適用於

- 新建建築 New Construction（1-4 分）
- 核心與外殼 Core & Shell（1-4 分）
- 學校 School（1-4 分）
- 零售 Retail（1-4 分）
- 資料中心 Data centers（1-4 分）
- 倉儲和配送中心 Warehouses and Distribution Centers（1-4 分）
- 旅館接待 Hospitality（1-4 分）
- 醫療保健 Healthcare（1-4 分）

目的

為解決特定區域環境、社會公平和公眾健康等重點問題的得分項目提供激勵措施。

要求

新建建築、核心與外殼、學校、零售、資料中心、倉儲和配送中心、旅館接待、醫療保健

最多可獲得六個區域優先（Regional Priority）得分項目中的四個。這些得分項目已被 USGBC 地區委員會和分會確定為對專案所在的地區有額外的區域重要性。USGBC 網站 http://www.usgbc.org 上提供了區域優先得分項目及其區域適用性的資料庫。

每獲得一個區域優先得分項目即可獲得一分，最多獲得四分。

模擬試題

(　　) 1. 下列關於 LEED 獎牌的敘述哪一項不正確？

A. 透過提高 LEED 獎牌的得分，不能更換參與 LEED 獎牌專案之前建築所獲得的 LEED 證書。

B. 它把現在的建築性能與歷史資料進行對比

C. 它顯示了動態建築性能

D. 它把建築性能與其他 LEED 工程對比

(　　) 2. 一家銀行的五家當地分行都獲得了 LEED 金級認證，這家銀行可以獲得哪些好處？

A. 下一項 LEED 工程得分項目費用降低

B. 從美國綠色建築委員會獲得相應比例的申請費退還

C. 自身品牌得到推廣

D. 自動成為美國綠色建築委員會金級會員

(　　) 3. 很多 LEED 得分項目都和改進室內環境品質有關。研究表明人們通常在室內環境中度過多少時間？

A. 50%

B. 60%

C. 80%

D. 90%

(　　) 4. 什麼使得 LEED 得分項目在全球範圍內適用？

A. 先決條件

B. 設計靈活性得分項目

C. 國際專案和全球替代性符合路徑

D. 區域優先得分項目

(　　) 5. 在市場價值上，LEED 認證的飯店有哪些優勢？（選兩項）

A. 對客人更有吸引力

B. 建築本身升值

C. 員工病假增加

D. 能耗增加

(　　) 6. 以下哪個不是取得創新得分項目的方法？

A. 取得一個章節中的所有得分項目

B. 在現有得分項目體系中獲得優良表現

C. 使用 LEED 中沒有列出的策略獲得顯著、可測量的環境效益

D. 從美國綠色建築委員會 LEED 的試行得分項目庫（Pilot credit library）中選擇一項

(　　) 7. 若有 5 個適用於特定工程的 LEED 專業加入團隊，則在“創新”中的 LEED 專業人員得分項目中可獲得多少分？

A. 4

B. 1

C. 5

D. 2

(　　) 8. 一個新建專案想取得“創新”中的 LEED 專業人員得分項目，以下哪項敘述是不正確的？

A. 擁有超過 5 個工程經歷的 LEED GA 是合格的

B. 無相關專長的 LEED AP（早期 LEED AP）是不合格的

C. LEED AP 應該具有 LEED 建築設計及建造方向的證書

D. 在對證書進行審核時具有的 LEED AP 證書必須是有效的

(　　) 9. 在創新得分項目中最多可以得多少分？

A. 4 分

B. 5 分

C. 6 分

D. 3 分

(　　) 10. 以下哪項不是判斷一個工程達到 LEED 創新得分項目的基本標準之一？

A. 策略必須具有全面性

B. 策略必須明顯優於標準的永續設計實踐

C. 該工程應為該區域內第一個使用此創新策略的專案

D. 工程必須證明環境性能得到了量化的改善

(　　) 11. 哪個 LEED 試點得分項目的陳述是不正確的？

A. 試點得分項目是針對於特定評級系統的

B. 一個工程最高可以得到 5 分的 LEED 試點得分項目

C. 一旦一個工程註冊了一個試點得分項目，則即使其不再接受新註冊者，工程團隊也可以繼續使用

D. 試點得分項目在不同的時段開放和關閉

(　　) 12. 創新認證系統中一個專案的優良表現最多可以得多少分？

A. 2 分

B. 4 分

C. 1 分

D. 3 分

(　　) 13. 下列哪個得分項目可選優良表現加分？（選擇 2 個）

A. “材料與資源”中的靈活性設計得分項目

B. “永續基地”中的雨水管理得分項目

C. “室內環境品質”中的自然採光得分項目

D. “選址與交通”中的停車面積減量得分項目

(　　) 14. 以下哪個獲得創新得分項目的陳述是不正確的？

A. 如果某項策略或產品證明專案取得了一個 LEED 現有得分項目，則不能獲得創新得分項目

B. 一個適用的創新策略可以獲得優良表現和創新兩項得分

C. 單一策略不能重複獲得優良表現和創新得分

D. 如果一個創新策略是已過期的試點得分項目，則不能得分

(　) 15. 對於核心與外殼工程實現創新得分項目，哪個陳述是正確的？

A. LEED 核心與外殼工程沒有資格獲得創新得分項目

B. 需要對核心區域和承租戶空間都實施創新策略

C. 只對承租戶空間實施創新策略是可以接受的

D. 只對核心區域實施創新策略是可以接受的

(　) 16. 至少有多少名與相關專案類型的 LEED 專業人員應該加入工程團隊以獲得 LEED 專業人員得分項目？

A. 3

B. 2

C. 1

D. 無特定要求

(　) 17. 一專案在區域優先得分項目上最多能得多少分？

A. 6 分

B. 5 分

C. 4 分

D. 3 分

(　) 18. 區域優先得分項目包括哪個得分項目？

A. 指定的現有 LEED 得分項目

B. 由 LEED 國際圓桌會議制定的新 LEED 得分項目

C. 由 LEED 地方委員會制定的新 LEED 得分項目

D. 已作廢的過往 LEED 得分項目

(　) 19. 對特定區域的專案，區域優先得分可從多少個備選項中選取？

A. 3

B. 4

C. 5

D. 6

( ) 20. 區域優先得分項目的目的是什麼？

A. 反映專案地區的區域環境訴求

B. 使專案獲得更高級的 LEED 證書

C. 使專案達到專案地區難獲得的分數

D. 使專案能和其他國際專案相比

( ) 21. 一個位於新竹地區的專案想獲得區域優先得分項目。美國綠色建築委員會官網顯示，“用水效率”中的減少室內用水得分項目被包括在區域優先得分項目中，得分門檻為 4 分。如果該專案未能在減少室內用水得分項目上獲得任何分數，還有可能在區域優先得分專案中獲得分數嗎？

A. 可能在區域優先得分專案中獲得分數

B. 該專案應和地方美國綠色建築委員會討論

C. 所有在該地的專案均能自動獲得區域優先得分專案分數

D. 不可能在區域優先得分專案中獲得分數

( ) 22. 區域優先得分項目註明了解決一地區的關鍵性問題。在確定一地的區域優先得分專案內容時，以下哪項不被納入考慮範圍？

A. 資源分佈

B. 當地規章制度

C. 當地人熱舒適度期望

D. 氣候

( ) 23. 以下哪項是 LEED 為促進建築解決地方環保問題而設定的得分項目？

A. 創新得分項目

B. 設施共用得分項目

C. 區域優先得分項目

D. 需求回應得分項目

答案：

1	2	3	4	5	6	7	8	9	10
A	C	D	C	AB	A	B	A	B	C
11	12	13	14	15	16	17	18	19	20
B	A	BD	B	B	C	C	A	D	A
21	22	23							
D	C	C							

APPENDIX

附錄A

使用人員與設備

A-1 使用類型和類別

表 1 使用類型和類別

類別	使用類型
食品零售	超市 有農產品專區的雜貨店
社區服務零售	便利店 農貿市場 五金店 藥店 其他零售
服務	銀行 家庭娛樂場所（例如：劇場、體育） 健身房、健身俱樂部、健身室 頭髮護理 洗衣店、乾洗店 餐廳、咖啡廳、速食店（只有免下車服務的除外）
公民及社區設施	成人或老人護理（有許可） 兒童護理（有許可） 社區或娛樂中心 文化藝術設施（博物館、藝術表演） 教育設施（例如：K － 12 學校、大學、成人教育中心、職業學校、社區學院） 在現場服務公眾的政府辦公室 治療病人的醫療診所或辦公室 教堂 員警或消防局 郵局 公共圖書館 公園 社會服務中心
社區服務站（僅 BD&C 和 ID&C）	商務辦公室（100 或更多全職工作） 住房（100 或更多居住單元）

源自“標準規劃師”，INDEX 社區完整性指標，2005。

A-2 預設進駐人數

使用表1計算默認進駐人數。如果進駐人數未知，則使用進駐人數預估值。

在計算中使用總建築面積，而不是淨建築面積或可租賃的建築面積。總建築面積被定義為包括在外牆外的建築所有樓層面積之和，包括公共面積、機械空間、迴廊區域，以及連接不同樓層的梯廳空間。要確定總建築面積，需要用建築占地面積（單位為平方英尺或平方公尺）乘以建築樓層數。計算中不包括地下或構築的停車場。

表 1　默認進駐人數

	每個住戶的總平方英尺數		每個住戶的總平方米數	
	員工	臨時住戶	員工	臨時住戶
常規辦公室	250	0	23	0
常規零售商店	550	130	51	12
零售或服務（例如：金融、汽車）	600	130	56	12
餐館	435	95	40	9
雜貨店	550	115	51	11
醫療辦公室	225	330	21	31
研發或實驗室	400	0	37	0
倉庫、配送	2,500	0	232	0
倉庫、存儲	20,000	0	1860	0
飯店	1,500	700	139	65
教育，托兒所	630	105	59	10
教育，K-12	1,300	140	121	13
教育，高等教育	2,100	150	195	14

來源

- ANSI/ASHRAE/IESNA 標準 90.1–2004（佐治亞州亞特蘭大，2004）。
- 2001 統一給排水規範（加州洛杉磯）（2001 Uniform Plumbing Code（Los Angeles, CA））
- 加州公共事業委員會，2004–2005 能效資來源資料庫（DEER）更新研究（2008）（California Public Utilities Commission, 2004–2005 Database for Energy Efficiency Resou rces（DEER）Update Study（2008））。
- 加州州立大學，資本規劃、設計和建築第 VI 部分，校園開發計畫標準（加州長灘 2002）（California State University, Capital Planning, Design and Construction Secti on VI, Standards for Campus Development Programs（ Long Beach, CA, 2002））。
- 博爾德市規劃部門，預測未來就業 - 人均空間（博爾德，2002）（City of Boulder Planning Department, Projecting Future Employment — How Much Space per Person（Boul der, 2002））。
- 麥德龍，1999 就業密度研究（俄勒岡州波特蘭，1999）（Metro, 1999 Employment Density Study（Portland, OR 1999））。
- 美國飯店及住宿協會，住宿業簡介，華盛頓特區，2008（American Hotel and Lodging Association, Lodging Industry Profile Washington, DC, 2008）。LEED 核心與外殼核心委員會，個人通信（2003 - 2006）（LEED for Core & Shell Core Committee, personal communication（2003 - 2006））。
- LEED 零售核心委員會，個人通信（2007）（LEED for Retail Core Committee, personal communication（2007））。
- OWP/P，醫療辦公大樓專案平均值（芝加哥，2008）（OWP/P, Medical Office Building Project Averages（Chicago, 2008））。OWP/P，大學總體規劃專案（芝加哥，2008）（OWP/P, University Master Plan Projects（Chicago, 2008））。美國總務管理局，兒童看護中心設計指南（華盛頓特區，2003）（U.S. General Services Administration, Childcare Center Design Guide（Washington, DC,2003））。

A-3 零售作業負荷基準

表 1a　商用廚房電器的規範性指標和能源費用預算基準（IP 單位）

	能耗模擬途徑的基準能耗				規範性途徑的等級	
電器類型	燃料	功能	基準效率	基準閒時功率	規範性效率	規範性閒時功率
底燃式鍋爐	天然氣	烹飪	30%	16,000 Btu/h/f t2 峰值輸入	35%	12,000 Btu/h/ft2 峰值輸入
組合烤箱，蒸汽模式（P= 盤容量）	電力	烹飪	40% 蒸汽模式	0.37P+4.5 kW	50% 蒸汽模式	0.133P+0.6400 kW
組合烤箱，蒸汽模式	天然氣	烹飪	20% 蒸汽模式	1,210P+35,810 Btu/h	38% 蒸汽模式	200P+6,511 Btu/h
組合烤箱，對流模式	電力	烹飪	65% 對流模式	0.1P+1.5 kW	70% 對流模式	0.080P+0.4989 kW
組合烤箱，對流模式	天然氣	烹飪	35% 對流模式	322P+13,563 Btu/h	44% 對流模式	150P+5,425 Btu/h
對流烤箱，全尺寸	電力	烹飪	65%	2.0 kW	71%	1.6 kW
對流烤箱，全尺寸	天然氣	烹飪	30%	18,000 Btu/h	46%	12,000 Btu/h
對流烤箱，半尺寸	電力	烹飪	65%	1.5 kW	71%	1.0 kW
鏈條式平爐，> 25 英寸傳送帶	天然氣	烹飪	20%	70,000 Btu/h	42%	57,000 Btu/h
鏈條式平爐，≤ 25 英寸傳送帶	天然氣	烹飪	20%	45,000 Btu/h	42%	29,000 Btu/h
炸鍋	電力	烹飪	75%	1.05 kW	80%	1.0 kW
炸鍋	天然氣	烹飪	35%	14,000 Btu/h	50%	9,000 Btu/h
煎鍋（基於 3 ft 模型）	電力	烹飪	60%	400 W/ft2	70%	320 W/ft2

	能耗模擬途徑的基準能耗				規範性途徑的等級	
電器類型	燃料	功能	基準效率	基準閒時功率	規範性效率	規範性閒時功率
煎鍋（基於 3 ft 模型）	天然氣	烹飪	30%	3,500 Btu/h/ft2	38%	2,650 Btu/h/ft2
熱食物儲藏櫃（不包括抽屜式加熱器和加熱顯示器），0 < V < 13 ft³（V = 體積）	電力	烹飪	na	40 W/ft3	na	21.5V 瓦特
熱食物儲藏櫃（不包括抽屜式加熱器和加熱顯示器），13 ≤ V < 28 f t³	電力	烹飪	na	40 W/ft3	na	2.0V + 254 瓦特
熱食物儲藏櫃（不包括抽屜式加熱器和加熱顯示器），28 ft³ ≤ V	電力	烹飪	na	40 W/ft3	na	3.8V + 203.5 瓦特
大桶炸鍋	電力	烹飪	75%	1.35 kW	80%	1.1 kW
大桶炸鍋	天然氣	烹飪	35%	20,000 Btu/h	50%	12,000 Btu/h
擱架式烤爐，雙	天然氣	烹飪	30%	65,000 Btu/h	50%	35,000 Btu/h
擱架式烤爐，單	天然氣	烹飪	30%	43,000 Btu/h	50%	29,000 Btu/h
爐灶	電力	烹飪	70%		80%	
爐灶	天然氣	烹飪	35%	na	40% 且無豎直引燃器	na
蒸汽鍋，批量烹飪	電力	烹飪	26%	200 W/ 盤	50%	135 W/ 盤
蒸汽鍋，批量烹飪	天然氣	烹飪	15%	2,500 Btu/h/ 盤	38%	2,100 Btu/h/ 盤

	能耗模擬途徑的基準能耗				規範性途徑的等級	
電器類型	燃料	功能	基準效率	基準閒時功率	規範性效率	規範性閒時功率
蒸汽鍋，高產量或按訂單烹飪	電力	烹飪	26%	330 W/ 盤	50%	275 W/ 盤
蒸汽鍋，高產量或按訂單烹飪	天然氣	烹飪	15%	5,000 Btu/h/ 盤	38%	4,300 Btu/h/ 盤
烤麵包機	電力	烹飪	–	1.8 kW 平均運行功率	na	1.2 kW 平均運行功率
製冰機，IMH（製冰頭，H= 產冰量），H > 450 lb/ 天	電力	製冰	6.89 - 0.0011H kWh/100 lb 冰	na	37.72*H-0.298 kWh/100 lb 冰	na
製冰機，IMH（製冰頭），H < 450 lb/ 天	電力	製冰	10.26 – 0. 0086H kWh/100 lb 冰	na	37.72*H-0.298 kWh/100 lb 冰	na
製冰機，RCU（遠端冷凝裝置，帶 / 不帶遠程壓縮機，H < 1,000 lb/ 天	電力	製冰	8.85 - 0.0038H kWh/100 lb 冰	na	22.95*H-0.258 +1.00 kWh/100 lb 冰	na
製冰機，RCU（遠端冷凝裝置），160 0 > H > 1000 lb/ 天	電力	製冰	5.10 kWh/100 lb 冰	na	22.95*H-0.258 +1.00 kWh/100 lb 冰	na
製冰機，RCU（遠端冷凝裝置），H ≥ 1600 lb/ 天	電力	製冰	5.10 kWh/100 lb 冰	na	-0.00011*H +4.60 kWh/100 lb 冰	na

	能耗模擬途徑的基準能耗				規範性途徑的等級	
電器類型	燃料	功能	基準 效率	基準 閒時功率	規範性 效率	規範性 閒時功率
製冰機，SCU（獨立裝置），H < 175 lb/ 天	電力	製冰	18.0 - 0.0469H kWh/100 lb 冰	na	48.66*H-0.326 +0.08 kWh/100 lb 冰	na
製冰機獨立裝置，H > 175 lb/ 天	電力	製冰	9.80 kWh/100 lb 冰	na	48.66*H-0.326 +0.08 kWh/100 lb 冰	na
製冰機，水冷製冰頭，H > 1436 lb/ 天（必須在冷卻回路上）	電力	製冰	4.0 kWh/100 lb 冰	na	3.68 kWh/100 lb 冰	na
製冰機，水冷製冰頭，5 00 lb/ 天 <H < 1436（必須在冷卻回路上）	電力	製冰	5.58 – 0.0011H kWh/100 lb 冰	na	5.13 - 0.001H kWh/100 lb 冰	na
製冰機，水冷製冰頭，H< 500 lb/ 天（必須在冷卻回路上）	電力	製冰	7.80 – 0.0055H kWh/100 lb 冰	na	7.02 - 0.0049H kWh/100 l b 冰	na
製冰機，水冷直流（開回路）	電力	製冰	禁止	禁止	禁止	禁止
製冰機，水冷 SCU（獨立裝置），H< 200 lb/ 天（必須在冷卻回路上）	電力	製冰	11.4 – 0.0190H kWh/100 lb 冰	na	10.6 - 0.177H kWh/100 lb 冰	na

	能耗模擬途徑的基準能耗				規範性途徑的等級	
電器類型	燃料	功能	基準效率	基準閒時功率	規範性效率	規範性閒時功率
製冰機，水冷獨立裝置，H > 200lb/ 天（必須在冷卻回路上）	電力	製冰	7.6 kWh/100 lb 冰	na	7.07 kWh/100 lb 冰	na
臥式冷凍櫃，實心或玻璃門	電力	製冷	0.45V + 0.943 kWh/天	na	≤ 0.270V +0.130 kWh/ 天	na
臥式冰櫃，實心或玻璃門	電力	製冷	0.1V + 2.04kWh/天	na	≤ 0.125V +0.475 kWh/ 天	na
手入式玻璃門冰櫃，0 < V < 15ft³	電力	製冷	0.75V + 4.10 kWh/天	na	≤ 0.607V +0.893 kWh/ 天	na
手入式玻璃門冰櫃，15 ≤ V < 30 ft³	電力	製冷	0.75V + 4.10 kWh/天	na	≤ 0.733V –1.00 kWh/天	na
手入式玻璃門冰櫃，30 ≤ V < 50 f t³	電力	製冷	0.75V + 4.10 kWh/天	na	≤ 0.250V +13.50 kWh/ 天	na
手入式玻璃門冰櫃，50 ≤ V ft³	電力	製冷	0.75V + 4.10 kWh/天	na	≤ 0.450V +3.50 kWh/天	na
手入式玻璃門冰箱，0 < V < 15 ft³	電力	製冷	0.12V + 3.34 kWh/天	na	≤ 0.118V +1.382 kWh/ 天	na
手入式玻璃門冰箱，15 ≤ V < 30 f t³	電力	製冷	0.12V + 3.34 kWh/天	na	≤ 0.140V +1.050 kWh/ 天	na
手入式玻璃門冰箱，30 ≤ V < 50 f t³	電力	製冷	0.12V + 3.34 kWh/天	na	≤ 0.088V +2.625 kWh/ 天	na

	能耗模擬途徑的基準能耗				規範性途徑的等級	
電器類型	燃料	功能	基準效率	基準閒時功率	規範性效率	規範性閒時功率
手入式玻璃門冰箱，$50 \leq V$ ft³	電力	製冷	0.12V + 3.34 kWh/天	na	≤ 0.110V +1.500 kWh/天	na
手入式實心門冰櫃，$0 < V < 15$ ft³	電力	製冷	0.4V + 1.38kWh/天	na	≤ 0.250V +1.25 kWh/天	na
手入式實心門冰櫃，$15 \leq V < 30$ ft³	電力	製冷	0.4V + 1.38kWh/天	na	≤ 0.400V –1.000 kWh/天	na
手入式實心門冰櫃，$30 \leq V < 50$ ft³	電力	製冷	0.4V + 1.38kWh/天	na	≤ 0.163V +6.125 kWh/天	na
手入式實心門冰櫃，$50 \leq V$ ft³	電力	製冷	0.4V + 1.38kWh/天	na	≤ 0.158V +6.333 kWh/天	na
手入式實心門冰箱，$0 < V < 15$ ft³	電力	製冷	0.1V + 2.04kWh/天	na	≤ 0.089V +1.411 kWh/天	na
手入式實心門冰箱，$15 \leq V < 30$ ft³	電力	製冷	0.1V + 2.04kWh/天	na	≤ 0.037V +2.200 kWh/天	na
手入式實心門冰箱，$30 \leq V < 50$ ft³	電力	製冷	0.1V + 2.04kWh/天	na	≤ 0.056V +1.635 kWh/天	na
手入式實心門冰箱，$50 \leq V$ ft³	電力	製冷	0.1V + 2.04kWh/天	na	≤ 0.060V +1.416 kWh/天	na
洗衣機	天然氣	衛生	1.72 MEF	na	2.00 MEF	na
門式洗碗機，高溫	電力	衛生	na	1.0	kW	na

	能耗模擬途徑的基準能耗				規範性途徑的等級	
電器類型	燃料	功能	基準效率	基準閒時功率	規範性效率	規範性閒時功率
門式洗碗機，低溫	電力	衛生	na	0.6	kW	na
多缸架傳送式洗碗機，高溫	電力	衛生	na	2.6	kW	na
多缸架傳送式洗碗機，低溫	電力	衛生	na	2.0	kW	na
單缸架傳送式洗碗機，高溫	電力	衛生	na	2.0	kW	na
單缸架傳送式洗碗機，低溫	電力	衛生	na	1.6	kW	na
台下式洗碗機，高溫	電力	衛生	na	0.9	kW	na
台下式洗碗機，低溫	電力	衛生	na	0.5	kW	na

能效、閒時功率和用水要求（如適用）均基於以下測試方法：

ASTM F1275 煎鍋性能標準測試方法
ASTM F1361 敞口式深底油炸鍋性能標準測試方法
ASTM F1484 蒸汽炊具性能標準測試方法
ASTM F1496 對流烤箱性能標準測試方法
ASTM F1521 爐灶蓋性能標準測試方法
ASTM F1605 雙面煎鍋性能標準測試方法
ASTM F1639 組合烤箱性能標準測試方法
ASTM F1695 底燃式鍋爐性能標準測試方法
ASTM F1696 單架熱水消毒
ASTM 門式商用洗碗機能效標準測試方法
ASTM F1704 商用廚房排煙通風系統捕捉和容納性能標準測試方法
ASTM F1817 鏈條式平爐性能標準測試方法
ASTM F1920 架傳送式熱水消毒商用洗碗機能效標準測試方法
ASTM F2093 擱架式烤爐性能標準測試方法
ASTM F2140 熱食物儲藏櫃性能標準測試方法
ASTM F2144 敞口式大桶炸鍋性能標準測試方法
ASTM F2324 預清洗噴霧閥標準測試方法
ASTM F2380 鏈條式烤麵包機性能標準測試方法
ARI 810-2007：商用自動製冰機性能等級
ANSI/ASHRAE 標準 72–2005：商用冰箱和冰櫃測試方法，中等溫度冰箱的溫度設定值為 38°F，低溫冰櫃為 0°F，霜淇淋冷櫃為 -15°F。

表 1b 商用廚房電器的規範性指標和能源費用預算基準（SI 單位）

	能耗模擬途徑的基準能耗				規範性途徑的等級	
電器類型	燃料	功能	基準效率	基準閒時功率	規範性效率	規範性閒時功率
底燃式鍋爐	天然氣	烹飪	30%	50.5 kW/m2	35%	37.9 kW/m2
組合烤箱，蒸汽模式（P＝盤容量）	電力	烹飪	40% 蒸汽模式	0.37P+4.5 kW	50% 蒸汽模式	0.133P+0.6400 kW
組合烤箱，蒸汽模式	天然氣	烹飪	20% 蒸汽模式	(1 210P+35 810) /3 412kW	38% 蒸汽模式	(200P+6 511) / 3 412 kW
組合烤箱，對流模式	電力	烹飪	65% 對流模式	0.1P+1.5 kW	70% 對流模式	0.080P+0.4989 kW
組合烤箱，對流模式	天然氣	烹飪	35% 對流模式	(322P+13 563) /3412 kW	44% 對流模式	(150P+5 425) / 3412 kW
對流烤箱，全尺寸	電力	烹飪	65%	2.0 kW	71%	1.6 kW
對流烤箱，全尺寸	天然氣	烹飪	30%	5.3 kW	46%	3.5 kW
對流烤箱，半尺寸	電力	烹飪	65%	1.5 kW	71%	1.0 kW
鏈條式平爐，> 63.5 c m 傳送帶	天然氣	烹飪	20%	20.5 kW	42%	16.7 kW
鏈條式平爐，< 63.5 cm 傳 送帶	天然氣	烹飪	20%	13.2 kW	42%	8.5 kW
炸鍋	電力	烹飪	75%	1,05 kW	80%	1.0 kW
炸鍋	天然氣	烹飪	35%	4.1 kW	50%	2.64 kW
煎鍋（基於 90 cm 型號）	電力	烹飪	60%	4.3 kW/m2	70%	3 .45 kW/m2
煎鍋（基於 90 cm 型號）	天然氣	烹飪	30%	11 kW/m2	33%	8.35 kW/m2

	能耗模擬途徑的基準能耗				規範性途徑的等級	
電器類型	燃料	功能	基準效率	基準閒時功率	規範性效率	規範性閒時功率
熱食物儲藏櫃（不包括抽屜式加熱器和加熱顯示器），0 < V < 0.368 m3（V = 體積）	電力	烹飪	na	1.4 kW/m3	na	(21.5*V)/0.0283 kW/m3
熱食物儲藏櫃（不包括抽屜式加熱器和加熱顯示器），0.368 ≤ V < 0.793 m3	電力	烹飪	na	1.4 kW/m3	na	(2.0*V + 254)/ 0.0283 kW/m3
熱食物儲藏櫃（不包括抽屜式加熱器和加熱顯示器），0.793 m3 ≤ V	電力	烹飪	na	1.4 kW/m3	na	(3.8*V + 203.5) /0.0283 kW/m3
大桶炸鍋	電力	烹飪	75%	1.35 kW	80%	1.1 kW
大桶炸鍋	天然氣	烹飪	35%	5.86 kW	50%	3.5 kW
擱架式烤爐，雙	天然氣	烹飪	30%	19 kW	50%	10.25 kW
擱架式烤爐，單	天然氣	烹飪	30%	12.6 kW	50%	8.5 kW
爐灶	電力	烹飪	70%	na	80%	na
爐灶	天然氣	烹飪	35%	na	40% 且無豎直引燃器	na
蒸汽鍋，批量烹飪	電力	烹飪	26%	200 W/ 盤	50%	135 W/ 盤
蒸汽鍋，批量烹飪	天然氣	烹飪	15%	733 W/ 盤	38%	615 W/ 盤

	能耗模擬途徑的基準能耗				規範性途徑的等級	
電器類型	燃料	功能	基準效率	基準閒時功率	規範性效率	規範性閒時功率
蒸汽鍋，高產量或按訂單烹飪	電力	烹飪	26%	330 W/ 盤	50%	275 W/ 盤
蒸汽鍋，高產量或按訂單烹飪	天然氣	烹飪	15%	1.47 kW/ 盤	38%	1.26 kW/ 盤
烤麵包機	電力	烹飪	na	1.8 kW 平均運行功率	na	1.2 kW 平均運行功率
製冰機，IMH（製冰頭，H= 產冰量），H ≥ 204 kg/ 天	電力	製冰	0.0015 - 5.3464E-07 kWh/kg 冰	na	≤ 13.52*H-0.298 kWh/100 kg 冰	na
製冰機，IMH（製冰頭），H < 204 kg/ 天	電力	製冰	0.2262 - 4.18E-04 kWh/kg 冰	na	≤ 13.52*H-0.298 kWh/100 kg 冰	na
製冰機，RCU（遠程冷凝裝置，不帶遠程 壓縮機），H< 454 kg/ 天	電力	製冰	0.1951 - 1. 85E-04 kWh/kg 冰	na	≤ 111.5835H-0.258）+ 2.205kWh /100 kg 冰	na
製冰機，RCU（遠程冷凝裝置），726 >H ≥ 454 kg/ 天	電力	製冰	0.1124 kWh/kg 冰	na	≤ 111.5835H-0.258）+ 2.205kWh /100 kg 冰	na
製冰機，RCU（遠程冷凝裝置），H > 726 kg/ 天	電力	製冰	0.1124 kWh/ kg 冰	na	≤ -0.000 24H+ 4.60 kWh/100 kg 冰	na

	能耗模擬途徑的基準能耗				規範性途徑的等級	
電器類型	燃料	功能	基準效率	基準閒時功率	規範性效率	規範性閒時功率
製冰機，SCU（獨立裝置），H < 79kg/天	電力	製冰	0.3968 - 2.28E-03 kWh/kg 冰	na	236.59H-0.326 +0.176 kWh/100 kg 冰	na
製冰機，SCU（獨立裝置），H ≥ 79 kg/天	電力	製冰	0.2161 kWh/ kg 冰	na	236.59H-0.326 +0.176 kWh/100 kg 冰	na
製冰機，水冷製冰頭，H ≥ 651 kg/天（必須在冷卻回路上）	電力	製冰	0.0882 kWh/ kg 冰	na	≤ 8.11 kWh/100 kg 冰	na
製冰機，水冷製冰頭，227 ≤ H < 651 kg/天（必須在冷卻回路上）	電力	製冰	0.1230 - 5.35E-05 kWh/kg 冰	na	≤ 11.31 -0.065H kWh/100 kg 冰	na
製冰機，水冷製冰頭，H <227 kg/天（必須在冷卻回路上）	電力	製冰	0.1720 - 2.67E-04 kWh/kg 冰	na	≤ 15.48 -0.0238H kWh/100 kg 冰	na
製冰機，水冷直流（開回路）	電力	製冰	禁止	禁止	禁止	禁止
製冰機，水冷 SCU（獨立裝置），H < 91 kg/天（必須在冷卻回路上）	電力	製冰	0.2513 - 9. 23E-04 kWh/kg 冰	na	≤ 23.37-0.086H kWh/100kg 冰	na

	能耗模擬途徑的基準能耗				規範性途徑的等級	
電器類型	燃料	功能	基準效率	基準閒時功率	規範性效率	規範性閒時功率
製冰機，水冷 SCU（獨立裝置），H > 91 kg/天（必須在冷卻回路上）	電力	製冰	0.1676 kWh/ kg 冰	na	15.57 kWh/100 kg 冰	na
臥式冷凍櫃，實心或玻璃門	電力	製冷	15.90V + 0.943 kWh/天	na	9.541V + 0.130 kWh/天	na
臥式冰櫃，實心或玻璃門	電力	製冷	3.53V + 2.04 kWh/天	na	≤ 4.417 V +0.475 kWh/ 天	na
手入式玻璃門冰櫃，0 < V< 0.42 m3	電力	製冷	26.50V + 4.1 kWh/ 天	na	≤ 21.449V +0.893 kWh/ 天	na
手入式玻璃門冰櫃，0.42 ≤ V < 0.85m3	電力	製冷	26.50V + 4.1 kWh/ 天	na	≤ 25.901V– 1.00 kWh/天	na
手入式玻璃門冰櫃，0.85 ≤ V < 1.42m3	電力	製冷	26.50V + 4.1 kWh/ 天	na	≤ 8.834V +13.50 kWh/ 天	na
手入式玻璃門冰櫃，1.42 ≤ V m3	電力	製冷	26.50V + 4.1 kWh/ 天	na	≤ 15.90V +3.50 kWh/天	na
手入式玻璃門冰箱，0 < V< 0.42m3	電力	製冷	4.24V + 3.34 kWh/天	na	≤ 4.169V +1.382 kWh/ 天	na
手入式玻璃門冰箱，0.42 ≤ V<0.85m3	電力	製冷	4.24V + 3.34 kWh/天	na	≤ 4.947V +1.050 kWh/ 天	na

	能耗模擬途徑的基準能耗				規範性途徑的等級	
電器類型	燃料	功能	基準效率	基準閒時功率	規範性效率	規範性閒時功率
手入式玻璃門冰箱，0.85 ≤ V < 1.42m3	電力	製冷	4.24V + 3.34 kWh/天	na	≤ 3.109V +2.625 kWh/天	na
手入式玻璃門冰箱，1.42 ≤ V m3	電力	製冷	4.24V + 3.34 kWh/天	na	≤ 3.887V +1.500 kWh/天	na
手入式實心門冰箱，0 < V< 0.42 m3	電力	製冷	14.13V + 1.38 kWh/天	na	≤ 8.834V +1.25 kWh/天	na
手入式實心門冰櫃，0.42 ≤ V < 0.85m3	電力	製冷	14.13V + 1.38 kWh/天	na	≤ 4.819V −1.000 kWh/天	na
手入式實心門冰櫃，0.85 ≤ V < 1.42m3	電力	製冷	14.13V + 1.38 kWh/天	na	≤ 5.760V +6.125 kWh/天	na
手入式實心門冰櫃，1.42 ≤ V m3	電力	製冷	14.13V + 1.38 kWh/天	na	≤ 5.583V +6.333 kWh/天	na
手入式實心門冰箱，0 < V< 0.42m3	電力	製冷	3.53V + 2.04 kWh/天	na	≤ 3.145V +1.411 kWh/天	na
手入式實心門冰箱，0.42 ≤ V < 0.85m3	電力	製冷	3.53V + 2.04 kWh/天	na	≤ 1.307V +2.200 kWh/天	na
手入式實心門冰箱，0.85 ≤ V < 1.42m3	電力	製冷	3.53V + 2.04 kWh/天	na	≤ 1.979V +1.635 kWh/天	na
手入式實心門冰箱，1.42 ≤ V m3	電力	製冷	3.53V + 2.04 kWh/天	na	≤ 2.120V +1.416 kWh/天	na

	能耗模擬途徑的基準能耗				規範性途徑的等級	
電器類型	燃料	功能	基準效率	基準閒時功率	規範性效率	規範性閒時功率
洗衣機	天然氣	衛生	1.72 MEF	–	2.00 MEF	–
門式洗碗機，高溫	電力	衛生	na	1.0 kW	na	0.70 kW
門式洗碗機，低溫	電力	衛生	na	0.6 kW	na	0.6 kW
多缸架傳送式洗碗機，高溫	電力	衛生	na	2.6 kW	na	2.25 kW
多缸架傳送式洗碗機，低溫	電力	衛生	na	2.0 kW	na	2.0 kW
單缸架傳送式洗碗機，高溫	電力	衛生	na	2.0 kW	na	1.5 kW
單缸架傳送式洗碗機，低溫	電力	衛生	na	1.6 kW	na	1.5 kW
台下式洗碗機，高溫	電力	衛生	na	0.9 kW	na	0.5 kW
台下式洗碗機，低溫	電力	衛生	na	0.5 kW	na	0.5 kW

能效、閒時功率和用水要求（如適用）均基於以下測試方法：

ASTM F1275 煎鍋性能標準測試方法
ASTM F1361 敞口式深底油炸鍋性能標準測試方法
ASTM F1484 蒸汽炊具性能標準測試方法
ASTM F1496 對流烤箱性能標準測試方法
ASTM F1521 爐灶蓋性能標準測試方法
ASTM F1605 雙面煎鍋性能標準測試方法
ASTM F1639 組合烤箱性能標準測試方法
ASTM F1695 底燃式鍋爐性能標準測試方法
ASTM F1696 單架熱水消毒
ASTM 門式商用洗碗機能效標準測試方法
ASTM F1704 商用廚房排煙通風系統捕捉和容納性能標準測試方法
ASTM F1817 鏈條式平爐性能標準測試方法
ASTM F1920 架傳送式熱水消毒商用洗碗機能效標準測試方法
ASTM F2093 擱架式烤爐性能標準測試方法
ASTM F2140 熱食物儲藏櫃性能標準測試方法
ASTM F2144 敞口式大桶炸鍋性能標準測試方法
ASTM F2324 預清洗噴霧閥標準測試方法
ASTM F2380 鏈條式烤麵包機性能標準測試方法

ARI 810-2007：商用自動製冰機性能等級 ANSI/ASHRAE 標準 72–2005：商用冰箱和冰櫃測試方法，中等溫度冰箱的溫度設定值為 38°F（3°C），低溫冰櫃為 -18°C，霜淇淋冷櫃為 -26°C。

表 2　超市製冷的規範性指標和能源費用預算基準

項目	屬性	規範性指標	能耗模擬途徑的基準
商用冰箱和冰櫃	能耗限制	ASHRAE 90.1-2010 附錄 g. 表 6.8.1L	ASHRAE 90.1-2010 附錄 g. 表 6.8.1L
商用製冷設備	能耗限制	ASHRAE 90.1-2010 附錄 g. 表 6.8.1M	ASHRAE 90.1-2010 附錄 g. 表 6.8.1M

表 3　步入式製冷機和冰櫃的規範性指標和能源費用預算基準

項目	屬性	規範性指標	能耗模擬途徑的基準
外殼結構	冰櫃保溫	R-46	R-36
	製冷機保溫	R-36	R-20
	自動閉門裝置	有	無
	高效低熱或無熱手入式門	40W/ft (130W/m) 門框（低溫），17W/ft (55W/m) 門框（中等溫度）	40W/ft (130W/m) 門框（低溫），17W/ft (55W/ m) 門框（中等溫度）
蒸發器	蒸發器風扇電機和控制	禁止罩極式和分相電動機；商用 PSC 或 EMC 電機	定速風扇
	熱氣除霜	無電動除霜。	電動除霜
冷凝器	氣冷冷凝器風扇電機和控制	禁止罩極式和分相電動機；商用 PSC 或 EMC 電機；添加冷凝器風扇控制器	迴圈單速風扇
	氣冷冷凝器設計方法	浮頭壓力控制或環境低溫冷卻	10°F (-12°C) 到 15°F (-9°C) 依賴於吸氣溫度
照明	照明功率密度（W/平方英尺）	0.6 W/ 平方英尺（6.5 W/ 平方米）	0.6 W/ 平方英尺（6.5 W/ 平方米）
商用冰箱和冰櫃	能耗限制	不適用	如果嘗試實現節約，則使用特殊計算方法
商用冰箱和冰櫃	能耗限制	不適用	如果嘗試實現節約，則使用特殊計算方法

表 4 商用廚房通風的規範性指標和能源費用預算基準

策略	規範性指標	基準
廚房油煙控制	如果廚房總排氣氣流速度超過 2,000 cfm (960 L/s)（相對於 ASHRAE 90.1-2010 要求中注明的 5,000 cfm (2,400 L/s)），ASHRAE 90.1-2010 第 6.5.7.1 部分（第 6.5.7.1.3 部分和第 6.5.7.1.4 部分除外）將適用。	ASHRAE 90.1-2010 第 6.5.7.1 部分和第 G3.1.1 部分例外情況（d）（如適用）

APPENDIX

附錄 B

中文詞彙英文對照

Acid rain: the precipitation of dilute solutions of strong mineral acids, formed by the mixing in the atmosphere of various industrial pollutants (primarily sulfur dioxide and nitrogen oxides) with naturally occurring oxygen and water vapor.	**酸雨：**成分為強礦物酸稀釋液的降雨。所含礦物酸由大氣中各種工業污染物（主要為二氧化硫和氮氧化物）與自然存在的氧氣及水蒸氣混合形成。
Adapted plants: nonnative, introduced plants that reliably grow well in a given habitat with minimal winter protection, pest control, fertilization, or irrigation once their root systems are established. Adapted plants are considered low maintenance and not invasive.	**可適應性植物：**此類非本地植物在根莖系統建立後，對於冬季防護、害蟲防治、施肥或灌溉的要求較低，且在給定的生活環境下生長良好。可適應性植物被認為是維護需求低且不具入侵性的植物。
Adaptive reuse: designing and building a structure in a way that makes it suitable for a future use different than its original use. This avoids the use of environmental impact of using new materials.	**適應性再利用：**設計和建造一種使建築物改變其原有用途，以適應其未來之使用功能，避免由於使用新材料對環境造成影響。
Air quality standard: the level of a pollutant prescribed by regulations that are not to be exceeded during a given time in a defined area (EPA).	**空氣品質標準：**法規規定的對於指定區域在給定時間範圍內不可超出的污染物水準（美國環保局 EPA）。
Albedo: the reflectivity of a surface, measured from 0 (black) to 1 (white).	**Albedo：**物體表面對光線的反射率，範圍介於 0（黑色）至 1（白色）之間。
Ambient temperature: the temperature of the surrounding air or other medium (EPA).	**環境溫度：**周圍空氣或其它介質的溫度（美國環保局 EPA）。
Alternative fuel vehicle: a vehicle that uses low-polluting, nongasoline fuels, such as electricity, hydrogen, propane or compressed natural gas, liquid natural gas, methanol, and ethanol. In LEED, efficient gas- electric hybrid vehicles are included in this group.	**替代燃料汽車：**使用低污染非汽油燃料（如電力、氫氣、丙烷或壓縮天然氣、液化天然氣、甲醇及乙醇）的汽車。在 LEED 體系中，此類別還包括高效氣電混合動力汽車。
ASHRAE: American Society of Heating, Refrigerating and Air- Conditioning Engineers.	**ASHRAE：**美國採暖、製冷與空調工程師學會。
Bake-out: a process used to remove volatile organic compounds (VOCs) from a building by elevating the temperature in the fully furnished and ventilated building prior to human occupancy.	**烘乾：**入住以前，在配套齊全且通風良好的建築的室內透過提高溫度來去除建築內揮發性有機化合物（VOC）的過程。

Baseline versus design or actual use: the amount of water that the design case or actual usage (for existing building projects) conserves over the baseline case. All Water Efficiency credits use a baseline case against which the facility's design case or actual use is compared. The baseline case represents the Energy Policy Act of 1992 (EPAct 1992) flow and flush rates and the design case is the water anticipated to be used in the facility.	**基準值與設計或實際使用的對比：**與基準值案例相比，設計案例或實際使用（針對現有建築專案）所節省的水量。所有節水得分點均將基準值案例與設施的設計案例或實際用途進行比較。基準值案例代表了 1992 年能源政策法案（EPAct1992）規定的流速和沖洗速度，設計案例為設施的預計用水量。
Biodegradable: capable of decomposing under natural conditions (EPA).	**可生物降解：**在自然條件下可分解（美國環保局 EPA）。
Biodiversity: the variety of life in all forms, levels, and combinations, including ecosystem diversity, species diversity, and genetic diversity.	**生物多樣性：**生物在形式、層次及組合上的多樣性，包括生態系統多樣性、物種多樣性及遺傳多樣性。
Biomass: plant material from trees, grasses, or crops that can be converted to heat energy to produce electricity.	**生物質：**可轉換為熱能以用於產生電能的樹木、草類或作物植物體。
Bioswale: a stormwater control feature that uses a combination of an engineered basin, soils, and vegetation to slow and detain stormwater, increase groundwater recharge, and reduce peak stormwater runoff.	**生態草溝：**一種結合了人工建造的盆地、土壤及植被的雨水控制設施，用以減緩和保留雨水，增加地下水補給並減少高峰雨水徑流。
Blackwater: wastewater from toilets and urinals; definitions vary, and wastewater from kitchen sinks (perhaps differentiated by the use of a garbage disposal), showers, or bathtubs is considered blackwater under some state or local codes.	**污水：**馬桶與小便池廢水；定義視情況有所差異。根據某些州或地方法規，廚房水槽（或可根據垃圾處理進行區分）、淋浴或浴缸廢水被視為黑水。
British thermal unit (Btu): the amount of heat required to raise the temperature of one pound of liquid water from 60° to 61° Fahrenheit. This standard measure of energy is used to describe the energy content of fuels and compare energy use.	**英制熱量單位（Btu）：**將一磅液態水由 60 ℉加熱至 61 ℉所需的熱量。這種能量度量標準用於說明燃料所含的能量以及比較能量使用。
Brownfield: previously used or developed land that may be contaminated with hazardous waste or pollution. Once any environmental damage has been remediated, the land can be reused. Redevelopment on brownfields provides an important opportunity to restore degraded urban land while promoting infill and reducing sprawl.	**褐地：**經使用或開發過的、可能被危險廢棄物或污染物污染的土地。一旦任何環境損害得以修復，該土地即可重新投入使用。褐地的再開發提供了恢復退化城市土地的重要機遇，同時可促進填充式開發並減少無計畫擴張。
Building commissioning: a systematic investigation comparing building performance with performance goals, design specifications, and the owner's requirements.	**建築調試（功能驗證）：**將建築性能與性能目標、設計細節及業主要求進行比較的系統性調查。

Building density: the floor area of the building divided by the total area of the site (square feet per acre).	**建築容積率：**總建築面積除以基地總面積（平方英尺 / 英畝）。
Building envelope: the exterior surface of a building—the walls, windows, roof, and floor; also referred to as the building shell.	**建築皮層 (外殼) 結構：**建築外表面——外牆、窗戶、屋頂與樓面；也稱之為建築外殼。
Building footprint: the area on a project site that is used by the building structure, defined by the perimeter of the building plan. Parking lots, landscapes, and other nonbuilding facilities are not included in the building footprint.	**建築占地：**建築結構在專案基地上佔用的面積，根據建築平面圖的周長確定。建築占地不包括停車場、景觀和其它非建築設施。
Built environment: a man-made environment that provides a structure for human activity.	**建築環境：**為人類活動提供建築構築物的人造環境。
Byproduct: material, other than the principal product, generated as a consequence of an industrial process or as a breakdown product in a living system (EPA).	**副產品：**在工業過程中生成的，或由生命系統分解產物而產生的除主產品以外的材料（美國環保局）。
Carbon dioxide concentration: an indicator of ventilation effectiveness inside buildings; CO2 concentrations greater than 530 parts per million (ppm) above outdoor conditions generally indicate inadequate ventilation. Absolute concentrations of greater than 800 to 1,000 ppm generally indicate poor air quality for breathing. CO2 builds up in a space when there is not enough ventilation.	**二氧化碳濃度：**建築內通風效率的指標；一般情況下，若室內 CO2 濃度高於戶外條件下的百萬分之 530（ppm），則被視為通風不足。若絕對濃度高於 800~1000ppm，則一般情況下被視為呼吸空氣品質較差。通風不足時，CO2 會在空間內累積。
Carbon footprint: a measure of greenhouse gas emissions associated with an activity. A comprehensive carbon footprint includes building construction, operation, energy use, building-related transportation, and the embodied energy of water, solid waste, and construction materials.	**碳足跡：**對與某一活動相關的溫室氣體排放量的度量。全面的碳足跡包括建築施工、運營、能源消耗、與建築相關的交通，以及水、固態廢棄物與建築材料的蘊藏能量。
Carbon neutrality: emitting no more carbon emissions than can either be sequester or offset.	**碳中和：**除可隔離或可抵消的碳排放以外，不再有其它碳排放。
Charrette: intense workshops designed to produce a specific deliverables.	**專家研討會：**旨在取得特定交付成果的集中研討會。
Chiller: a device that removes heat from a liquid, typically as part of a refrigeration system used to cool and dehumidify buildings.	**冷水機組：**去除液體熱量的設備。通常為建築製冷及除濕用製冷系統的一部分。
Chlorofluorocarbon (CFC): an organic chemical compound known to have ozone-depleting potential.	**氯氟化碳（CFC）：**一種已知的具備臭氧消耗潛能的有機化合物。

Closed system: a system that exchanges minimal materials and elements with its surroundings; systems are linked with one another to make the best use of byproducts.	**封閉系統：**一種與周圍環境交換最少量材料及元素的系統；各系統之間彼此相連，以充分利用副產品。
Commissioning (Cx): the process of verifying and documenting that a building and all of its systems and assemblies are planned, designed, installed, tested, operated, and maintained to meet the owner's project requirements.	**功能驗證（Cx）：**也稱為調試，檢驗與記錄一棟建築及其所有系統與元件如何在規劃、設計、安裝、測試、操作及維護上滿足業主專案要求的過程。
Commissioning plan: a document that outlines the organization, schedule, allocation of resources, and documentation requirements of the commissioning process.	**功能驗證計畫：**簡要説明調試過程組織、進度計畫、資源配置及檔要求的檔。
Commissioning report: a document that details the commissioning process, including a commissioning program overview, identification of the commissioning team, and description of the commissioning process activities.	**功能驗證報告：**詳細説明調試過程，包括調試計畫概述、調試團隊識別及調試過程活動描述的檔。
community connectivity: the amount of connection between a site and the surrounding community, measured by proximity of the site to homes, schools, parks, stores, restaurants, medical facilities, and other services and amenities. Connectivity benefits include more satisfied site users and a reduction in travel associated with reaching services.	**社區關聯性：**建築場地與周邊社區之間的關聯程度。透過場地與住宅、學校、公園、商店、餐廳、醫療設施以及其它公益與便利設施的距離進行衡量。關聯性的好處包括使更多場地使用者滿意，以及減少與使用公益設施相關的出行量。
Compact fluorescent lamp (CFL): a small fluorescent lamp, used as a more efficient alternative to incandescent lighting; also called a PL, twin-tube, or biax lamp (EPA).	**緊湊型螢光燈（CFL）：**小型螢光燈，作為更高效的白熾燈照明替代燈具；也稱之為光致發光、雙管或雙軸燈（美國環保局）。
Construction and demolition: debris waste and recyclables generated from construction and from the renovation, demolition, or deconstruction of preexisting structures. It does not include land-clearing debris, such as soil, vegetation, and rocks.	**建造與拆除：**從建造以及對已有結構的翻新、拆除或全面拆毀的過程中產生的廢棄雜物和可回收材料，不包括場地清理的雜物，如土壤、植被與岩石。
Construction waste management plan: a plan that diverts construction debris from landfills through recycling, salvaging, and reusing.	**建築廢棄物管理計畫：**透過再循環、回收及再利用來避免建築廢料被垃圾填埋的計畫。
Contaminant: an unwanted airborne element that may reduce indoor air quality (ASHRAE Standard 62.1–2007).	**污染物：**可降低室內空氣品質的有害空氣成分（ASHRAE 標準 62.1–2007）。
Controllability of systems: the percentage of occupants who have direct control over temperature, airflow, and lighting in their spaces.	**系統可控性：**可直接控制所在空間內溫度、氣流與照明的建築用戶百分比。

Cooling tower: a structure that uses water to absorb heat from air- conditioning systems and regulate air temperature in a facility.	**冷卻塔：**使用水來吸收空調系統產生的熱量並調節設施內氣溫的結構體。
Cradle to cradle: an approach in which all things are applied to a new use at the end of a useful life.	**從搖籃到搖籃：**將所有事物在使用壽命結束時投入新用途的處理方式。
Cradle to grave: a linear set of processes that lead to the ultimate disposal of materials at the end of a useful life.	**從搖籃到墳墓：**材料從被開始使用到使用壽命結束而被最終丟棄的線性過程。
Daylighting: the controlled admission of natural light into a space, used to reduce or eliminate electric lighting.	**自然採光：**將自然光有控制地調入空間，以減少或取消電氣照明。
Development density: the total square footage of all buildings within a particular area, measured in square feet per acre or units per acre.	**開發密度：**特定區域內所有建築物的總占地面積，以平方英尺 / 英畝或單位 / 英畝衡量。
Diversion rate: the percentage of waste materials diverted from traditional disposal methods to be recycled, composted, or re-used.	**轉移率：**由傳統處置方法轉為再循環、施堆肥或再利用的廢棄材料所占的百分比。
Diversity of uses or housing types: the number of types of spaces or housing types per acre. A neighborhood that includes a diversity of uses—offices, homes, schools, parks, stores—encourages walking, and its residents and visitors are less dependent on personal vehicles. A diversity of housing types allows households of different types, sizes, ages, and incomes to live in the same neighborhood.	**用途多樣性或房屋類別：**每英畝範圍內空間類型或房屋類別的數量。包括多種使用功能（如辦公室、住宅、學校、公園及商店）的社區鼓勵步行，其居民和訪客對私家車的依賴性更低。房屋類別的多樣性使不同類型、大小、年齡和收入的家庭得以在同一社區內居住。
Dry pond: an excavated area that detains stormwater and slow runoff but is dry between rain events. Wet ponds serve a similar function but are designed to hold water all the time.	**乾池：**保留雨水並減緩徑流，但在降雨之間保持乾涸的開挖區。濕池具有類似的功能，但設計為池內始終保留有水。
Ecosystem: a basic unit of nature that includes a community of organisms and their nonliving environment linked by biological, chemical and physical process.	**生態系統：**包括透過生物、化學及物理過程相聯結的生物群落及其非生物環境的基本自然單位。
Embodied energy: the total amount of energy used to harvest or extract, manufacture, transport, install and use a product across its life cycle.	**蘊藏能量：**在整個產品的生命週期中收穫或提取、製造、運輸、安裝及使用所消耗的能源總量。
Emergent properties: patterns that emerge from a system as a whole, which are more than the sum of the parts.	**突現屬性：**從一個系統中整體突現出的、大於各部分之和的特性。
Energy efficiency: using less energy to do the same amount of work.	**節能：**使用較少的能源完成同等的工作量。

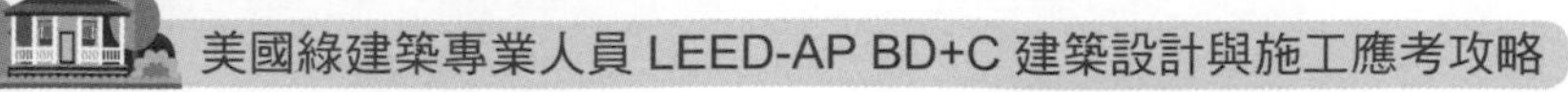

Energy management system: a control system capable of monitoring environmental and system loads and adjusting HVAC operations accordingly in order to conserve energy while maintaining comfort (EPA).	**能源管理系統：**一種可監測環境與系統負荷，並相應調整暖通空調（HVAC）運行，以便在保持舒適性的同時節約能源的控制系統（美國環保局 EPA）。
ENERGY STAR Portfolio Manager: an interactive, online management tool that supports tracking and assessment of energy and water consumption.	**能源之星資料管理器：**支持能源與水消耗量跟蹤及評估的互動式線上管理工具。
ENERGY STAR rating: a measure of a building's energy performance compared with that of similar buildings, as determined by the ENERGY STAR Portfolio Manager. A score of 50 represents average building performance.	**能源之星等級：**由能源之星資料管理器確定的建築能源性能與類似建築的對比度量。50 分代表平均建築性能。
Energy use intensity: energy consumption divided by the number of square feet in a building, often expressed as British thermal units (Btus) per square foot or as kilowatt-hours of electricity per square foot per year (kWh/sf/yr).	**能耗密度：**能耗量除以建築面積（平方英尺），通常表示為英制熱量單位（Btus）/ 平方英尺或千瓦時 / 平方英尺 / 年（kWh/sf/yr）。
Energy-efficient products and systems: building components and appliances that use less energy to perform as well as or better than standard products.	**節能產品與系統：**使用較少的能源以實現相當於或優於標準產品性能的建築構件與設備。
Environmental sustainability: long-term maintenance of ecosystem components and functions for future generations (EPA).	**環境可持續性：**生態系統要素與功能的長期維護，以造福子孫後代（美國環保局）。
Externality: costs or benefits, separate from prices, resulting from a transaction and incurred by parties not involved in the transaction.	**外部因素：**作為交易後果的、由未參與交易的各方引起的、獨立於價格以外的費用或利益。
Feedback loop: information flows within a system that allow the system to self-organize.	**反饋回路：**使系統實現自我組織的系統內部資訊流。
Floodplain: land that is likely to be flooded by a storm of a given size (e.g., a 100-year storm).	**滂原：**可能被一定規模的暴雨（如百年一遇的暴雨）淹沒的地帶。
Floor-area ratio: the relationship between the total building floor area and the allowable land area the building can cover. In green building, the objective is to build up rather than out because a smaller footprint means less disruption of the existing or created landscape.	**容積率：**總建築面積與建築所允許的占地面積的比率。由於較小的占地面積意味著對現有或修建景觀的較少破壞，綠色建築的目標是向上延伸建造而非向外擴張建造。

Flush-out: the operation of mechanical systems for a minimum of two weeks using 100 percent outside air at the end of construction and prior to building occupancy to ensure safe indoor air quality.	**吹洗（大量換氣）：**透過機械系統在施工結束後及建築投入使用前，採用 100% 室外空氣對建築至少吹洗兩週，以確保安全的室內空氣品質。
Footcandle: a measure of the amount of illumination falling on a surface. A footcandle is equal to one lumen per square foot. Minimizing the number of footcandles of site lighting helps reduce light pollution and protect dark skies and nocturnal animals.	**尺燭光：**落在一個表面上的光通量的量度。一尺燭光等於 1 流明 / 平方英尺。降低基地照明的尺燭光數有助於減少光污染，保護夜空及夜間活動的動物。
Fossil fuel: energy derived from ancient organic remains, such as peat, coal, crude oil, and natural gas (EPA).	**化石燃料：**源于古時有機殘餘物如泥炭、煤、原油及天然氣的能源（美國環保局）。
Gallons per flush (gpf): the amount of water consumed by flush fixtures (water closets, or toilets, and urinals).	**每次沖水加侖數（gpf）：**沖洗裝置（座便器或抽水馬桶、小便斗）的用水量。
Gallons per minute (gpm): the amount of water consumed by flow fixtures (lavatory faucets, showerheads, aerators).	**每分鐘加侖數（gpm）：**水流裝置（面盆水龍頭、噴淋頭及通風裝置）的用水量。
Green building: a process for achieving ever-higher levels of performance in the built environment that creates more vital communities, more healthful indoor and outdoor spaces, and stronger connections to nature. The green building movement strives to effect a permanent shift in prevailing design, planning, construction, and operations practices, resulting in lower-impact, more sustainable, and ultimately regenerative built environments.	**綠色建築：**實現建築環境更高性能水準的過程。此類建築環境營造更重要的社區、更健康的室內與室外空間、與大自然有更強的聯繫。綠色建築運動力求影響主流設計、規劃、建造與運營實踐的永久性轉變，從而實現影響較低、可持續性更好、可最終再生的建築環境。
Green power: energy from renewable sources such as solar, wind, wave, biomass, geothermal power and several forms of hydroelectric power.	**綠色電力：**源于可再生資源（如太陽能、風能、波浪能、生物質能、地熱發電及多種形式水力發電）的能源。
Greenfield: a site that has never been developed for anything except agriculture.	**綠地：**除農業以外，從未被開發用於其他用途的場地。
Greenhouse gas emissions per capita： a community's total greenhouse gas emissions divided by the total number of residents.	**溫室排放量 / 每人：**社區溫室氣體總排放量除以居民總數。
Greenwashing: presenting misinformation to consumers to portray a product or policy as more environmentally friendly than it actually is.	**漂綠：**誇大產品或政策的實際環保特性，誤導消費者。

Graywater: domestic wastewater composed of wash water from kitchen, bathroom, and laundry sinks, tubs, and washers. (EPA) The Uniform Plumbing Code (UPC) defines graywater in its Appendix G, Gray Water Systems for Single-Family Dwellings, as "untreated household waste water which has not come into contact with toilet waste. Graywater includes used water from bathtubs, showers, bathroom wash basins, and water from clothes-washer and laundry tubs. It must not include waste water from kitchen sinks or dishwashers." The International Plumbing Code (IPC) defines graywater in its Appendix C, Gray Water Recycling Systems, as "waste water discharged from lavatories, bathtubs, showers, clothes washers and laundry sinks." Some states and local authorities allow kitchen sink wastewater to be included in graywater. Other differences with the UPC and IPC definitions can likely be found in state and local codes. Project teams should comply with graywater definitions as established by the authority having jurisdiction in the project area.	**灰水：**包括廚房、浴室、洗衣水槽、浴缸及洗衣機沖洗水的生活廢水。（美國環保局 EPA）《統一給排水規範（UPC）》附錄 G–"獨戶住宅灰水系統"中將灰水定義為"尚未接觸廁衛垃圾的未經處理的生活廢水。灰水包括浴缸、淋浴間與浴室面盆洗滌用水以及洗衣機與洗衣池用水，但不包括廚房水槽或洗碗機廢水。" 《國際給排水規範（IPC）》附錄 C–"灰水循環系統"中將灰水定義為"廁所、浴缸、淋浴間、洗衣機和洗衣水槽排放的廢水"。某些州和地方當局還將廚房水槽廢水納入灰水範疇。各個州與地方法規中可能存在與 UPC 及 IPC 定義的其它差異。專案團隊應遵循專案所在地區的管轄當局確定的灰水定義。
Hardscape: paved or covered areas in which soil is no longer on the surface of the Earth, such as roadways or parking lots.	**硬景觀：**土壤不再處於地表的鋪築或覆蓋區域，如道路或停車場。
Harvested: rainwater precipitation captured and used for indoor needs, irrigation, or both.	**採集：**被收集以用於室內需求或灌溉（或兩者兼有）的降雨。
Heat island effect: the absorption of heat by hardscapes, such as dark, nonreflective pavement and buildings, and its radiation to surrounding areas. Particularly in urban areas, other sources may include vehicle exhaust, air-conditioners, and street equipment; reduced airflow from tall buildings and narrow streets exacerbates the effect.	**熱島效應：**硬景觀（如黑色非反射路面與建築）對熱量的吸收及其對周邊地區的輻射。在城市地區尤其顯著，其他熱源還可能包括汽車尾氣、空調和街道設備；高層建築與狹窄街道氣流的減少加劇了這一效應。
High-performance green building: a structure designed to conserve water and energy; use space, materials, and resources efficiently; minimize construction waste; and create a healthful indoor environment.	**高效能綠色建築：**旨在節約水與能源的構築物；高效使用空間、材料和資源；最大程度地減少建築垃圾並營造健康的室內環境。
Hydrochlorofluorocarbon (HCFC): an organic chemical compound known to have ozone-depleting potential.	**氫氯氟碳化合物（HCFC）：**一種已知的、具備臭氧消耗潛能的有機化合物。
HVAC system: equipment, distribution systems, and terminals that provide the processes of heating, ventilating, or air-conditioning (ASHRAE Standard 90.1–2007).	**冷凍空調系統：**提供採暖、通風或空氣調節的設備、分配系統與終端（ASHRAE 標準 90.1–2007）。

Impervious area: surface that has been compacted or covered by materials that do not allow water to infiltrate. Impervious areas found in the built environment include concrete, brick, stone, asphalt, and sealed surfaces.	**不透水區：**已被壓實或覆蓋不透水材料的表面。建築環境中存在的不透水區包括混凝土、磚、石、瀝青和密封表面。
Imperviousness: the resistance of a material to penetration by a liquid. The total imperviousness of a surface, such as paving, is expressed as a percentage of total land area that does not allow moisture penetration. Impervious surfaces prevent rainwater from infiltrating into the ground, thereby increasing runoff, reducing groundwater recharge, and degrading surface water quality.	**不滲透性：**材料對液體滲透的耐受性。表面（如鋪築面）的總體不滲透性以總占地面積中不會發生水分滲透區域所占的百分比表示。不透水表面阻止雨水滲透進入地表內，導致徑流增加、地下水補給減少和地表水質下降。
Indoor air quality: the nature of air inside the space that affects the health and well-being of building occupants. It is considered acceptable when there are no known contaminants at harmful concentrations and a substantial majority (80% or more) of the occupants do not express dissatisfaction (ASHRAE Standard 62.1– 2007).	**室內空氣品質：**影響建築用戶健康及福祉的室內空氣特性。如果已知的污染物未達到有害的濃度值，且絕大多數（80% 及以上）住戶未表達不滿時，室內空氣品質應視為可接受（ASHRAE 標準 62.1–2007）。
Indoor Air Quality Building Education and Assessment Model (I- BEAM): an integral part of an IAQ management program that provides comprehensive guidance for building professionals responsible for indoor air quality in commercial buildings. Incorporates an IAQ audit of the project building to determine the building's IAQ status.	**建築室內空氣品質教育及評估模式（I-BEAM）：**是為負責商業樓宇室內空氣品質的建築專業人士提供全面指導的室內空氣品質（IAQ）管理計畫中不可分割的一部分。結合專案建設的 IAQ 審核以確定建築的 IAQ 狀況。
Indoor environmental quality: the conditions inside a building and their impacts on occupants or residents.	**室內環境品質：**建築內部環境狀況及其對用戶或住戶的影響。
Indoor environmental quality management plan: a plan that spells out strategies to protect the quality of indoor air for workers and occupants; it includes isolating work areas to prevent contamination of occupied spaces, timing construction activities to minimize exposure to off-gassing, protecting the HVAC system from dust, selecting materials with minimal levels of toxicity, and thoroughly ventilating the building before occupancy.	**室內環境品質管制計畫：**一項闡明了工作人員及住戶室內空氣質量保護策略的計畫，包括隔離工作區防止已使用的空間受到汙染；安排施工活動的時間，盡可能減少接觸廢氣；HVAC 系統防塵；選用毒性最低的材料並於入住前對建築進行徹底通風。
Infill development: is a method of site selection that focuses construction on sites that have been previously developed or are gaps between existing structures.	**填充式開發：**一種將建築集中于已開發的場地或現有構築物之間的間隙場地上的選址方法。
Integrated approach: bringing team members together to work collaboratively on all of a project's systems to find synergistic solutions that support ever greater levels of sustainability.	**整合方法：**使團隊成員在專案所有系統上合作開展相關工作，以尋求支持更高水準可持續性的協同解決方案。

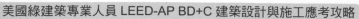

Integrated design team: all the individuals involved in a building project from early in the design process, including the design professionals, the owner's representatives, and the general contractor and subcontractors.	**整合設計團隊：**從設計初期開始參與建設專案的所有個人，包括設計專業人員、業主代表以及總承包商與分包商。
Integrated pest management: a sustainable approach that combines knowledge about pests, the environment, and pest prevention and control methods to minimize pest infestation and damage in an economical way while minimizing hazards to people, property, and the environment.	**害蟲綜合治理：**一種將病蟲害和環境知識與害蟲防治及控制措施相結合的可持續性方式，以經濟的方式盡可能減少害蟲侵襲與損害，同時最大限度地降低對人、財產和環境的危害。
Integrated process: an approach to design and operations that brings team members together to work collaboratively and find synergistic solutions that support ever greater levels of sustainability.	**整合流程：**一種使團隊成員合作一致開展工作，並尋求支持更高水準可持續性的協同解決方案的設計與運營方法。
Irrigation efficiency: the percentage of water delivered by irrigation equipment that is actually used for irrigation and does not evaporate, blow away, or fall on hardscape. For example, overhead spray sprinklers have lower irrigation efficiencies (65%) than drip systems (90%).	**灌溉效率：**由灌溉設備輸送的，實際用於灌溉的，未被蒸發、吹走或灑落于硬景觀上的水量百分比。例如，頂噴式噴霧灑水噴頭的灌溉效率（65%）低於滴灌系統（90%）。
Iterative process: circular and repetitive process that provides opportunities for setting goals and checking each idea against those goals.	**反覆運算過程：**為設定目標並針對這些目標檢查每個想法提供機會的循環和重複過程。
LEED credit: an optional LEED Green Building Rating System component whose achievement results in the earning of points toward certification.	**LEED 得分點：**LEED 綠色建築評估體系的可選組成部分。它的獲得有助於贏得認證所需總分。
LEED credit interpretation request: a formal USGBC process in which a project team experiencing difficulties in the application of a LEED prerequisite or credit can seek and receive clarification, issued as a credit interpretation ruling. Typically, difficulties arise when specific issues are not directly addressed by LEED reference guides or a conflict between credit requirements arises.	**LEED 得分點解釋請求：**美國綠色建築委員會（USGBC）的一種正式流程。在此流程中，在對於某個 LEED 先決條件或得分點的問題上遇到困難時，專案團隊可尋求並收到作為得分點解釋裁決而出具的澄清書。通常情況下，當具體問題不能直接根據 LEED 參考指南解決，或在得分點要求之間存在衝突時，就會遇到困難。
LEED intent: the primary goal of each prerequisite or credit.	**LEED 目的：**每個先決條件或得分點的首要目標。
LEED Interpretation: consensus-based, precedent-setting rulings to project team inquiries.	**LEED 解釋：**對專案團隊所提出的問詢基於共識的先例裁決。

LEED Online: a data collection portal managed by GBCI through which the team uploads information about the project.	**LEED 線上：**由綠色建築認證協會（GBCI）管理的資料收集入口。 團隊可透過此入口上傳專案資訊。
LEED Pilot Credit Library: credits currently being tested across rating systems and credit categories that are proposed for the next version of LEED.	**LEED 試行得分點庫：**在各個評估體系和分數類別中目前正在測試的得分點，以及為下一版 LEED 擬定的得分點類別。
LEED prerequisite: a required LEED Green Building Rating System component whose achievement is mandatory and does not earn any points.	**LEED 先決條件：**LEED 綠色建築評估體系所要求的必備組成部分。它們的實現是強制性的且不獲得任何得分。
LEED Rating System: a voluntary, consensus-based, market-driven building rating system based on existing, proven technology. The LEED Green Building Rating System represents USGBC's effort to provide a national benchmark for green buildings. Through its use as a design guideline and third-party certification tool, the LEED Green Building Rating System aims to improve occupant well-being, environmental performance, and economic returns using established and innovative practices, standards, and technologies.	**LEED 評估體系：**以共識為基礎，以市場為導向，基於現有成熟技術的自願性建築評估體系。LEED 綠色建築評估體系代表了 USGBC 在提供綠色建築國家基準方面所做出的努力。作為設計準則和第三方認證工具，LEED 綠色建築評估體系旨在透過採用既定的創新做法、標準和技術，以提高建築用戶的福祉、環保性能及經濟回報。
LEED technical advisory group (TAG): a committee consisting of industry experts who assist in interpreting credits and developing technical improvements to the LEED Green Building Rating System.	**LEED 技術諮詢顧問小組（TAG）：**由業內專家組成的委員會。目的是協助解釋 LEED 綠色建築評估體系得分點並對評估體系提出技術改進。
Leverage point: a point in a system where a small intervention can yield large changes.	**杠杆點：**系統中的某一點，該點處微小的干預即可產生很大的變化。
Life-cycle approach: looking at all stages of a project, product or service, adding the dimension of longevity to whole systems thinking.	**生命週期方法：**著眼於專案、產品或服務的所有階段，在整個系統考量中加入延長使用壽命的因素。
Life-cycle assessment: an analysis of the environmental aspects and potential impacts associated with a product, process, or service.	**生命週期評估：**對與產品、流程或服務有關的環境因素及其潛在影響的分析。
Life-cycle costing: a process of costing that looks at both purchase and operating costs as well as relative savings over the life of the building or product.	**生命週期成本計算：**著眼於建築或產品整個生命週期內採購與運營成本，以及相關成本節約的成本計算過程。
Light trespass: the spillage of light beyond the project boundary.	**光侵擾：**超過專案界區的光線溢散。

Lighting power density: the installed lighting power per unit area.	**照明功率密度：**單位面積內安裝的照明功率。
Low impact development (LID): an approach to land management that mimics natural systems to manage stormwater as close to the source as possible.	**低衝擊開發（LID）：**一種類比自然系統，盡可能接近水源進行雨水管理的土地管理方法。
Market transformation: systematic improvements in the performance of a market or market segment. For example, EPA's ENERGY STAR program has shifted the performance of homes, buildings, and appliances toward higher levels of energy efficiency by providing recognition and comparative performance information through its ENERGY STAR labels.	**市場轉型：**市場或細分市場表現的系統性改善。例如，透過提供能源之星標籤的識別與性能比較資訊，美國環保局的能源之星計劃已將住宅、建築與設備的性能向更高的能源效率轉變。
Materials reuse: materials returned to active use (in the same or a related capacity as their original use), expressed as a percentage of the total materials cost of a building. The salvaged materials are incorporated into the new building, thereby extending the lifetime of materials that would otherwise be discarded.	**材料再利用：**有效再利用的材料（與其原有用途相同，或具備與原有用途相關的性能），以占建築總材料成本的百分比表示。廢棄材料被納入新的建築中，從而延長了擬丟棄材料的使用壽命。
Measures of energy use: typical primary measures of energy consumption associated with buildings include kilowatt-hours of electricity, therms of natural gas, and gallons of liquid fuel.	**能源使用度量：**與建築相關的能源消耗典型主要度量單位，包括千瓦時（電）、克卡（天然氣）及加侖（液態燃料）。
Minimum Efficiency Reporting Value (MERV): a rating that indicates the efficiency of air filters in the mechanical system. MERV ratings range from 1 (very low efficiency) to 16 (very high).	**最低效率報告值（MERV）：**表明機械系統中空氣篩檢程式效率的一項評分值。MERV 分值介於 1（效率很低）至 16（效率很高）之間。
Montreal Protocol: an international treaty that eliminates or partially eliminates the use of substances known to deplete the ozone layer by phasing out production of substances such as CFCs and HCFCs.	**蒙特婁議定書：**一項旨在透過逐步淘汰氯氟化碳及氫氯氟碳化合物等物質的生產，以消除或部分消除使用已知消耗臭氧層的物質的國際公約。
native (or indigenous) plant: a plant adapted to a given area during a defined time period; in North America, the term often refers to plants growing in a region prior to the time of settlement by people of European descent. Native plants are considered low maintenance and not invasive.	**本地（或本土）植物：**一種在規定的時段內適應某指定地區的植物；在北美，本術語通常是指在歐洲血統的人定居之前某一地區內生長的植物。本地植物的維護成本低且不具入侵性。
Negative feedback loop: a signal for a system to stop changing when a response is no longer needed.	**負反饋循環：**當不再需要回應時，使系統停止更改的信號。

Nonpoint source pollution: typically refers to water pollution caused by stormwater runoff from diffuse sources. When it rains, water washes fertilizers, car oil, pet waste, etc, into receiving water bodies.	**非點源污染：**通常是指由從擴散源徑流的雨水引起的水質污染。下雨時，雨水將化肥、車油、寵物糞便等沖刷至受納水體內。
Nonpotable water: See potable water.	**非自來水：**請參見自來水。
Nonrenewable: not capable of being replaced; permanently depleted once used. Examples of nonrenewable energy sources are oil or natural gas, and nonrenewable natural resources include metallic ores.	**不可再生：**不可恢復的；一經使用即永久耗盡的。不可再生能源的實例為石油或天然氣；不可再生的自然資源包括金屬礦石。
Occupant comfort survey: measures occupant comfort level in a variety of ways, including thermal comfort, acoustics, indoor air quality, lighting levels, and building cleanliness.	**住戶舒適性調查：**以各種方式衡量住戶的舒適程度，包括熱舒適性、聲學、室內空氣品質、照明水準及建築清潔度。
Off-gassing: the emission of volatile organic compounds from synthetic and natural products.	**廢氣排放：**人造與天然產品的揮發性有機化合物排放量。
Open system: a system in which materials are constantly brought in from the outside, used in the system, and then released outside the system in a form of waste.	**開放系統：**一種不斷從外界引入材料並在系統內使用，然後將材料以廢棄物形式排出的系統。
Particulates: a solid particle or liquid droplets in the atmosphere; the chemical composition of particulates varies, depending on location and time of year. Sources include dust, emissions from industrial processes, combustion products from the burning of wood and coal, combustion products associated with motor vehicle or nonroad engine exhausts, and reactions to gases in the atmosphere (EPA).	**微粒：**大氣中的固體顆粒或液滴；根據位置及每年時間的不同，微粒的化學成分會有所差異。微粒源包括粉塵、工業過程排放物、木材與煤炭的燃燒產物、機動車或非道路發動機排氣以及大氣中與燃氣反應相關的產物（美國環保局 EPA）。
Passive design: planning with the intent of capturing natural elements such as sunlight and wind for light, heating, and cooling.	**被動式設計：**旨在透過獲取自然元素（如陽光與風能）來解決照明、採暖與製冷的設計。
Performance monitoring: continuously tracking metrics of energy, water and other systems, specifically to respond and achieve better levels of efficiency.	**性能監控：**連續跟蹤能源、水及其它系統的指標，專門用於回應並實現更高的效率。
Performance relative to benchmark: a comparison of the performance of a building system with a standard, such as ENERGY STAR Portfolio Manager.	**相對於基準的性能：**建築系統性能與現行標準（如能源之星資料管理器）的比較。

Performance relative to code: a comparison of the performance of a building system with a baseline equivalent to minimal compliance with an applicable energy code, such as ASHRAE Standard 90.1 or California's Title 24.	**相對於規範的性能：**建築系統性能與相當於適用最低能源規範（如 ASHRAE 標準 90.1 或加州法規第 24 章）的基準的相比較。
Perviousness: the percentage of the surface area of a paving material that is open and allows moisture to pass through the material and soak into the ground below.	**透水性：**開敞的，以及允許水分透過材料滲透入地面以下的鋪築材料表面積所占百分比。
Pest control management: a sustainable approach that combines knowledge about pests, the environment, and pest prevention and control methods to minimize pest infestation and damage in an economical way while minimizing hazards to people, property, and the environment.	**害蟲控制管理：**一種將病蟲害、環境知識與害蟲防治及控制措施相結合的可持續性方式，以經濟的方式盡可能減少害蟲侵襲與損害，同時最大限度地降低對人、財產和環境的危害。
Photovoltaic (PV) energy: electricity from photovoltaic cells that convert the energy in sunlight into electricity.	**太陽光電板（PV）能源：**將太陽能轉化為電能的，由光電電池所產生的電力。
Pollutant: any substance introduced into the environment that adversely affects the usefulness of a resource or the health of humans, animals, or ecosystems. (EPA) Air pollutants include emissions of carbon dioxide (CO2), sulfur dioxide (SO2), nitrogen oxides (NOx), mercury (Hg), small particulates (PM2.5), and large particulates (PM10).	**污染物：**任何一種引入環境中，並對資源的可用性或人類健康、動物及生態系統產生不利影響的物質。（美國環保局）空氣污染物包括二氧化碳（CO2）、二氧化硫（SO2）、氮氧化物（NOx）、汞（Hg）、細小微粒（PM2.5）及大顆粒物（PM10）的排放。
Positive feedback loop: self-reinforcing loops in which a stimulus causes an effect and the loop produces more of that effect.	**正回饋循環：**一種自我強化循環。其中的某種刺激引起某種效應時，該循環會產生更多的此種效應。
Postconsumer recycled content: the percentage of material in a product that was consumer waste. The recycled material was generated by household, commercial, industrial, or institutional end users and can no longer be used for its intended purpose. It includes returns of materials from the distribution chain. Examples include construction and demolition debris, materials collected through recycling programs, discarded products (e.g., furniture, cabinetry, decking), and landscaping waste (e.g., leaves, grass clippings, tree trimmings) (ISO 14021).	**消費後回收物質含量：**產品原料中所回收的在消費後產生的廢棄物所占的百分比。回收材料是來自於生活、商業、工業或機構最終用戶，且不可再用於其原有用途的材料。其中包括從分銷鏈回收的材料。例如：房屋建造與拆除產生的廢棄物、透過回收計畫收集的材料、棄用品（如傢俱、櫥櫃、裝飾）以及景觀廢棄物（如樹葉、草屑、樹木修剪碎屑）（ISO14021）。
Potable water: water that meets or exceeds EPA's drinking water quality standards and is approved for human consumption by the state or local authorities having jurisdiction; it may be supplied from wells or municipal water systems.	**飲用水：**滿足或超過美國環保局自來水水質標準，且經州或地方管轄當局批准用於人類消費的水源；可透過水井或市政供水系統供給。

Preconsumer recycled content: the percentage of material in a product that was recycled from manufacturing waste. Preconsumer content was formerly known as postindustrial content. Examples include planer shavings, sawdust, bagasse, walnut shells, culls, trimmed materials, overissue publications, and obsolete inventories. Excluded are rework, regrind, or scrap materials capable of being reclaimed within the same process that generated them (ISO 14021).	**消費前回收物質含量：**產品中從製造過程中產生的廢棄物回收的材料產品中所占的百分比。消費前含量以前稱為工業用後含量。例如：刨花、鋸屑、甘蔗渣、核桃殼、下腳料、修剪材料、過量發行的出版物及陳舊存貨，但不包括可透過與生產材料相同的過程予以回收的返工、粉碎再生材料或廢料（ISO14021）。
Prime farmland: previously undeveloped land with soil suitable for cultivation. Avoiding development on prime farmland helps protect agricultural lands, which are needed for food production.	**基本農田：**土壤適合耕種且之前未經開發的土地。避免對基本農田的開發，有利於保護糧食生產所需的農業用地。
Project administrator: the individual from the project team that registers a project with GBCI.	**專案管理員：**在綠色建築認證協會（GBCI）註冊專案的專案團隊成員。
Project credit interpretation rulings (CIR): a response from GBCI providing technical guidance on how LEED requirements pertain to particular projects.	**專案得分點解釋裁決（CIR）：**綠色建築認證協會（GBCI）就 LEED 要求如何適合於特定專案提供技術指導的答覆。
Project team: a broad, inclusive, collaborative group that works together to design and complete a project.	**專案團隊：**一個共同設計並完成專案的，具有廣泛包容性的協作組團。
Rain garden: a stormwater management feature consisting of an excavated depression and vegetation that collect and infiltrate runoff and reduce peak discharge rates.	**雨水花園：**一種包括收集和滲透徑流，並降低洪峰流量的開挖窪地和植被的雨水管理設施特徵。
Rainwater harvesting: the collection and storage of precipitation from a catchment area, such as a roof.	**雨水收集：**從集水區（如屋面）收集並儲存降水。
Rapidly renewable materials: agricultural products (fiber or animal) that are grown or raised quickly and can be harvested in a sustainable fashion, expressed as a percentage of the total materials cost. For LEED, rapidly renewable materials take 10 years or less to grow or raise.	**快速可再生材料：**能夠快速生長或養殖，且可透過可持續的方式收穫的農產品（纖維或動物），以總材料成本百分比表示。對於 LEED 而言，快速可再生材料需要 10 年或以內的時間生長或養殖。
Recycled content: the percentage of material in a product that is recycled from the manufacturing waste stream (preconsumer waste) or the consumer waste stream (postconsumer waste) and used to make new materials. For LEED, recycled content is typically expressed as a percentage of the total material volume or weight.	**回收物質含量：**產品的原料中由從工業生產廢物流（消費前廢棄物）或消費使用後垃圾廢物流（消費後廢棄物）中回收的用以制造新材料所占的百分比。對於 LEED 而言，回收物質含量通常表示為總材料體積或重量百分比。

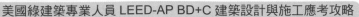

Refrigerant: one of any number of substances used in cooling systems to transfer thermal energy in air conditioning and refrigeration systems.	**製冷劑：**用於冷卻系統中轉移空調及製冷系統中熱能的任何物質之一。
Regenerative: evolving with living systems and contributing to the long term renewal of resources and the health of all life in each unique place.	**再生性：**隨生命系統而演變，並有助於資源的長期再生以及每一獨特地區內所有生物的健康。
Regenerative design: sustainable plans for built environments that improve existing conditions. Regenerative design goes beyond reducing impacts to create positive change in the local and global environment.	**再生性設計：**改善現有條件的建築環境可持續性計畫。再生性設計不僅降低影響，還對當地及全球環境產生積極性的影響。
Regional material: a material that is extracted, processed, and manufactured close to a project site, expressed as a percentage of the total materials cost; for LEED, regional materials originate within 500 miles of the project site.	**本地材料：**於專案現場就近選取、加工及製造的材料，以占總材料成本的百分比表示；對於 LEED 而言，地域性材料源於專案現場 500 英里範圍內。
Renewable energy: resources that are not depleted by use. Examples include energy from the sun, wind, and small (low-impact) hydropower, plus geothermal energy and wave and tidal systems. Ways to capture energy from the sun include photovoltaic, solar thermal, and bioenergy systems based on wood waste, agricultural crops or residue, animal and other organic waste, or landfill gas.	**可再生能源：**不因使用而耗盡的資源。例如：太陽能、風能、小型（低影響）水力發電，以及地熱能與潮波系統。獲取太陽能的方法包括光伏、太陽熱能、基於木材廢料的生物能系統、農作物或殘渣、動物和其它有機廢棄物或垃圾場所產生的氣體。
Renewable energy certificate (REC): a tradable commodity representing proof that a unit of electricity was generated from a renewable energy resource. RECs are sold separately from the electricity itself and thus allow the purchase of green power by a user of conventionally generated electricity.	**可再生能源認證（REC）：**證明單位電量是源自可再生資源的一種可交易商品。REC 與電力本身分開而單獨出售，從而使傳統電力的用戶得以購買綠色電力。
Retrocommissioning: a commissioning process that can be performed on existing buildings to identify and recognize improvements that can improve performance.	**重新功能驗證：**可對現有建築實施的功能驗證過程，以識別並確認可提高建築性能的各項改進措施。
Salvaged material: construction items recovered from existing buildings or construction sites and reused. Common salvaged materials include structural beams and posts, flooring, doors, cabinetry, brick, and decorative items.	**可重新利用的建築構件：**從現有建築或施工現場回收並重複使用的建築構件。常見再利用材料包括結構樑柱、地板、門、櫥櫃、磚及裝飾構件。

Sick building syndrome (SBS): a combination of symptoms, experienced by occupants of a building, that appear to be linked to time spent in the building but cannot be traced to a specific cause. Complaints may be localized in a particular room or zone or be spread throughout the building (EPA).	**病態建築綜合症（SBS）：**建築住戶經歷的，可能與在建築內逗留時間有關但無法追查具體原因的綜合症狀。病症可能局限於特定的房間或區域內，或在整棟建築內傳播（美國環保局）。
Site disturbance: the amount of a site that is disturbed by construction activity. On undeveloped sites, limiting the amount and boundary of site disturbance can protect surrounding habitat.	**現場干擾：**現場受到施工活動干擾的程度。在未開發的場地，限制現場干擾的程度與範圍可保護周圍的生活環境。
Smart growth: an approach to growth that protects open space and farmland by emphasizing development with housing and transportation choices near jobs, shops and schools.	**智慧型成長：**透過強調開發與就業機會、商店和學校相鄰的住房與交通方案，並以此保護開放空間及農田的一種增長方式。
Solar reflectivity index (SRI): a measure of how well a material rejects solar heat; the index ranges from 0 (least reflective) to 100 (most reflective). Using light-colored, "cooler" materials helps prevent the urban heat island effect (the absorption of heat by dark roofs and pavement and its radiation to the ambient air) and minimizes demand for cooling of nearby buildings.	**太陽能反射指數（SRI）：**衡量材料抗拒太陽熱能程度的指標；指數介於 0（反射率最低）至 100（反射率最高）之間。使用淺色的"冷性"材料有助於防止城市熱島效應（深色屋面和路面吸收熱量並對周圍空氣產生輻射），並最大程度地降低附近建築的冷負荷。
Stakeholder: a dynamic term that encompasses a broad array of individuals tasked with the design, creation, and operation of a building as well as those whose lives will be impacted by the built environment at hand.	**利益相關者：**動態術語，包括承擔建築設計、建設及運營的各類人員，以及生活會受到附近建築環境影響的人員。
Stakeholder meeting: a meeting that includes those with a vested interest in the outcome of a project.	**利益相關者會議：**包括專案成果既得利益者出席的會議。
Stormwater prevention plan: a plan that addresses measures to prevent erosion, sedimentation, and discharges of potential pollutants to water bodies and wetlands.	**逕流保護計畫：**一項為水土流失、沉積，以及潛在污染物排放至水體或濕地中提供預防措施的計畫。
Stormwater runoff: water from precipitation that flows over surfaces into sewer systems or receiving water bodies. All precipitation that leaves project site boundaries on the surface is considered stormwater runoff.	**雨水徑流：**經地表流入污水系統或受納水體的降水。所有流出項目用地範圍的地表降水均視為雨水徑流。

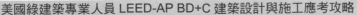

Street grid density: an indicator of neighborhood density, calculated as the number of centerline miles per square mile. Centerline miles are the length of a road down its center. A community with high street grid density and narrow, interconnected streets is more likely to be pedestrian friendly than one with a low street grid density and wide streets.	**街道網格密度：**社區密度指標，以每平方英里的中軸英里數計算。中軸英里為道路在中軸線的長度。與街道網格密度低及街道寬闊的社區相比，街道網格密度高及互聯街道狹窄的社區更方便行人。
Sustainability: meeting the needs of the present without compromising the ability of future generations to meet their own needs (Brundtland Commission).	**可持續性：**滿足當代人的需求又不損害子孫後代滿足自身需求的能力（布倫特蘭委員會）。
Sustainable forestry: management of forest resources to meet the long-term forest product needs of humans while maintaining the biodiversity of forested landscapes. The primary goal is to restore, enhance, and sustain a full range of forest values, including economic, social, and ecological considerations.	**可持續林業：**管理森林資源以滿足人類的長期林業產品需求，同時保持森林景觀的生物多樣性。首要的目標是恢復、加強及維護全方位的森林價值，包括經濟、社會及生態因素。
Sustained-yield forestry: management of a forest to produce in perpetuity a high-level annual or regular periodic output, through a balance between increment and cutting (Society of American Foresters).	**持續產出林業：**透過增加與削減之間的平衡來管理森林，以永久保持較高的林業產品年產出量或定期產出量（美國森林學會）。
System: an assemblage of parts that interact in a series of relationships to form a complex whole, which serves particular functions or purposes.	**系統：**各部分透過一系列相互作用而形成的複雜整體，該整體提供了特定的功能或作用。
Systems thinking: understanding the built environment as a series of relationships in which all parts influence many other parts.	**系統思想：**將建築環境理解為一系列關係的組合的思想方式。在這一組合中，所有部分均會影響許多其他部分。
Task group: a small group organized to dive deeper into proposed ideas; groups investigate and refine proposed strategies	工作組：一個深層次研究擬議想法的小組；各小組調查並改進擬定的策略。
Team meetings: a meeting that follows the charrettes and continues throughout the iterative process; fostering collaboration and encouraging creativity, they provide opportunities to explore how strategies fit together in the context of the whole project.	**團隊會議：**在專家研討會後以及整個反覆運算過程中持續召開的會議；促進合作並鼓勵創造力，為探討如何使戰略適應整個專案提供機會。

Thermal comfort: the temperature, humidity, and airflow ranges within which the majority of people are most comfortable, as determined by ASHRAE Standard 55. Because people dress differently depending on the season, thermal comfort levels vary with the season. Control setpoints for HVAC systems should vary accordingly to ensure that occupants are comfortable and energy is conserved.	**熱舒適：**由 ASHRAE 標準 55 確定的，大多數人感覺舒適的溫度、濕度與氣流範圍。由於人們的著裝因季節而異，熱舒適度隨季節而變化。暖通空調系統的控制設定值應相應變化，以確保住戶的舒適性且節約能源。
Transportation demand management: the process of reducing peak- period vehicle trips.	**交通需求管理：**減少高峰期車輛出行的過程。
Triple bottom line: incorporates a long-term view for assessing potential effects and best practices for three kinds of resources: people, planet, profit.	**Triple Bottom Line：**評估潛在影響以及三類資源（人力、地球、利潤）最佳實踐的戰略遠景。
Value engineering: a formal review process of the design of a project based on its intended function in order to identify potential alternatives that reduce costs and improve performance.	**價值工程：**基於項目的預期功能對專案設計進行的正式評審過程，目的是確定可降低成本並改善性能的潛在替代品。
Vehicle miles traveled (vmt): a measure of transportation demand that estimates the travel miles associated with a project, most often for single-passenger cars. LEED sometimes uses a complementary metric for alternative-mode miles (e.g., in high-occupancy autos).	**車輛行駛里程（vmt）：**一個專案相關的行駛里程的交通需求估量。最常用于單乘客車輛。LEED 有時針對替代模式里程使用互補性度量（如高乘載率汽車）。
Ventilation rate: the amount of air circulated through a space, measured in air changes per hour (the quantity of infiltration air in cubic feet per minute divided by the volume of the room). Proper ventilation rates, as prescribed by ASHRAE Standard 62, ensure that enough air is supplied for the number of occupants to prevent accumulation of carbon dioxide and other pollutants in the space.	**通風率：**以每小時的換氣次數衡量（空氣滲透量（立方英尺 / 分鐘）除以房間的容量）的通過空間的氣流量。ASHRAE 標準 62 規定的適當通風率可確保為各住戶提供足夠的空氣，以防止二氧化碳和其它污染物在空間內的累積。
Volatile organic compound (VOC): a carbon compound that participates in atmospheric photochemical reactions (excluding carbon monoxide, carbon dioxide, carbonic acid, metallic carbides and carbonates, and ammonium carbonate). Such compounds vaporize (become a gas) at normal room temperatures. VOCs off-gas from many materials, including adhesives, sealants, paints, carpets, and particle board. Limiting VOC concentrations protects the health of both construction personnel and building occupants.	**揮發性有機化合物（VOC）：**一種參與大氣光化學反應的碳化合物（不包括一氧化碳、二氧化碳、碳酸、金屬碳化物、碳酸鹽及碳酸銨）。此類化合物在常溫條件下可蒸發成氣體。VOC 揮發氣體可產生於眾多材料，包括粘合劑、密封劑、塗料、地毯和刨花板。限制 VOC 濃度可保護施工人員及建築住戶的健康。

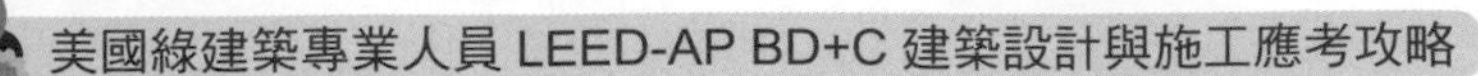

Waste diversion: the amount of waste disposed other than through incineration or in landfills, expressed in tons. Examples of waste diversion include reuse and recycling.	**廢棄物轉移：**透過除了焚燒或填埋以外的方式處置的廢棄物量，以噸表示。廢棄物轉移的實例包括再利用和再循環。
Waste management plan: a plan that addresses the sorting, collection, and disposal of waste generated during construction or renovation. It must address management of landfill waste as well as recyclable materials.	**廢棄物管理計畫：**一項解決施工或改建期間產生的廢棄物的分類、收集與處置問題的計畫。該計畫必須闡述對填埋廢棄物與可回收材料的管理。
Wastewater: the spent or used water from a home, community, farm, or industry that contains dissolved or suspended matter. (EPA)	**廢水：**家庭、社區、農場或工業產生的或使用的，含有可溶物或懸浮物的水（美國環保局）。
Water balance: a maximum for how much water tenants can use equal to the amount of rainfall that falls naturally on a site per year.	**水平衡：**租戶可使用的最高耗水量，等同於現場每年的自然降雨量。
Wetland vegetation: plants that require saturated soils to survive or can tolerate prolonged wet soil conditions.	**濕地植物：**需要飽和土壤才能生存或可長期耐受濕潤土壤條件的植物。
Wingspread Principles on a U.S. Response to Global Warming: a set of propositions signed by individuals and organizations declaring their commitment to addressing the issue of climate change.	**美國應對全球變暖的處理原則：**一套由個人和組織簽署的，宣稱致力於解決氣候變化問題的主張。
Xeriscaping: a landscaping method that makes routine irrigation unnecessary by using drought-adaptable and low-water plants, as well as soil amendments such as compost and mulches to reduce evaporation.	**旱生園藝：**透過採用耐旱和低耗水植物以及使用土壤改良物如堆肥和覆層來減少蒸發，無需進行常規灌溉的一種綠化方法。

APPENDIX

附錄 C

LEED AP 美國專業綠建築考試

(部分內容整理自 GBCI 考生手冊)

報名參加考試

報名

1. 使用您的 USGBC® 官網帳戶登錄到您的 Credentials 帳戶。如果您還沒有帳戶，請新建一個。

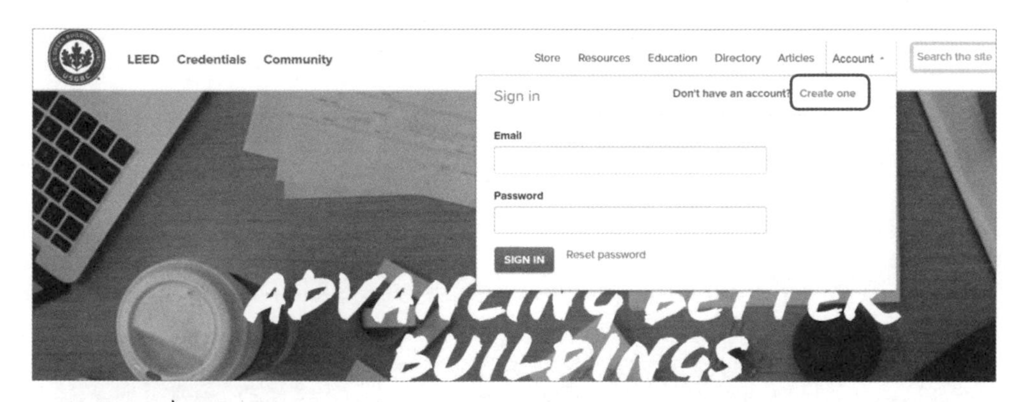

2. 檢查您輸入的姓名是否與您將在考試中心出示的 ID 上的姓名匹配。如果不匹配，請在您的官網帳戶“settings”（設置）中更新您的姓名。

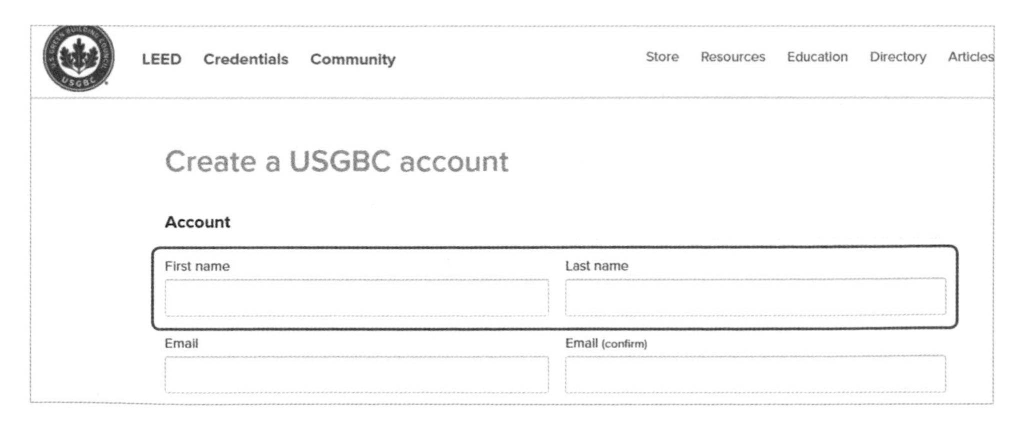

3. 選擇 LEED AP BD+C 的認證考試並按照螢幕上的說明完成申請。

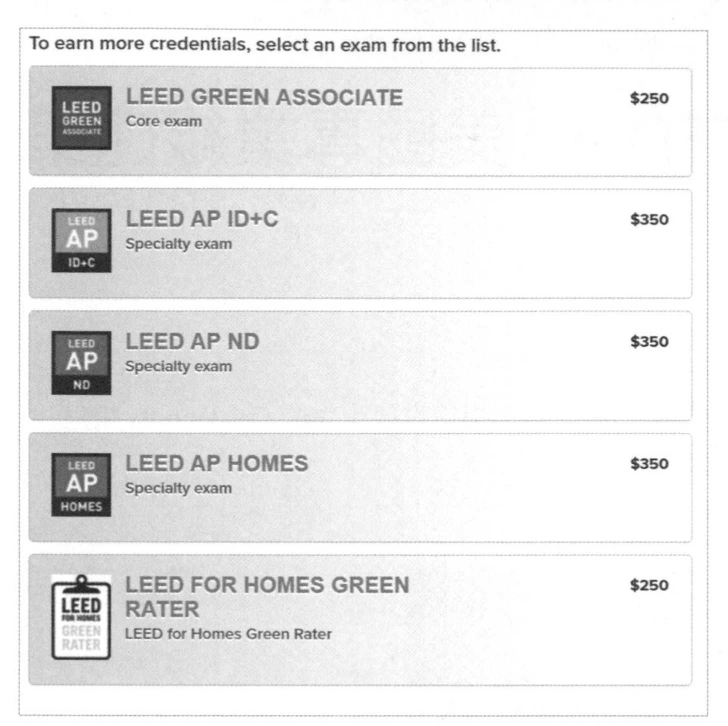

4. 您將被導向至 prometric.com/gbci 來安排考試日期和地點。

5. 您需要此確認碼在 Prometric 網站 (prometric.com/gbci) 確認、取消或重新安排預約。

6. 一旦您報名考試並繳交考試費用，您有一年時間預約考試。

7. 參加考試後，如果考試失敗，可以再次報名，方式與初次報名相同。不過，三次考試失敗後，您必須要等待 90 天，然後才能向 GBCI 提交新的報名申請。

8. 瞭解 GBCI 考試退款 / 重新預約政策。

考試費用

參見 USGBC 網站上的考試頁面瞭解費用資訊。

2016 年考試費用為：

1. LEED GA $250 美金
2. LEED AP $350 美金
3. LEED GA+AP 為 $550 美金

考試介紹

考試題目編制

LEED AP 指具備支持 LEED 認證過程所需知識和技能的個人。有效考試的制訂基於對作為成功的 LEED AP 成員所需知識、技能和能力的清晰而簡明的定義。所有 LEED 考試均由全球範圍內該學科的專家組進行制訂。

考試分成三種題型進行評估：回顧、應用和分析。

- 回顧題：這些題目評估考生回憶在與考試參考資料類似背景下提出的事實材料的能力。
- 應用題：這些題目為考生提供新穎的問題或情景，考生可運用考試參考資料中所述的、熟知的原則或程式予以解決。

- 分析題：這些題目評估考生將問題分解為各個組成部分並建立解決方案的能力。考生不僅應認識到形成問題的不同因素，還應評估這些因素之間的關係或相互作用。

考試形式

LEED AP 考試包括兩個部分，LEED Green Associate 考試和 LEED AP 專業考試。每個部分都包括 100 道隨機提供的複選題，且必須於 2 小時內完成。

考試包括記分題和不記分題。所有題目在整個考試過程中隨機抽選，考生不知道題目的狀態，因而應對考試的所有題目作出回答。不計分題用於收集成績資料，從而決定該題目在以後的考試中是否應進行計分。

考試為電腦輔助測試。考題和答案選項均顯示於螢幕上。電腦記錄您的答案並對考試進行計時。您可以更改答案、跳過問題，並對問題標記以便後續檢查。

在考試期間，您可能想對一些考試題目加上注釋。在考試期間，必須透過按一下螢幕下方的注釋按鈕來加注釋。

單場考試歷時 2 小時 20 分鐘，組合考試 (GA+AP) 歷時 4 小時 20 分鐘。

考試語種

1. 英文
2. 簡體中文 (本書附錄有對照表)

考前備忘錄

1. 確保您的 usgbc.org 帳戶中的名（名字）和姓（姓氏）與您將於考試中心出示的身份證件中的名和姓一致。
2. 確認您的考試日期、時間和地點正確無誤。
3. 考試的安全性。

為了確保 LEED 專業考試的誠信度，您會被要求閱讀並接受一份禁止洩露考試內容的保密協定：

- 考題和答案均為 GBCI 的專有財產。
- 考試、考題和答案受版權法的保護。不可採取任何手段（包括記憶）複製或翻印考試的部分或全部內容。
- 嚴禁以口頭或書面形式，或以任何其它方式對考試內容進行後續討論或披露。
- 竊取或企圖竊取考試項目將在法律所允許的最大範圍內受到處罰。
- 如果您不遵守協議將無法參加考試。

考試中心簡要情況介紹

建議您至少在預定的考試時間之前 30 分鐘到達考試中心。於預定的考試時間之後到達考場的考生將不允許進入考場。

您將由考試中心工作人員護送至一個工作站。考試期間您必須保持就座，直到考試中心工作人員授權您離開。如出現以下情況，請舉手告知考試中心工作人員：

- 您的電腦出現問題
- 電腦螢幕上出現錯誤消息（請勿清除該消息）
- 您需要休息一下（考試時間將不會暫停）
- 由於任何其它的原因，您需要考試中心工作人員的說明

身份證明要求

考生必須提供附有英文姓名、本人照片和在有效期內的有效身份證件。

可接受的證件：護照。

考試成績與通過考試

所有 LEED 專業考試的得分均介於 125 至 200 分之間。需要 170 分或以上才能通過考試。您的考試分數將在考試結束時顯示於螢幕上，且您會收到考試中心工作人員提供的列印成績報告單。

您的考試成績將於考試後 72 小時內得到處理；您的 Credentials 帳戶將被更新，且若適用，您的證書與 LEED logo 將在 usgbc.org 人員目錄中更新。

一旦您通過專業考試，即可使用“LEED AP®”名稱加上您的專長（BD+C、O+M、ID+C、ND、住宅）和 / 或相應的徽標。例如：LEED AP BD+C、LEED AP O+M、LEED AP ID+C。不能使用術語“LEED 專業人士”。

當您通過考試後，即可登入 USGBC 網站（http://www.usgbc.org/account/credentials）下載並獲取自己的證書：

Download certificates

LEED AP BD+C ⤓ Download

證書樣本如下：

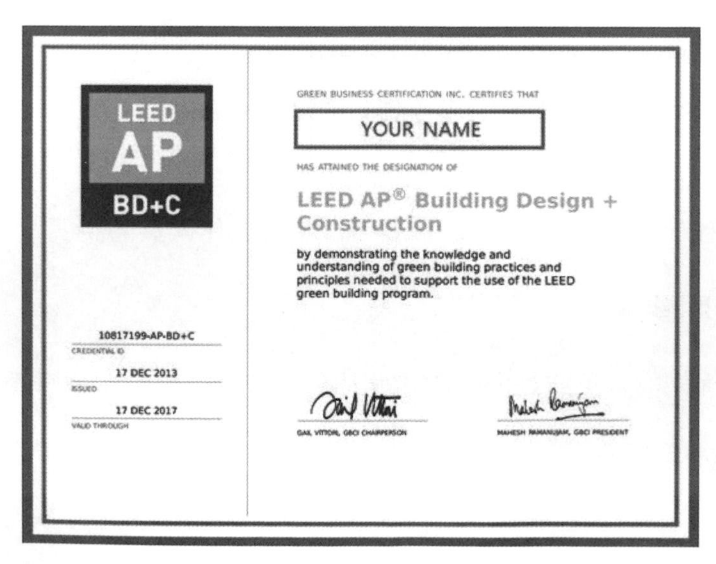

考試規範

以下要點提供了 LEED AP BD+C 考試內容範圍的總體說明：任務領域反映了安全高效執行 LEED 所需的任務。

這包括 LEED 專案和團隊協調、LEED 認證流程、LEED 得分點所需的分析以及對採用 LEED 評估體系進行提倡和教育等概念。

知識領域反映了評估體系得分點類別以及需要掌握的知識。這包括 LEED 流程、整合策略、LEED 得分點類別以及項目周邊環境和公共推廣等概念。

- 考試第 1 部分：LEED Green Associate 考試
- 考試第 2 部分：BD+C 專業考試

第 2 部分考試是 LEED BD+C 專業考試，測試考生參與設計流程、支援和鼓勵整合設計，以及順利完成申請和認證流程所必需的知識和技能。

任務領域 (BD+C Specialty)

LEED 專案和團隊協調 (22%)

- 評估 LEED 評估體系對專案的適用性
- 指導以幫助確定具體 LEED 得分點對專案的適用性
- 將專案團隊成員的專業知識與具體得分點相匹配
- 從各自的評估體系中確定 LEED 特定基準專案參數（如，全時當量 (全時等值人員)、專案區域）
- 針對專案可持續性目標制定初步得分卡
- 支持和鼓勵整合設計過程
- 為獲得 LEED 得分點提供支援（如，提供資源、培訓、工具、得分點示例演示）
- 協調多專業學科，以爭取獲得 LEED 得分點
- 以適當的時間間隔監測和審核專案及團隊進度

- 確定整合設計和 / 或得分點協同的機會
- 確定由 LEED 流程引發費用的可能性

LEED 認證流程 (32%)

- 確保符合最低專案要求
- 針對項目範圍選擇合適的 LEED 評估體系
- 確定地域優先分數
- 使用 LEED 線上 (LEED Online) 註冊專案
- 確定滿足先決條件、得分點和 / 或策略的職責（責任）
- 透過 LEED 線上 (LEED Online) 訪問得分點表格和範本
- 在 LEED 線上 (LEED Online) 中管理 LEED 範本 / 認證流程（如，審查情況）
- 確定協力廠商的需求或角色，必要時，完成遞交流程（如，調試人員、住宅供應商、景觀建築師、規劃人員）
- 確保制定為符合 LEED 要求所需的檔（如，圖紙、政策、規範、合約、方案）
- 協調和發佈附錄
- 向 USGBC 提交技術問題
- 維護 LEED 得分卡
- 建議和推廣使用創新得分點
- 建議和推廣試行得分點
- 提交全部檔並確保認證付款
- 評估 LEED 認證費用（註冊和認證費等）
- 管理專案的 LEED 審查流程

LEED 得分點所需的分析 (32%)

- 驗證專案團隊的技術工作成果是否符合 LEED 得分點的目的
- 確定協同得分點
- 研究綠色建築產品和策略
- 確定專案特有的策略
- 瞭解能源類比作為設計流程中一種工具的價值

對採用 LEED 評估體系進行提倡和教育 (14%)

- 向利益相關者（如，客戶、監管機構、員工、公眾）宣傳綠色建築的價值和好處（如，項目品質、一致性、建築性能、員工挽留、改善用戶成果、行銷 / 品牌推廣機會）
- 宣傳使用 LEED 的好處
- 瞭解可持續建築策略的潛在利弊
- 確定激勵政策的基本分類，以促使客戶執行可持續的建築實踐
- 確定綠色建築環境和經濟分析的需求（如，投資回報、triple bottom line、實施策略的價值主張）
- 培訓他人（和自己）知識領域 (BD+C Specialty)

知識領域 (BD+C Specialty)

LEED 流程（8 個問題）

- 實現 LEED 目標的不同途徑（如，制定分數解釋裁定 / 請求、地域優先得分點、創新得分點遞交、使用試行得分點等）
- LEED 系統協同（如能源與 IEQ、廢棄物管理）
- 專案邊界、LEED 邊界、產權邊界
- LEED 認證的先決條件和 / 或專案最低要求
- 瞭解 LEED 的演變特徵（如，評估體系開發週期、持續改進）

整合策略（9 個問題）

- 整合過程（如，能源和水發現項）
- 整合專案團隊（適用情況取決於專案類型和階段 — 建築師、工程師、景觀建築師、土建工程師、承建商、物業經理等）
- 協作的價值（如，有關整合綠色策略的會議）

選址和交通（9 個問題）

- 選址 (Site selection)
  - 開發限制和機會（如，基本農田、澇原、物種和棲息地、水體、濕地、歷史街區、優先指定區域、褐地）
  - 社區關聯性術語 / 定義（如，可步行性、街道設計）
- 方便乘坐優質公共交通 — 瞭解便捷性和優質的概念 / 計算（如，是否有多種交通可供選擇、優良公共交通、自行車道網路）
- 替代性交通：基礎設施和設計（如，停車容量、自行車存車和淋浴房、替代燃料站）
- 綠色車輛（如，車隊管理、發電能源區域劃定的知識）

可持續場址（9 個問題）

- 場址評估（如，地形、水文、氣候、植被、土壤、人類使用、人類健康影響）
- 場址評估、場址作為資源（能源流）
- 施工活動污染預防（如，土壤侵蝕、水道沉積 / 污染、揚塵）
- 場址設計和開發
  - 棲息地保護和恢復（如，場址內恢復或保護、場址外棲息地恢復、場址外棲息地保護、本地或可適應性植物、擾動土壤或壓實土壤）
  - 外部開放空間（如，空間大小和服務品質、有植被的室外空間、自然定律）

- 外部照明（如，外部光侵擾和向上照射的燈、開發對野生動物和人員的影響）
- 雨水管理（如，歷史降雨量情況、自然水文、低衝擊開發）
- 減少熱島效應（如，熱島效應、綠色屋頂、太陽能反射、屋頂和非屋頂策略）
- 共同使用（如聯合停車等）

用水效率（9 個問題）

- 降低室外用水量：灌溉需求（如，景觀用水要求、灌溉系統效率、本地和可適應性物種）
- 降低室內用水量：
  - 器具和配件（如，透過浴室、小便斗、水龍頭 [廚房、廁所]、淋浴噴頭等器具降低用水量）
  - 電器和工藝用水（如，設備類型 [如，冷卻塔、洗衣機]）
- 用水效率管理：
  - 用水量計量（如，水錶、分表、要計量的水資源類型、資料管理和分析）
  - 水的類型和品質（如，可飲用水、不可飲用水、替代性水資源）

能源與大氣（14 個問題）

- 建築負荷
  - 設計（如，建築朝向、玻璃選擇、說明地區注意事項）
  - 空間使用（如，空間類型 [私人辦公室、個人空間、共用多住戶空間]、設備和系統）
  - 被動式設計的機會
- 節能
  - 組合材料 / 構件（如，建築外殼結構、暖通空調系統、窗戶、保溫）

  - 運營節能（如，時間表、設定點、系統之間的交互）
  - 調試（如，調試機構 (CxA)、業主專案任務書 (OPR)、設計基礎要求 (BOD)、基於監測的調試、外殼結構調試）
- 需求回應（如，電網效率和可靠性；需求回應計畫 ；負載轉移）
- 替代性和可再生能源（如，場址內和場址外可再生能源、光電板、光熱能、風能、低影響水電、波浪和潮汐能、綠色電力、碳補償）
- 能源表現管理
  - 高級能源計量（如，能源使用測量、建築自動化控制）
  - 運營與管理（如，員工培訓、運營和維護計畫）
  - 基準測試（如，使用的度量標準、既定的建築性能評估 / 建築性能基準評估；根據類似的建築或歷史資料比較建築能源表現；工具和標準 [ASHRAE、CBECS、資料管理器]）
- 環境問題：資源與臭氧消耗（如，資源和能源 [石油、煤炭和天然氣]、可再生和非可再生資源、氯氟化碳 [CFC] 和其他製冷劑、平流層臭氧層）
- 作為工具的能源模型
- 工藝負載（如，電梯、製冷劑等）
- 反覆運算優化

材料與資源（12 個問題）

- 再利用
  - 建築再利用（如，歷史建築再利用、翻新被遺棄或荒廢的建築）
  - 材料再利用（如，結構構件 [地板、屋頂平臺]、外圍護結構材料 [表面、框架]、永久安裝的室內元素 [牆壁、門、地板覆蓋材料、天花板系統]）以公共交通為導向的開發（如，使用火車、巴士、多模態介面）

- 生命週期影響
  - 生命週期評估（如，量化影響、整棟建築生命週期評估、環保產品聲明 (EPD) 中使用的環保屬性、產品類別規則 (PCR)、設計的靈活性）
  - 材料屬性（如，基於生物、木製品、回收成分含量、本地、擴大生產商責任 (EPR)、耐用性）
  - 人類與生態健康影響（如，原材料採購和開採實踐、材料成分報告）
- 廢棄物
  - 建造與拆除廢棄物管理（如，廢棄物減量、廢棄物轉化目標、回收和 / 或再利用無害的建造和拆除廢棄物、廢棄物管理計畫）
  - 運營與持續（如，廢棄物減量、存貯和收集可回收的材料 [混合的紙張、瓦楞紙板、玻璃、塑膠、金屬]、電池和含汞燈的安全存貯區域）
- 材料的環境問題（如，材料來自哪裡、如何使用 / 遺棄、可能流向 / 影響哪裡）

室內環境品質（11 個問題）

- 室內環境品質：
  - 通風等級（如，自然通風和機械通風的比較、新風、地區氣候條件）
  - 煙害控制（如，禁煙、環境煙害轉移）
  - 室內空氣品質管制和改善（如，來源控制、過濾和稀釋、施工室內空氣品質、空氣測試、持續監控）
  - 低逸散性材料（如，產品類別 [油漆和塗料、粘著劑和密封膠、地板等]、揮發性有機化合物 (VOC) 排放和含量、評估環境聲明）
- 照明：電氣照明品質（如，權衡 [顏色、效率]、表面反射、燈具類型）

- 自然採光（如，建築品質和朝向、眩光、人體健康影響、照度）
- 聲環境表現（如，室內和室外噪音、背景雜音、活動空間和非活動空間的比較）
- 住戶舒適度、健康和滿意度：系統可控性（如，熱環境、照明）
- 熱舒適設計（如，提高住戶生產效率和舒適度的策略、住戶滿意度的價值）
- 視野品質（如，與室外環境的聯繫、直接看到室外）

專案周邊環境和公共推廣（4 個問題）

- • 本地設計（如，本地綠色設計和適當的施工措施）
- 文化意識、影響和挑戰、歷史和傳統意識
- 建築的教育推廣和公共關係

考試包括 15 道預備考試問題。

GBCI 样题 (原試題是以簡體中文與英文顯示)

考试第 1 部分：LEED Green Associate 考题

1. 在申请创新得分点时，项目团队：
   (A) 无法递交任何之前获得的创新得分点。
   (B) 会因翻倍实现得分点要求阈值的表现而得到得分点。
   (C) 可以递交现有 LEED 得分点中使用的产品或策略。
   (D) 项目团队中每位 LEED AP 均可获取得分点。
   该问题考察知识领域 A. LEED 流程，得分点分类和任务领域 A. LEED Green Associate 任务

Exam Part 1: LEED Green Associate Exam Questions

1. When applying for innovation credits, a project team:
   (A) Cannot submit any previously awarded innovation credit.
   (B) May receive credit for performance that doubles a credit requirement threshold.
   (C) May submit a product or strategy that is being used in an existing LEED credit.
   (D) May receive a credit for each LEED AP that is on the project team.
   This question represents Knowledge Domain A. LEED Process, credit categories and Task Domain
   A. LEED Green Associate Tasks

2. 某开发商希望通过建造一个拥有最大自然采光和视野的新办公室来盈利。该开发商应采取什么措施来满足 triple bottom line 的所有要求？
   (A) 恢复场址内的栖息地
   (B) 采购符合人体工学的家具
   (C) 争取地方津贴和奖励
   (D) 为住户提供照明可控性
   该问题考察知识领域 I. 项目周边环境和推广，建成环境的环境影响，以及任务领域 A. LEED Green Associate 任务，说明他人实现可持续性目标。

2. A developer wants to make a profit by building a new office that maximizes daylighting and views. What actions might the developer take to fulfill all parts of the triple bottom line?
   (A) Restore habitat onsite
   (B) Purchase ergonomic furniture
   (C) Pursue local grants and incentives
   (D) Provide lighting controllability for occupants
   This question represents Knowledge Domain I. Project Surroundings and Outreach, environmental impacts of the built environment and Task Domain A. LEED Green Associate Tasks, assist others with sustainability goals.

考试第 2 部分：LEED AP 专业

1. 某市将修建新植物园，并希望通过 LEED 认证。为了获得创新和设计得分点 (Innovation in Design Credit)
   教育计划，应包含什么？
   (A) 在盛大开业活动中展示建筑的可持续功能
   (B) 在市民大会中展示建筑的可持续功能
   (C) 提供每周巡展活动，展示建筑的可持续功能
   (D) 向当地报纸发布新闻稿，概述建筑的可持续功能
   知识领域：LEED 系统协同（如能源与 IEQ、废弃物管理）
   任务领域：培训他人（和自己）

1. The city is building a new botanical garden and is attempting LEED certification. What could the educational program include to earn an Innovation in Design Credit?
   (A) Present the building's sustainable features at the grand opening
   (B) Present the building's sustainable features at a town hall meeting
   (C) Provide on-going weekly tours highlighting the building's sustainable features
   (D) Publish a press release to the local newspaper outlining the building's sustainable features
   Knowledge Domain: LEED system synergies (e.g., energy and IEQ; waste management)
   Task Domain: educate others (and self)

2. 在“WE 得分点，降低室外用水量”(WE Credit, Outdoor Water Use Reduction) 的计算中应如何对待运动场？
(A) 必须使用 100% 饮用水计算
(B) 可包括在计算内或排除在计算外
(C) 可以使用比基线低 20% 的标准计算
(D) 必须使用至少 20% 的替代水源计算
知识领域：降低室外用水量：灌溉需求（如，景观用水要求、灌溉系统效率、本地和可适应性物种）
任务领域：为获得 LEED 得分点提供支持（如，提供资源、培训、工具、得分点示例演示），在 LEED 在线 (LEED Online) 上管理 LEED 模板 / 认证流程（如，审查完成情况），确定项目特定的策略，培训他人（和自己）

2. How should athletic fields be treated in the calculations for WE Credit, Outdoor Water Use Reduction?
(A) Must be calculated using 100% potable water
(B) May be included or excluded from the calculations
(C) May be calculated using a standard 20% reduction from baseline
(D) Must be calculated using at least 20% from an alternative water source
Knowledge Domain: Outdoor water use reduction: irrigation demand (e.g., landscape water requirement; irrigation system efficiency; native and adaptive species)
Task Domain(s): be a resource for LEED credit achievement (e.g., provide resources, training, tools, demonstrations of sample credits), manage LEED template(s)/certification process in LEED Online (e.g., review for completion), identify project-specific strategies, educate others (and self)

APPENDIX

附錄D

檢核表

LEED v4 for BD+C: New Construction and Major Renovation
LEED v4 新建建築與重大改造類別
Project Checklist 專案檢核表

Y 確定取得	? 不確定取得	N 確定不取得

本檢核表用於專案確認每個項目之得分狀況使用，因此可以參照本書前面之內容做確認，最後以這張表格做整體的檢討，若最後計算出之總分與預計取得之認證等級有差異時，再表格之？不確定取得區域考慮可以納入專案之中。完整的得分表可由 USGBC 官方網站下載：http://www.usgbc.org/resources/leed-v4-building-design-and-construction-checklist

Y	?	N			
			Credit	Integrative Process	1

Y	?	N			
0	0	0		Location and Transportation(選址與交通)	16
			Credit	LEED for Neighborhood Development Location	16
			Credit	Sensitive Land Protection	1
			Credit	High Priority Site	2
			Credit	Surrounding Density and Diverse Uses	5
			Credit	Access to Quality Transit	5
			Credit	Bicycle Facilities	1
			Credit	Reduced Parking Footprint	1
			Credit	Green Vehicles	1

Y	?	N			
0	0	0		Sustainable Sites(永續基地)	10
Y			Prereq	Construction Activity Pollution Prevention	Required
			Credit	Site Assessment	1
			Credit	Site Development - Protect or Restore Habitat	2
			Credit	Open Space	1
			Credit	Rainwater Management	3
			Credit	Heat Island Reduction	2
			Credit	Light Pollution Reduction	1

0	0	0	Water Efficiency(用水效率)		11
Y			Prereq	Outdoor Water Use Reduction	Required
Y			Prereq	Indoor Water Use Reduction	Required
Y			Prereq	Building-Level Water Metering	Required
			Credit	Outdoor Water Use Reduction	2
			Credit	Indoor Water Use Reduction	6
			Credit	Cooling Tower Water Use	2
			Credit	Water Metering	1

0	0	0	Energy and Atmosphere(能源與大氣)		33
Y			Prereq	Fundamental Commissioning and Verification	Required
Y			Prereq	Minimum Energy Performance	Required
Y			Prereq	Building-Level Energy Metering	Required
Y			Prereq	Fundamental Refrigerant Management	Required
			Credit	Enhanced Commissioning	6
			Credit	Optimize Energy Performance	18
			Credit	Advanced Energy Metering	1
			Credit	Demand Response	2
			Credit	Renewable Energy Production	3
			Credit	Enhanced Refrigerant Management	1
			Credit	Green Power and Carbon Offsets	2

0	0	0	Materials and Resources(材料與資源)		13
Y			Prereq	Storage and Collection of Recyclables	Required
Y			Prereq	Construction and Demolition Waste Management Planning	Required
			Credit	Building Life-Cycle Impact Reduction	5
			Credit	Building Product Disclosure and Optimization - Environmental Product Declarations	2
			Credit	Building Product Disclosure and Optimization - Sourcing of Raw Materials	2
			Credit	Building Product Disclosure and Optimization - Material Ingredients	2
			Credit	Construction and Demolition Waste Management	2

0	0	0	Indoor Environmental Quality(室內環境品質)		16
Y			Prereq	Minimum Indoor Air Quality Performance	Required
Y			Prereq	Environmental Tobacco Smoke Control	Required
			Credit	Enhanced Indoor Air Quality Strategies	2
			Credit	Low-Emitting Materials	3
			Credit	Construction Indoor Air Quality Management Plan	1
			Credit	Indoor Air Quality Assessment	2
			Credit	Thermal Comfort	1
			Credit	Interior Lighting	2
			Credit	Daylight	3
			Credit	Quality Views	1
			Credit	Acoustic Performance	1

0	0	0	Innovation(創新與設計)		6
			Credit	Innovation	1
			Credit	LEED Accredited Professional	1

0	0	0	Regional Priority(區域優先)			4
			Credit	Regional Priority: Specific Credit		1
			Credit	Regional Priority: Specific Credit		1
			Credit	Regional Priority: Specific Credit		1
			Credit	Regional Priority: Specific Credit		1

0	0	0	TOTALS(總計得分)	Possible Points:	110

合格級：40~49 分　銀級：50~59 分　金級：60~79 分　白金級：80~110 分

Certified: 40 to 49 points　Silver: 50 to 59 points　Gold: 60 to 79 points　Platinum: 80 to 110

美國綠建築專業人員 LEED-AP BD+C 建築設計與施工應考攻略

作　　者：江　軍
企劃編輯：王建賀
文字編輯：王雅雯
設計裝幀：張寶莉
發 行 人：廖文良

發 行 所：碁峰資訊股份有限公司
地　　址：台北市南港區三重路 66 號 7 樓之 6
電　　話：(02)2788-2408
傳　　真：(02)8192-4433
網　　站：www.gotop.com.tw
書　　號：ACR008700
版　　次：2016 年 11 月初版
建議售價：NT$550

國家圖書館出版品預行編目資料

美國綠建築專業人員 LEED-AP BD+C 建築設計與施工應考攻略 / 江軍著. -- 初版. -- 臺北市：碁峰資訊, 2016.11
面；　公分
ISBN 978-986-476-132-6(平裝)
1.建築工程　2.綠建築　3.考試指南
441.3　　　105014120

讀者服務

- 感謝您購買碁峰圖書，如果您對本書的內容或表達上有不清楚的地方或其他建議，請至碁峰網站：「聯絡我們」\「圖書問題」留下您所購買之書籍及問題。(請註明購買書籍之書號及書名，以及問題頁數，以便能儘快為您處理）
http://www.gotop.com.tw
- 售後服務僅限書籍本身內容，若是軟、硬體問題，請您直接與軟體廠商聯絡。
- 若於購買書籍後發現有破損、缺頁、裝訂錯誤之問題，請直接將書寄回更換，並註明您的姓名、連絡電話及地址，將有專人與您連絡補寄商品。
- 歡迎至碁峰購物網
http://shopping.gotop.com.tw
選購所需產品。